航空遥感图像边缘检测技术及其应用

景　雨　吴庆岗　安居白　刘建鑫　著

科　学　出　版　社

北　京

内 容 简 介

本书以作者近年来在遥感图像边缘检测技术方面的研究成果为主线，结合国内外相关发展动态，系统全面地介绍遥感图像边缘检测技术的基本理论和近年来的新方法、新成果。本书围绕遥感图像边缘检测过程中存在的几个重要问题，重点阐述基于传统边缘检测流程的非封闭边缘检测技术和基于几何主动轮廓模型的封闭边缘检测技术，同时介绍遥感图像边缘检测技术在海上溢油灾害预警和航空输电线故障诊断等领域中的典型应用。

本书内容新颖、结构合理、实用性强，可供遥感技术与应用、模式识别、图像处理等相关专业的研究人员、工程技术人员、高校教师、研究生等参考阅读。

图书在版编目（CIP）数据

航空遥感图像边缘检测技术及其应用/景雨等著. —北京：科学出版社，2017. 3

ISBN 978-7-03-049330-9

Ⅰ. ①航… Ⅱ. ①景… Ⅲ. ①航空遥感－图象处理－研究 Ⅳ. ①TP72

中国版本图书馆 CIP 数据核字（2016）第 152032 号

责任编辑：张 震 杨慎欣 / 责任校对：何艳萍

责任印制：张 伟 / 封面设计：无极书装

科学出版社出版

北京东黄城根北街 16 号

邮政编码：100717

http://www.sciencep.com

北京厚诚则铭印刷科技有限公司 印刷

科学出版社发行 各地新华书店经销

*

2017 年 3 月第 一 版 开本：720×1000 1/16

2017 年 3 月第一次印刷 印张：11 1/2

字数：225 000

定价：76.00 元

（如有印装质量问题，我社负责调换）

前　言

航空遥感技术自出现以来，就在海洋环境监测、对地观测及军事侦察等领域得到广泛应用。相应的航空遥感图像边缘检测技术也随着航空遥感技术的不断推广与发展被应用到各个领域中。

图像的边缘检测是遥感图像处理领域中的一个重要问题，并且是极富挑战性的研究领域，也是图像分割、纹理特征提取和形状特征提取等图像分析方法的重要基础，同时也为图像理解、模式识别和计算机视觉等高层次的图像处理任务提供了一定的依据。与卫星遥感相比，航空遥感更为机动灵活，其具备获取图像周期短、分辨率高、不受地面条件限制、资料回收方便及实时动态监测等特点，因此被广泛应用于军事、农业、林业、地质、矿产、水文和水资源、海洋、环境等领域侦查监测，以及台风、洪水、地震、海啸和海洋污染等大型灾难与事故处理等方面。尽管遥感领域的边缘检测方法有很多且各具特点，但由于航空遥感图像数据来源的多样性、应用背景的复杂性和边缘检测问题的局限性，到目前为止仍然很难找到一种普适性的边缘检测方法。同时，航空遥感图像通常具有低对比度、边界模糊、复杂噪声及背景、灰度不均匀性和纹理不一致性等问题，这些问题会直接影响目标检测和识别等后续任务处理的准确率和难易程度，且海量的遥感数据也对算法的效率提出了较高要求。因此，边缘检测算法的精确性、有效性、鲁棒性、通用性以及实时性仍然是亟待解决的问题。这些问题不仅是遥感图像边缘检测领域，而且也是其他图像边缘检测领域的研究热点，仍具有一定的挑战性。所以，航空遥感图像的边缘检测是富有现实意义和科研价值的重要课题。目前，国内航空遥感领域中尚无系统介绍遥感图像边缘检测算法的学术专著，希望本书的出版能够为促进航空遥感图像边缘检测算法的研究发挥积极的作用。

近年来，遥感领域中不断涌现新的边缘检测思路与方法，作者认为有必要向读者及时介绍这些新成果。由于边缘检测方法的多样性，本书主要以作者近年来的理论研究成果为主线，结合正在进行的科研项目，在研究团队多年从事海上溢油监视监测技术和航空输电线故障诊断技术的科研工作和教学工作的基础上撰写完成，同时穿插介绍一些国内外的相关发展情况，以及系统全面地介绍航空遥感图像边缘检测技术的基础理论与方法。本书围绕航空遥感图像边缘检测算法中遇到的几个重要问题展开研究，不仅对现有遥感图像边缘检测算法进行全面的总结和分析，而且提出多种航空遥感图像边缘检测的新思路和新算法，为解决其他领域图像边缘检测及模式识别中所遇到的问题提供了依据；书中成果在国内航空遥感海上溢油监测和航空输电线故障诊断等领域得到了较好的应用，取得了良好的社会价值和经济效益，同时也得到了国际遥感领域专家的认可。

本书主要从图像的灰度特征、区域特征和纹理特征信息入手，针对遥感图像边缘检测过程中存在的对比度低、边界模糊、复杂噪声及背景、灰度不均匀性和纹理不一致性等问题，重点阐述基于传统边缘检测流程的非封闭边缘检测技术和基于几何主动轮廓模型的封闭边缘检测技术，同时介绍遥感图像边缘检测技术在海上溢油灾害预警和航空输电线故障诊断等领域中的典型应用。

本书共 7 章。第 1 章和第 2 章主要介绍与边缘检测技术相关的基本理论和基础概念，分析航空遥感图像的成像方式、特点以及国内外相关技术的研究现状。第 3 章主要介绍基于传统边缘检测流程的航空遥感图像非封闭边缘检测技术，从算法描述、算法流程图和仿真实验等方面详细介绍作者所做的工作，包括基于动态分块阈值去噪和改进的 GDNI 边缘连接的边缘检测算法、基于纹理特征差异的边缘检测算法和基于纹理特征和 Γ 分布的边缘检测算法。第 4 章详细介绍基于区域特征的几何主动轮廓封闭边缘检测技术，首先对现存的简化的 Mumford-Shah 主动轮廓封闭边缘检测模型做简要的概述，然后针对现有主动轮廓封闭边缘检测算法存在的问题，介绍基于变分对偶规则和区域可扩展拟合的全局最小化主动轮廓边缘检测算法，并讨论其在溢油航空遥感图像中的应用。第 5 章详细介绍基于灰度不均匀性特征的几何主动轮廓封闭边缘检测技术，分析灰度不均匀特征及基于灰度不均匀性特征纠正的边缘检测模型，重点介绍 LGF-IHC 边缘检测数学模型的构造以及最优化问题，并通过仿真实验讨论其在溢油航空遥感图像中的应用。第 6 章和第 7 章详细介绍基于纹理特征的几何主动轮廓封闭边缘检测技术，首先对遥感图像的纹理特征进行分析，重点介绍基于 PCA-GMTD 模型的航空遥感图像边缘检测算法和基于 STD-GMAC 模型的航空遥感图像边缘检测算法，并通过仿真实验讨论其在航空输电线图像故障诊断中的应用，为边缘检测提供新的思路。

本书出版之际，衷心感谢安居白教授和祁瑞华教授在本书编写过程中给予指导、支持和鼓励，同时感谢刘朝霞、李邵华、楼偶俊、陈恒、李敏给予的帮助和启发。

本书的出版得到国家自然科学基金项目（No.61501082、No.61502435、No.61471079 和 No.61201454）、辽宁省教育厅科学研究一般项目（No.L2013432 和 No.L2015137）、辽宁省自然科学基金项目（No.2015020017）、辽宁省高等学校优秀人才支持计划（No.LJQ2014127）、河南省教育厅科学技术研究重点项目（No.14A520034）和郑州轻工业学院博士基金（No.2013BSJJ0041）资助，在此表示感谢。

景　雨
2016 年 10 月

目　录

1 绪　论

1.1 遥感基本概念

1.1.1 遥感的定义

遥感一词最早由美国 Evelyn Pruitt 女士（美国海军研究所一名地理学家）于 20 世纪 60 年代在一篇非正式的文章中提出，意思是遥远的感知。传说中的“千里眼”“顺风耳”就具有这样的能力。

从广义上理解，遥感泛指一切无接触的远距离探测。其严格的定义为，任何物体都有不同的电磁波反射或辐射特征，遥感则从不同角度的遥感平台上，使用安装在遥感平台上的各种电子和光学传感器对地观测，在高空或远距离处接收来自地球表层的各种电磁波信息，并对这些信息进行加工处理，从而对不同的地物及其特性进行远距离探测和识别的综合技术。

地物目标信息的获取主要是利用从目标反射和辐射来的电磁波。接收从目标反射和辐射来的电磁波信息的设备称为传感器，如航空摄影中的航空摄像机等。搭载这些传感器的载体称为遥感平台，如航摄飞机、人造地球卫星等。由于地面目标的种类及其所处环境条件的差异，地面目标具有反射或辐射不同波长电磁波信息的特性，遥感正是利用地面日标反射或辐射电磁波的固有特性，通过观察目标的电磁波信息以达到获取目标的几何信息和物理属性的目的（苏娟，2014）。

例如，大兴安岭森林火灾发生的时候，由于着火的树木温度比没有着火的树木温度高，着火的树木在电磁波的热红外波段会辐射出比没有着火的树木更多的能量，这样，当消防指挥官面对着熊熊烈火担心不已的时候，如果正好有一个载着热红外波段传感器的卫星经过大兴安岭上空，传感器拍摄到大兴安岭周围上万平方公里的影像，由于着火的区域在热红外波段比没着火的区域辐射更多的电磁能量，在影像中着火的区域就会显示出比没有着火的区域更亮的浅色调。当影像经过处理后交到消防指挥官手里，指挥官就能根据图像上发亮的范围的大小判断火情大小及范围，及时调遣更多的消防员到火情严重的地点参加灭火战斗。

上面的例子简单地说明了遥感的基本原理和过程，同时涉及遥感的许多方面，除了上文提到的不同物体具有不同的电磁波特性这一基本特征外，还有遥感平台。在上面的例子中遥感平台就是卫星，其作用就是稳定地运载传感器。传感器是安装在遥感平台上探测物体电磁波的仪器。针对不同的应用和波段范围，人们已经研究出多种传感器，探测和接收物体在可见光、红外线和微波范围内的电磁辐射。传感器会把这些电磁辐射按照一定的规律转换为原始图像。原始图像被地面站接收后，要经过一系列复杂的处理，才能提供给不同的用户使用，人们再利用这些处理过的影像开展自己的工作。

遥感在地表资源环境监测、农作物估产、灾害监测、全球变化等方面具有显而易见的优势，正处于飞速发展中。更理想的平台、更先进的传感器和影像处理技术正在不断地发展，促进遥感在更广泛的领域里发挥更大的作用。

1.1.2 遥感的分类

依据分类标准的不同，遥感可分为不同的类型。

1. 按照遥感平台的高度分类

按照遥感平台的高度可将遥感分为航天遥感、航空遥感和地面遥感。

航天遥感又称太空遥感（space remote sensing），泛指利用各种太空飞行器为平台的遥感技术系统。航天遥感以地球人造卫星为主体，包括载人飞船、航天飞机和太空站，有时也把各种行星探测器包括在内。卫星遥感（satellite remote sensing）是航天遥感的组成部分，以人造地球卫星作为遥感平台，主要利用卫星对地球和低层大气进行光学和电子观测。航天遥感使用的极地轨道卫星的高度约为1000km，静止气象卫星轨道的高度约为3600km。

航空遥感又称机载遥感，是指利用各种飞机、飞艇、气球等作为传感器运载平台在空中进行的遥感技术，是由航空摄影侦察发展而来的一种多功能综合性探测技术。依据飞行器的工作高度和应用目的，航空遥感分为高空（10 000～20 000m）、中空（5000～10 000m）和低空（<5000m）三种类型遥感作业，具有机动灵活的特点。

地面遥感主要指以三脚架、塔、车和船为平台的遥感技术系统，地物波谱仪或传感器安装在这些地面平台上，可进行各种地物波谱测量，高度在100m以下。

2. 按照所利用的电磁波的光谱段分类

按照所利用的电磁波的光谱段可将遥感分为可见光/反射红外遥感、热红外遥感和微波遥感（罗小波等，2011）。

可见光/反射红外遥感，主要指利用可见光（波长为0.4～0.7μm）和近红外（波长为0.7～2.5μm）波段的遥感技术。前者是人眼可见的波段，后者是反射红外波段，人眼虽不能直接看见，但其信息能被特殊遥感器所接收。这两个波段有共同的特点：辐射源是太阳，在这两个波段上只反映地物对太阳辐射的反射，根据地物反射率的差异，就可以获得有关目标地物的信息，两个波段都可以用摄影方式和扫描方式成像。

热红外遥感，指通过红外敏感元件，探测物体的热辐射能量，显示目标的辐射温度或热场图像的遥感技术。波段范围为8～14μm，地物在常温（约300K）下热辐射的绝大部分能量位于此波段，在此波段地物的热辐射能量大于太阳的反射能量。热红外遥感具有昼夜工作的能力。

微波遥感，指利用波长1～1000mm的电磁波遥感。其通过接收地面物体发射的微波辐射能量，或接收遥感仪器本身发出的电磁波束的回波信号，对物体进行探测、识别和分析。微波遥感的特点是对云层、地表植被、松散沙层和干燥冰雪具有一定的穿透能力，还能夜以继日地全天候工作。

3. 按照传感器的工作方式分类

按照传感器的工作方式可将遥感分为被动遥感与主动遥感。

被动遥感的传感器不向目标发射电磁波，仅被动接收目标地物的自身发射和对自然辐射源的反射能量。被动遥感器的工作波段范围涵盖紫外、可见光、红外和微波区域，其类型包括各种成像仪、辐射计和光谱仪。

主动遥感由探测器主动发射一定的电磁波能量，并接收目标反射（散射）回来的电磁波，如雷达和激光。雷达为无线电探测和测距仪器，向目标发射微波脉冲辐射，接收目标后向散射的微波辐射。激光为光探测和测距仪器，向目标发射激光脉冲，测量目标后向散射或反射的激光辐射。雷达和激光均可用于测高、测距和成像。

4. 按照研究对象分类

按照研究对象可将遥感分为资源遥感与环境遥感两大类。

资源遥感：以地球资源作为调查研究的对象的遥感方法和实践，调查自然资源状况和监测再生资源的动态变化，是遥感技术应用的主要领域之一。利用遥感信息勘测地球资源，成本低、速度快，有利于克服自然界恶劣环境带来的困难，减少勘测投资的盲目性。

环境遥感：利用各种遥感技术，对自然与社会环境的动态变化进行监测或做出评价与预报。由于人口的增长与资源的开发、利用，自然与社会环境随时都在发生变化，利用遥感多时相、周期短的特点，可以迅速为环境监测、评价和预报提供可靠依据。

5. 按照应用空间尺度分类

按照应用空间尺度可将遥感分为全球遥感、区域遥感和城市遥感。

全球遥感：全面系统地研究全球性资源与环境问题的遥感的统称。

区域遥感：以区域资源开发和环境保护为目的的遥感信息工程，通常按行政区划（国家、省区等）、自然区划（如流域）或经济区进行。

城市遥感：以城市环境、生态作为主要调查研究对象的遥感工程。

6. 按照遥感资料的获取方式分类

按照遥感资料的获取方式可将遥感分为成像遥感和非成像遥感。

成像遥感将探测到的目标电磁辐射转换为可以显示为图像的遥感资料，如航空影像、卫星影像等。非成像遥感将所接收的目标电磁辐射数据输出或记录下来而不产生图像，如反射波谱等。

1.2 遥感信息获取

遥感是从不同角度的遥感平台上，使用安装在遥感平台上的各种电子和光学传感器对地观测，在高空或远距离处接收来自地球表层的各种电磁波信息，并对这些信息进行加工处理，从而对不同的地物及其特性进行远距离探测和识别的综合技术。遥感平台指放置遥感传感器的运载工具，是遥感中“遥”字的体现者。遥感传感器是遥感中“感”字的体现者，是遥感技术中最核心的组成部分，直接用于测量来自地物的电磁波特性。因此，完成遥感信息的获取和图像采集的关键在于遥感平台和遥感传感器的选择。

1.2.1 遥感平台

根据工作高度的不同，可将遥感平台分为地面平台、航空平台和航天平台。

1. 地面平台

地面平台主要包括三脚架、遥感塔、遥感船和遥感车等，高度在 100m 以下，主要目的是对地物进行波谱测量。

三脚架：0.75～2m，对测定各种地物的波谱特性进行地面摄影。

遥感塔：固定地面平台，用于测量固定目标和进行动态监测，高度在 6m 左右。

遥感车、遥感船：高度可变化，可测定地物波谱特性，取得地面图像；遥感船除了从空中对水面进行遥感外，还可以对海底进行遥感。

2. 航空平台

航空平台主要有飞机和气球等，高度在 20km 以内。

飞机包括高空无人机和低空航空摄影测量飞机（高度小于 2km）。飞机按高度可分为低空平台、中空平台和高空平台。

低空平台：2km 以内，位于对流层下层。

中空平台：2～6km，位于对流层中层。

高空平台：位于 12km 的对流层以上。

气球包括低空气球（发放到对流层的气球）和高空气球（发放到平流层的气球），可上升到 12～20km 的高空，填补高空飞机升不到，低轨卫星降不到的空中平台的空白。

3. 航天平台

航天平台主要有航天飞机、宇宙飞船、火箭和人造卫星等，高度在 150km 以上。根据轨道的高度不同，人造卫星可分为低轨卫星、中轨卫星和高轨卫星。

低轨卫星的高度为 150～500km，主要用于拍摄大比例尺和高分辨率图像，由于地心力和大气摩擦的影响，低轨卫星的寿命较短，一般为几天到几周，如 NOAA 气象卫星（833～870km），Landsat 1～Landsat 3（915km），Landsat 4～Landsat 5（705km），SPOT（832km）。

中轨卫星的高度为 300～1500km，寿命可达一年以上，如陆地卫星、气象卫星和海洋卫星。

高轨卫星主要指地球同步卫星，其轨道高度为 35 860km，主要用于通信和气象等。

1.2.2　遥感传感器

传感器是收集、探测、记录地物电磁波辐射信息的工具。其性能决定遥感的能力，即传感器的空间分辨率及图像的几何特征、传感器获取地物信息量的大小和可靠程度。

由于设计和获取数据的特点不同，遥感传感器有多种分类，例如，按照电磁波辐射来源可分为主动式传感器和被动式传感器；按照传感器工作的波段可分为可见光传感器、红外传感器、微波传感器和多光谱传感器；按照数据记录方式可分为成像方式传感器和非成像方式传感器，成像方式传感器的输出结果是目标的图像，非成像方式传感器的输出结果是研究对象的特征数据，如微波高度计记录的目标与平台距离的高度数据。成像方式传感器是目前最常见的传感器类型，按照其成像原理，又可分为摄影成像、扫描成像和雷达成像等类型（苏娟，2014）。

1.2.3　航空遥感成像方式

飞机是航空遥感的主要平台，具有分辨率高、调查周期短、不受地面条件限制、资料回收方便等特点。高空气球或飞艇遥感具有飞行高度高、覆盖面大、空中停留时间长、成本低和飞行管制简单等特点，同时还可对飞机和卫星均不易到达的平流层进行遥感活动。

航空遥感成像是利用安装在飞机或气球上的航空摄影机，按照预定的计划从空中向地面摄影取得航空像片的全部作业过程（包括飞行摄影、暗室冲洗、质量评定等环节），也称为航空摄影。航空摄影一般选在上午或下午，因为上午或下午地面上的景物比较清晰，有足够的光照度，容易收到较好的影调效果。如果地面上有雾，则拍摄时要使用适当的滤光器，以增强画面的反差。

遥感方式除传统的航空摄影外，还有多波段摄影、彩色红外和红外摄影、多波段扫描和红外扫描、侧视雷达等成像遥感；也可进行激光测高、微波探测、地物波谱测试等非成像遥感。航空遥感所用的传感器多为航空摄影机、航空多谱段扫描仪和航空侧视雷达等（汤国安等，2004）。由航空摄影机获取的图像资料为多种形式的航空像片（黑白片、黑白红外片、彩色片、彩红外片等）。由航空多谱段扫描仪可获得多光谱航空像片，其信息量远多于单波段航空像片。航空侧视雷达从飞机侧方发射微波，在遇到目标后，其后向散射的返回脉冲在显示器上扫描成像，并记录在胶片上，产生雷达图像。以下对常见的航空遥感成像方式进行简要的介绍。

1. 航空摄影成像

摄影是通过成像设备获取物体影像的技术。传统摄影是依靠光学镜头及放置在焦平面的感光胶片来记录物体影像的，而航空数字摄影是通过放置在焦平面的光敏元件，经过光/电转换，以数字信号来记录物体的影像。常用的摄影机有很多种类，如框幅式摄影机、缝隙式摄影机、全景式摄影机和多光谱摄影机等。根据探测波长的不同，航空数字摄影可分为紫外摄影、可见光摄影、红外摄影和多光谱摄影等。

2. 扫描成像

扫描成像是依靠探测元件和扫描镜对目标地物以瞬时视场为单位进行的逐点逐行取样，从而得到目标物电磁辐射特性信息，利用光电效应和光热效应，将辐射能转换成电能（电流、电压），或者其他物理特性（体积、压力等）的变化，从而形成一定波段的图像，对物体进行探测。扫描成像可探测的波段包括紫外、可见光、红外和微波。成像方式有以下四种。

（1）电子扫描成像。电视接收机天线接收到调制过的视频信号，经变频、中放、检波、视放，由显像管的电子枪发射出随视频信号变化的电子束，电子束轰击荧光屏，就会把高速电子的动能转化为光能，在屏幕上出现亮点，而受高速电子轰击打出的二次电子被栅极捕获。电子束在荧光屏上迅速扫描，由于荧光屏的余晖和人的视觉暂留，可以看到整幅画面，还可将画面用照相机翻拍下来，成为照片。

（2）光学机械扫描成像。机械扫描成像使用的扫描系统多为抛物面聚焦系统——卡塞格伦光学系统，其会将地物的电磁辐射聚焦到探测器。光学扫描系统的瞬时视场角很小，扫描镜只收集点的辐射能量，利用本身的旋转或摆动形成一维线性扫描，加上平台移动，实现对地物平面扫描，达到收集区域地物电磁辐射的目的。

（3）固体扫描成像。这是通过遥感平台的运动对目标地物进行扫描的一种成像方式。目前常用的探测元件是电子耦合器件，其是一种用电荷量表示信号大小、用耦合方式传输信号的探测元件，具有感受波谱范围宽、畸变小、体积小、重量轻、系统噪声低、灵敏度高、能耗小、寿命长、可靠性高等一系列优点。

（4）高光谱扫描成像，又称为成像光谱仪，是遥感领域中的新型遥感器。高光谱扫描成像把可见光、红外波谱分割成几十个到几百个波段，每个波段都可以取得目标图像，同时对多个目标图像进行同名地物点取样，取样点的波谱特征值随着波段数越多越接近连续波谱曲线。这种既能成像又能获取目标光谱曲线的“谱像合一”的技术称为成像光谱技术，按该原理制成的扫描仪称为成像光谱仪。高光谱成像光谱仪是遥感研究的新技术，其图像由多达数百个波段的非常窄的连续的光谱波段组成，光谱波段覆盖可见光、近红外、中红外和热红外区域全部光谱带。光谱仪成像时多采用扫描式和推帚式，可以收集 200 个或 200 个以上波段的数据，使图像中的每一个像元均得到连续的反射率曲线，而不像其他一般传统的成像光谱仪在波段之间存在间隔。高光谱扫描成像方式主要应用于高光谱航空遥感。

3. 雷达成像

雷达成像技术是 20 世纪 50 年代发展起来的，是雷达发展的一个重要里程。雷达成像技术使雷达不仅是将所观测的对象视为“点”目标来测定其位置与运动参数，而是能获得目标和场景的图像。同时，由于雷达具有全天候、全天时、远距离和宽广观测带，以及易于从固定背景中区分运动目标的能力，雷达成像技术受到广泛重视。

雷达成像技术应用最广的是合成孔径雷达（synthetic aperture radar，SAR）。当前，机载 SAR 的应用已十分广泛，可得到亚米级的分辨率，场景图像的质量可与同类用途的光学图像媲美。利用 SAR 的高分辨能力，并结合其他雷达技术，还可完成场景的高程测量，以及在场景中显示地面运动目标。

1.2.4 航空遥感获取信息的特点

与卫星遥感相比，航空遥感有许多优点。首先，飞机可在监测区域做较长时间的盘旋飞行，适于观测目标的动态变化。另外，航空遥感机动灵活，在突发事件发生时能及时升空监测，并且飞行器可根据需要调整飞行高度，可在云层下飞行而少受云的干扰，并且可以获得高分辨率数据。航空遥感优点总结如下（刘朝霞等，2014）。

（1）航空遥感空间分辨率高、信息容量大。通常情况下，空间分辨率越高，识别地物的能力越强，但实际上每一目标在图像上的可分辨程度不完全由空间分辨率决定，还与目标的形状、大小及周围的亮度、结构的差异有关。利用航空图像可以取得较精确的位置、方向、距离、面积、高度、体积和坡度等数据。利用空间分辨率来选择遥感数据时，主要考虑需要识别的地物的最小尺寸，大数据量对计算机存储、计算的压力及成本。航空遥感主要服务于较大比例尺的区域资源与环境详查、制图，以及解决工程技术上的具体问题，其经济与社会效益明显。

（2）航空遥感灵活，适用于一些专题遥感研究。航空遥感可以根据用户的需求，灵活选择具有特定空间分辨率、波谱分辨率、时间分辨率的传感器，设计航空遥感飞行的方案和路线等。

（3）航空遥感作为实验性技术系统，是各种星载遥感仪器的先行检验者。一般来说，检测传感器的功能首先需要用遥感飞机作为平台在地面实验场上空采集数据。可以认为，一切星载遥感仪器都是以机载实验为前提的。

（4）信息获取方便。航天遥感需要发射卫星，因此受到时间和空间的限制，不能随时对感兴趣的目标进行观测，而航空遥感的平台主要是飞机，受到的限制少，可以随时随地对需要侦查或普查的地区进行遥感。

与其他遥感技术系统一样，航空遥感也有弱点，主要表现在：航空遥感受天气等条件限制大、航空遥感的观察范围受到限制、航空遥感数据的周期性和连续性不如航天遥感。

1.3 航空遥感图像边缘检测的意义

航空遥感具有机动灵活、获取图像周期短、分辨率高、不受地面条件限制、资料回收方便及实时动态监测等特点，因此被广泛应用于军事、农业、林业、地质、矿产、水文和水资源、海洋、环境等领域侦查监测，以及台风、洪水、地震、海啸和海洋污染等大型灾难与事故处理（安居白和张永宁，2002；安居白，2002）。

图像的边缘检测问题是遥感图像处理领域中的一个重要问题。图像的边缘蕴涵感兴趣目标的特征信息，包含用于识别目标的有用信息，为人们描述或识别目标以及解释图像提供了一个有价值的和重要的特征参数，广泛存在于目标与背景之间、目标与目标之间以及区域与区域之间，是图像分割、纹理特征提取和形状特征提取等图像分析方法的重要基础，同时也为图像理解、模式识别和计算机视觉等高层次的图像处理任务提供一定的依据。由于图像本身的多样性和复杂性，尽管研究者们对此已经做了大量的研究工作，到目前为止仍然很难找到一种普适性的边缘检测算法。所以，边缘检测被认为是计算机视觉和图像处理领域中的一个瓶颈和经典难题。近年来，边缘检测领域的新理论和新方法层出不穷，对边缘检测算法展开研究，是对边缘检测理论一种有益的补充，具有重要的理论意义。

目前，对边缘检测算法的研究，可以分为两大学派：研究通用的边缘检测算法和研究适合特定类型图像的边缘检测算法。前者主要集中在边缘检测算法理论、边缘检测性能评价标准等方面的研究。实际上，很难找到适合于各类图像的通用的边缘检测算法，而现有边缘检测算法用于航空遥感图像的边缘获取时，存在着诸多问题，如对弱边缘处理能力差、易受噪声影响、难以获得封闭边缘等。边缘提取的好坏直接影响目标检测和识别等后续任务处理的准确率和难易程度，准确、高效的边缘提取技术为航空遥感图像的目标识别和缺陷诊断等提供前提，因此具有重要的现实意义。

航空遥感领域是图像边缘检测的一个最重要的应用领域。但是由于航空遥感应用的特殊性，航空遥感图像既有遥感图像的共性，也有许多因应用环境不同而特有的特征。几组典型的航空遥感图像如图 1.1 所示。下面总结了航空遥感在获取海上溢油图像和地面输电线图像方面所具有的不同特征，这些特征为航空遥感图像的边缘检测带来了一定的难度。

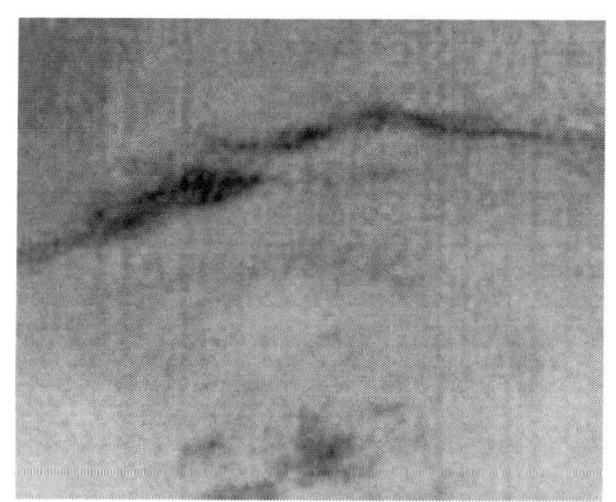
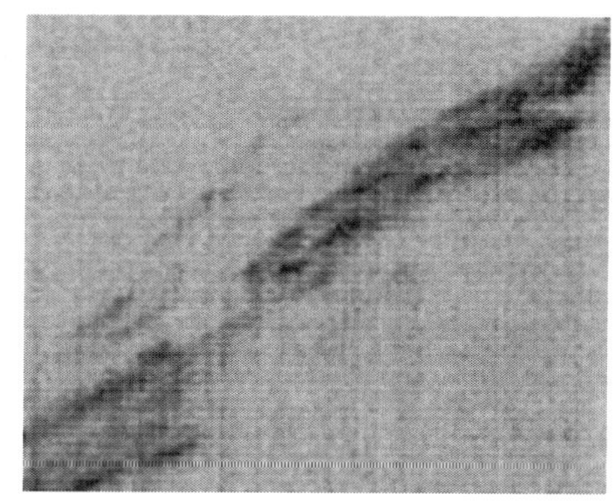

（a）低对比度的溢油红外图像

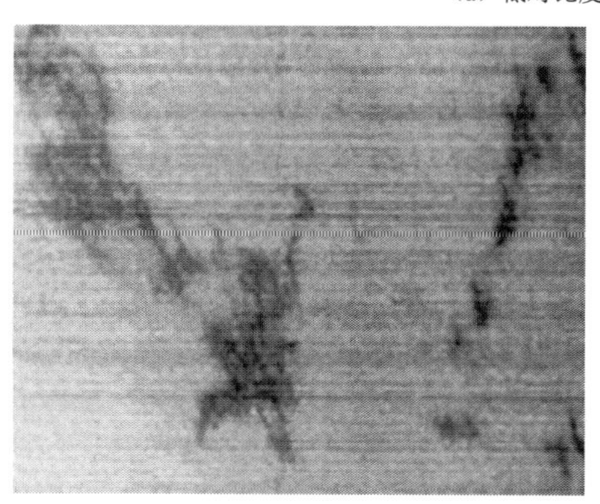
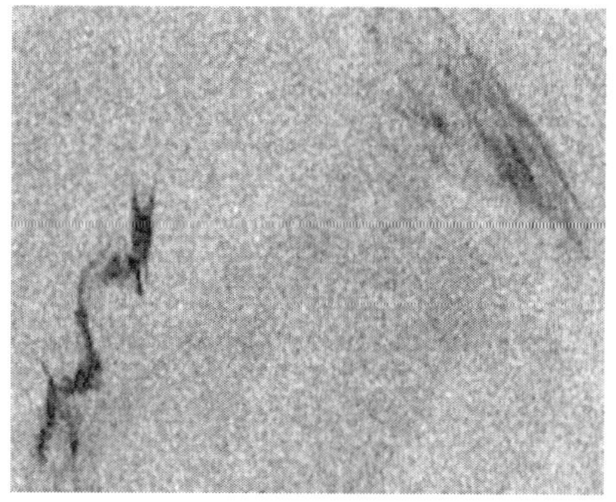

（b）含有条纹噪声和斑点噪声的溢油红外图像

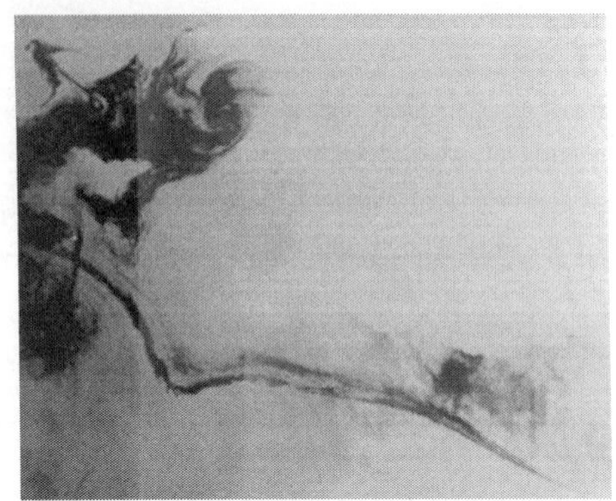

（c）含有灰度不均匀性的溢油 SAR 图像

（d）含有复杂背景和断股缺陷的输电线可见光图像

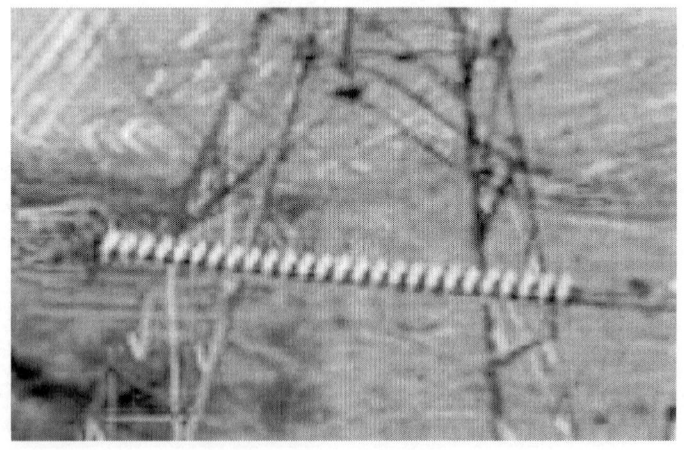

（e）含有复杂背景和低对比度的绝缘子可见光图像

(f) 含有纹理不一致性的绝缘子可见光图像

图 1.1　六组典型航空遥感图像

在航空遥感成像过程中，尤其是对目标进行遥感拍摄过程中，由于以下干扰因素的存在，可能会对溢油和输电线等航空遥感图像的边缘检测带来一定的困难。

（1）虽然溢油遥感图像背景单一，但在风、浪、流的作用下，具有动态的特性，所以此类遥感图像没有固定的形状，无法用基于形状的先验知识的边缘检测算法来检测。

（2）输电线遥感图像背景极其复杂，包含森林、山川、草地、房屋、河流等不同的自然景物，这是一般图像所不具有的特征，为边缘检测带来相当大的困难。

（3）由于外界环境因素的影响，例如，海面的反光和雾气以及障碍物遮挡等因素的影响，在航空遥感图像中存在对比度低、边界模糊等现象。

（4）在人多数情况下，通过不同传感器获得的遥感图像中通常包含人量的噪声，如条纹噪声、散粒噪声以及由水流波纹形成的一些杂波噪声（类似于正弦波）。

（5）由于成像设备、图像传输方式以及自然环境的影响，在监测目标与背景之间通常呈现不同程度的灰度不均匀性（intensity inhomogeneity）和纹理不一致性。

（6）在同一时段获得的同一数据源的遥感图像中不同区域的特征变化较大。

（7）遥感数据处理之前获得的遥感数据量通常很大，所以对边缘检测算法的实时性要求很高。

从上面的特征总结中可以看出，航空遥感图像由于其特殊的应用背景，作为一种特殊的数字图像，其复杂程度远高于一般图像，且由于在遥感数据处理之前获得的遥感数据量通常很大，对算法的实时性要求很高。将现有边缘检测的研究成果应用在此类航空遥感图像中，并不能获得让人满意的效果，所以必须结合航空遥感图像的上述特性，从理论体系和技术方法等方面对遥感图像的边缘检测进行更深入的探索和研究。

1.4 航空遥感图像边缘检测的国内外研究现状

近几年来，国内外的研究人员从不同的角度、不同的应用背景提出了很多边缘检测理论和边缘检测算法。本书以海上溢油和地面输电线航空遥感图像为应用背景，对航空遥感图像边缘检测的国内外研究现状进行如下总结。

溢油航空遥感图像的边缘检测是对海上溢油遥感信息分析与理解的基础，同时也是提高遥感数据自动解译水平的关键技术，是数字图像处理技术的一个挑战。

在国外，Change 等和 Chen 等分别在 1996 年和 1997 年提出了基于 LOG 二阶微分算子的溢油 SAR 图像的边缘检测算法，该算法易检测出虚假边缘，边缘检测精度不高（Change et al.，1996；Chen et al.，1997）。Solberg 等在多尺度框架下提出了自适应阈值的边缘检测算法（Solberg and Brekke，2007；Solberg et al.，2003；Solberg et al.，1999）。Liu 等、Wu 和 Liu 分别在 1997 年和 2003 年提出了基于小波分析的溢油 SAR 图像边缘检测算法（Liu et al.，1997；Wu and Liu，2003）。Kanaa 等（2003）提出基于双阈值融合的 SAR 图像溢油检测算法。Gasull 等（2002）提出了基于形态学的 SAR 图像溢油检测算法。Galland 等（2004）提出了基于最小描述长度准则的 SAR 溢油边缘检测算法。以上几种方法都存在阈值确定的过程，所以边缘检测的结果中容易引起过分割或精分割现象，即检测出虚假边缘或丢失真实边缘，从而降低边缘检测的精度。Karantzalos 等（2008）针对溢油图像提出了基于 Chan-Vese 主动轮廓的边缘检测模型和水平集曲线演化算法，该算法在建立边缘检测模型的能量泛函的过程中不仅以图像灰度变化的微分信息作为边缘点和非边缘点的分类依据，还引入了图像轮廓的几何信息如曲率等来指导分类过程，因此，在溢油边缘模糊、部分边界被遮挡或缺损的溢油遥感图像中，仍然可以获得较好的边缘检测效果。但是，Chan-Vese 模型中的外部数据拟合项仅利用了图像的全局灰度信息，依赖于同质区域，所以无法解决具有灰度不均匀问题的溢油遥感图像。在能量函数数字最小化过程中，为了实现曲线的稳定演化，Chan-Vese 模型需要对水平集函数进行重新初始化，以使其接近符号距离函数，所以具有较高的时间复杂度，不适合溢油遥感图像的实时处理。为了解决灰度不均匀的问题，Li 等（2008a）提出了一个基于区域可扩展的变分水平集边缘检测模型，该模型是在 Chan-Vese 模型基础上改进的，在可控尺度下充分利用了局部灰度信息来定义数据拟合项，从而可以很好地处理灰度不均匀性的问题，并将该数据拟合项和一个水平集规则项引入到基于水平集方法的边缘检测能量模型中，使得模型在得到精确的边缘检测结果的同时又不需要重新初始化水平集函数，大大降低了时间复杂度，同时具有较好的抑制噪声和模糊边界的能力。

在国内，遥感图像的边缘检测相关研究方法要少一些。刘佳敏和周荫清（2003）提出了基于小波变换的雷达图像的边缘提取方法。Wu 和 Liu（2003）也提出了基于小波分析的溢油图像边缘提取算法。陈巍巍（2003）提出了一种基于 BP 融合模型的遥感图像的边缘检测算法，该算法虽然获得了较好的边缘检测效果，但是处理后的图像仍含有大量噪声，并且边缘不够清晰、连续。An（2006）提出了模糊理论结合遗传算法的边缘检测方法，该方法能够很好地抑制噪声，得到的边缘比较清晰，但是仍然不够连续，且用遗传算法寻找最优阈值需要多次迭代，计算时间较长，实时性不够好。荀文龙（2008）提出一种基于新一代脉冲耦合神经网络（PCNN）的边缘检测算法，从实验结果来看，该算法可以很好地检测具有低对比度的海洋遥感图像，但是抑制噪声的能力仍然较差，且边缘不够光滑和连续。王俊（2009）采用基于改进的 CV 模型的变分水平集边缘检测模型，可以获得封闭、连续的目标边界信息，在该算法中，选取一个非紧支撑的严格单调的光滑函数对 Heaviside 函数进行正则化，从而将 Dirac 测度的有效范围扩大到整个图像区域，最终提高边缘检测的精度和稳定性，且对于噪声较强的遥感图像，仍然能够准确的找到图像的边缘。但是，改进的 Chan-Vese 模型的区域拟合项仍然仅利用图像的全局灰度信息，所以无法处理具有灰度不均匀问题的海洋遥感图像，且该算法采用基于水平集的曲线演化方法，具有较高的时间复杂度，不适合于遥感图像的实时处理。香港理工大学的 Zhang 等（2010a，2010b）提出了一种改进的基于可选择的局部二值拟合和全局图像信息拟合的主动轮廓模型。该模型在一定程度上提高了 Li 模型的边缘检测精度，而且减少了 Li 模型中传统的水平集中需要重新初始化的计算代价，但是该方法在曲线演化的过程中仍然使用的是基于传统水平集的思想，因此时间复杂度和计算复杂度仍然很高，而且该主动轮廓边缘检测模型属于非凸的，因此在曲线演化的过程中容易陷入局部极小值，从而不能获得目标的真实边界信息。

航空输电线图像的边缘检测是对航空输电线部件识别和缺陷诊断等更高层次图像分析与理解的基础，同时也是提高对输电线图像视频数据自动解译水平的关键技术。针对航空输电线图像边缘检测技术的研究在国内外还不多见，现将输电线和绝缘子的边缘检测国内外研究现状归纳如下。

（1）输电线图像边缘检测国内外现状。在国外，专门以输电线图像为背景研究边缘检测的文献还比较少，有些出现在输电线提取的论文中，如 Li 等（2008）提出了基于知识的输电线提取方法，该方法首先采用 Canny 算子检测输电线的边缘，由于实验所用图像背景非常简单，检测效果比较理想，但也有学者指出 Canny 算子用于复杂背景下目标的边缘检测时，抗噪性不好。Yan 等（2007）建议用 Ratio 算子来检测输电线的边缘，因为 Ratio 算子具有较强的抗噪性，效果比较理想。但 Ratio 算子是专门用来检测线性目标的，要求输电线方向和图像水平边缘要平行，对于绝缘子等非线性目标，边缘检测结果不完整，丢失不少边缘。在国内，孙凤杰等（2010）采用 Sobel 和 Canny 边缘检测算子检测输电线图像的边缘，这类传统边缘检测算法运算速度快，但抗噪性能差。刘军营（2011）提出了一种基于改进高斯函数的输电线图像边缘检测算法，新算法的尺度参数和阈值参数具有一定的自适应性。王小朋等（2009）把灰度信息转换到频域，利用小波提取输电线的边缘。上述算法都是利用图像的灰度信息来检测输电线边缘，这类方法在进行复杂背景下输电线的边缘检测时，容易漏检弱边缘，对噪声的抑制能力较差。

（2）绝缘子图像边缘检测国内外现状。在国外，Zhang 和 Yang（2006）提出基于 SUSAN 边缘检测算法的尺度不变特征（SESIF）来提取绝缘子。在国内，王伟和刘国海（2008）分析并比较了传统的基于梯度的边缘检测算子、LOG 算子、Canny 算子以及小波多尺度边缘检测算法，认为小波多尺度边缘检测算法对绝缘子的边缘提取效果最佳。孙晋（2008）从梯度的计算、滤波器的选择和阈值的确定三个方面出发，对原始的 Canny 边缘检测算子进行改进和优化，提出一种绝缘子边缘检测算法。唐良瑞等（2009）利用模糊数学理论提出了基于关联熵系数和统计间隙隶属度函数分类判定的模糊边缘检测模型。葛玉敏等（2012）提出了基于数学形态学的边缘检测算法，用于检测以绝缘子为代表的输电线图像的边缘，该算法既能有效地滤除噪声，又可保留图像中的原有细节信息。这些利用新兴数学工具的边缘检测算法，边缘检测结果比较令人满意，但是时间复杂度比较高，难以满足输电线实时性的要求而且检测出的绝缘子的边缘是不连续的，这为后续绝缘子的识别带来困难。

尽管遥感领域的边缘检测算法有很多且各具特点，但由于航空遥感图像数据来源的多样性、应用背景的复杂性和边缘检测问题的局限性，到目前为止仍然很难找到一种普适性的边缘检测算法。航空遥感图像的低对比度、边界模糊、复杂噪声及背景、灰度不均匀性和纹理不一致性等问题仍然是亟待解决的问题。

针对航空遥感领域边缘检测中存在的问题，为使边缘检测算法尽可能地自动、精确、有效、具有鲁棒性和通用性，本书以具有低对比度的图像，和含有噪声、灰度不均匀性的图像，以及含有复杂背景和纹理不一致性的图像为研究对象，以提高边缘检测算法的效率和精确度为目的，采用不同的技术路线，即基于传统边缘检测流程的非封闭边缘检测技术和基于几何主动轮廓模型的封闭边缘检测技术，对航空遥感图像的边缘检测技术进行深入分析和研究，并且以作者的研究内容为主线分别对不同的研究方法进行介绍和阐述。

2 航空遥感图像边缘检测基本原理与技术

2.1 边缘检测基本原理

图像的边缘一般是图像的灰度、颜色或者纹理发生剧烈变化的地方，而这些变化往往是由物体的结构和纹理、外界的光照和物体的表面对光的反射造成的（Gonzalez et al.，2002）。图像的边缘反映了物体的外观轮廓特征，是模式识别和图像分析的重要特征。边缘检测就是要将图像中灰度不连续的地方检测出来，目前边缘检测还没有一个通用的定义。最常用的一种定义：根据产生图像灰度变化的物理过程来表述图像中灰度变化的过程称为边缘检测（Torre and Poggio，1986）。图像边缘检测的结果直接影响下一步模式识别、图像处理的效果。半个多世纪以来，图像边缘检测技术已经成为数字图像处理技术中重要的研究课题之一。

图像边缘可以划分为阶跃边缘（step edge）、脉冲边缘（pulse edge）和屋脊边缘（roof edge）三种类型（董红燕，2008），其形态及相应的一阶导数、二阶导数如图 2.1 所示。可以看出，阶跃边缘位于图像中灰度值不同的两个相邻区域之间，可用一阶导数的幅值来定位边缘的位置，或用二阶导数的过零点来判别边缘的位置。脉冲边缘主要位于灰度值突变的细条状的区域内，因其灰度剖面形状为脉冲状而得名，可以根据一阶导数的上下峰值大小来确定脉冲边缘的范围，也可以通过判断其剖面的两个二阶导数过零点的距离来确定脉冲边缘的范围。屋脊边缘的上升和下降都比较平缓，将脉冲边缘底部展开可以看作其灰度剖面，可见屋脊边缘是一类模糊范围比较大的边缘，检测一阶导数的过零点可以用来确定其中心位置。

由图 2.1 可见，图像的导数可以用来表示图像的边缘，而导数可用微分算子来实现，因此微分算子在各种边缘检测算法中具有重要的地位，是最早出现、也是最基本的边缘检测算法。

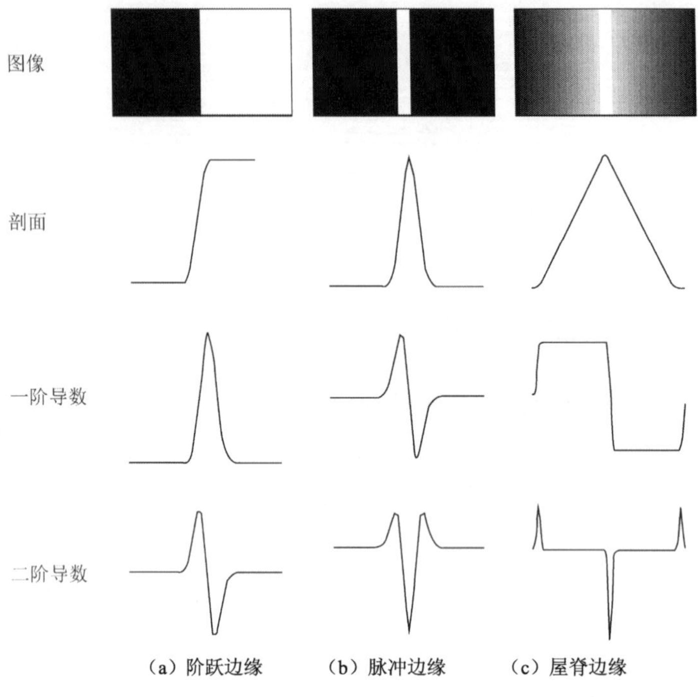

图 2.1　三种边缘类型及一阶、二阶导数示意图

2.2　边缘检测相关技术

边缘检测技术作为低级视觉处理过程，是一个富有挑战性的经典课题，早在 1959 年，Julerz 就在文献中提到过边缘检测（Julerz，1959），而对边缘检测的研究最早开始于 1965 年（Roberts，1965）。从此以后，关于边缘检测的新理论和新方法便不断出现，这一方面说明该研究方向本身的重要性，另一方面也反映了其深度和难度。因此，边缘检测的理论和方法都有待于进一步提高。

图像中的边缘检测一直是图像处理和分析领域的研究热点。从 20 世纪 70 年代至今，国内外的研究人员已经从不同的角度、不同的应用背景提出了很多的边缘检测理论和边缘检测算法。根据提取的边缘是否封闭，本书将现有的边缘检测算法分为非封闭边缘检测算法和封闭边缘检测算法。

2.2.1　非封闭边缘检测算法

非封闭边缘检测算法可以分为六类，包括经典的微分算子法、最优算子法、拟合法、多尺度边缘检测算法、基于模糊理论的边缘检测算法以及以数学形态学等新兴数学工具为基础的边缘检测算法（董红燕，2008）。

1. 微分算子法

这类算法是最原始、最基本的边缘检测算法。在不同区域的边缘上像素灰度值的变化往往比较剧烈，因此这类算法大多是基于局部信息的，一般利用图像一阶导数的极大值或者二阶导数的过零点信息提供判断边缘点的依据。在求边缘的导数时，需要对每个像素位置进行计算，在实际中常用模板卷积来近似计算。经典的一阶微分算子有 Roberts 算子、Sobel 算子、Prewitt 算子、Robinson 算子、Kirsch 算子等，这些一阶微分算子的定位性能比较好，且检测速度快，但是对噪声都十分敏感，抗噪性能差（Hough and Paul，1962）。

2. 最优算子法

最优算子法是在微分算子的基础上提出的一种边缘检测算子，是通过信噪比最优来检测边缘的最优滤波器。常见的最优算子有 Log 算子（Haralick，1984）和 Canny 算子（Canny，1986）。

最优算子法效果优于早期的一阶微分算子，但 Log 算子不足之处是易检测出虚假边缘，且在大尺度下定位精度不高。而 Canny 算子相对比较实用，从最优滤波器的角度考虑，Canny（1986）提出了三个最优准则：好的检测性能、好的定位性能、对单一边缘仅有唯一响应。Canny 还将上述最优准则用数学的形式表示出来，并利用最优化数值方法得到了针对脉冲边缘的最佳边缘检测模板，后来发现用高斯函数的一阶导数来近似该模板可以得到类似的检测性能（80%）。高斯函数为

$$G(x,y,\sigma)=\frac{1}{2\pi\sigma^2}\exp\left(-\frac{x^2+y^2}{2\sigma^2}\right) \tag{2.1}$$

用 Canny 算子进行图像边缘检测的一般过程：①使用高斯滤波器对图像做平滑处理；②基于平滑后的图像计算一阶梯度；③根据梯度方向进行非极大值抑制；④双阈值判定边缘像素。这类算子边界定位精度高、连续性好、抗干扰能力强，具有较好的综合边缘检测性能。但 Canny 算子也存在不足之处，通常要使用较大的滤波尺度以获取较好的边缘检测效果，但容易造成一些细节边缘的丢失，对弱边缘周边的噪声很敏感，在图像中含有较大噪声的情况下，该算法抑制噪声的能力会迅速下降。高阈值和低阈值的选取对检测结果有较大的影响，传统 Canny 算子中阈值选择方法的自适应能力很差，在提取边缘时，容易造成误检和漏检。

在 Canny 边缘检测算法被提出之后，出现了许多与 Canny 算子类似的边缘检测算子。其中，Deriche（1987）遵循 Canny 提出的最优化准则，将 Canny 算子作了进一步简化，给出无限脉冲响应滤波器的函数表达式；邓湘金等（2002）按照

最优准则提出了正弦算子；Bao 和 Zhang（2005）在 Canny 算子的基础上研究了多尺度 Canny 边缘检测算法；Torreão 和 Amaral 等（2006）利用 Green 函数代替 Gauss 函数，提出了基于 Green 函数的边缘检测算法；Wang 等（2009）在 Canny 算子的基础上提出了基于内积能量的边缘检测算法。根据 Canny 最优准则提出的诸多最优滤波算子在边缘检测的理论研究和实际应用中都取得了一定的成果。

3. 拟合法

拟合法的基本思想是对图像进行某种形式的拟合，从而根据拟合参数求得边缘。Prewitt（1970）首先提出用曲面拟合算法做图像边缘检测，他用关于坐标的 n 阶多项式对原始图像作最小二乘方意义下的最佳拟合，多项式的 m 个参数由图像 $n \times n$ 个邻域灰度确定，从拟合的最佳曲面函数即可确定灰度梯度等参数，这种曲面拟合边缘检测与传统的梯度法相比具有更高的抗噪能力。但是以离散的数字图像的灰度值重构连续函数是比较困难的，于是 Haralick（1984）采用简单的分段函数来建立图像的模型，提出基于局部曲面拟合的边缘检测算法。Halwa 和 Binford（1986）采用双曲正切函数作为拟合基函数，只需要计算少量参数。另外一种形式的拟合算法是拟合图像边缘，在某一局部窗口内，对图像边缘用直线、曲线来拟合。拟合边缘检测算法的实质是利用图像的统计特性来检测图像边缘，因而其计算量很大，只在一些大的视觉系统中采用（董红燕，2008）。

4. 多尺度边缘检测算法

多尺度边缘检测思想最初是 Rosenfeld 和 Thurston（1971）提出的，之后经过 Marr、Hildretch 和 Witkin 等的逐步完善形成了一套理论，如 Marr-Hildretch 边缘检测（Marr，1980）、Witkin 尺度滤波（Witkin，1983）以及基于小波变换的多尺度边缘检测算法（Jiang et al.，2009；Guan，2008；李庆和梁艳，2007）。多尺度边缘检测就是综合利用多个尺度的边缘检测算子，有效地检测出图像的边缘。通常小尺度参数的检测算子能够检测出灰度的细微变化，反映更多的边缘细节，但对噪声较为敏感；而大尺度参数的检测算子能够检测出灰度的粗变化，反映大的边缘轮廓，对噪声具有较强的抑制。多尺度算子（Ducotter et al.，2004；Williams and Shah，1990）就是为缓解两者之间的矛盾而提出的，其关键在于如何选择不同的尺度及多尺度的综合。由于高斯函数具有良好的频域和时域的性能，大部分尺度选择的基函数都是高斯函数。在多尺度综合中（Pellegrino et al.，2004；Bergholm，1987），大部分采用由粗到细或由细到粗的综合策略，建立尺度之间的联系。常用的多尺度边缘检测算法：先分别用几个不同尺度的边缘检测算子检测边缘，再综合其输出结果以获得理想的边缘。针对不同的应用背景，尺度参数的自适应选择和小波基的选择仍然是多尺度边缘检测算法的一个难点。

5. 基于模糊理论的边缘检测算法

模糊理论是为了用不精确的知识来表达事件而提出的。模糊理论的特点是不对事物做简单的肯定和否定，而是用隶属度来反映某一事物属于某一范畴的程度。由于成像系统、视觉反映造成图像本身的模糊性，再加上边缘定义区分的模糊性，人们在处理图像时很自然地想起了模糊理论的作用，模糊集合理论能较好地描述人类视觉中的模糊性和随机性（董红燕，2008）。20 世纪 80 年代中期，Pal 和 King（1983）提出一种基于模糊集理论的图像边缘检测算法，首次将模糊集理论引入到图像的边缘检测算法中，有效地将物体从背景中分离出来，并在模式识别和医疗图像处理中获得了良好的应用效果。其核心思想是用模糊增强技术来提高目标和背景之间的对比度，从而提高边缘两侧的灰度对比度，提取模糊的边缘。但是，Pal 算法中涉及了变换和矩阵求逆等较为复杂的运算，所以往往算法的计算量很大，实现速度很慢，且算法在增加对比度的同时，也容易增强噪声。王倩和阮海波（2001）针对 Pal 算法速度慢的问题，提出了一种快速模糊算法，提高了检测速度，但是抗噪性能不高。孔祥维等（2000）提出的基于多特征和模糊推理的边缘检测算法，表现出优于传统的处理效果，并在图像处理中获得了良好的应用，但是如何充分利用图像所给出的信息以及简化模糊规则，仍然是一个值得重视的问题。焦阳（2005）在其硕士论文中也针对 Pal 算法的复杂度以及模糊增强算子的自适应阈值选取等问题对 Pal 边缘检测算法进行了一定的改进，提出一种模糊增强理论与遗传算法相结合的边缘检测算法，并成功应用在溢油遥感图像中，但是该算法在面对噪声较为严重的溢油遥感图像时则显得无能为力。

6. 以新兴数学工具为基础的边缘检测算法

非封闭边缘检测算法还包括以数学形态学、人工神经网络、蚁群理论、遗传算法、支持向量机、分形理论以及多分辨率分析和小波理论等新兴数学工具为基础的边缘检测算法。基于数学形态学的边缘检测方法属于一种非线性滤波方法，可以用来解决图像处理中特征提取、边缘检测、抑制噪声等问题（Haralick et al.，1973）。近年来，数学形态学在边缘检测中应用非常广泛（Krishnamurthy et al.，1994），与传统的微分算子法相比，基于数学形态学的边缘检测算法具有算法简单、效果好、运算速度快等优点，然而其检测效果受到结构元素大小和形态的影响，适应性较差。人工神经网络（Alper and Enis，2009；Sanger，1989）是模式识别领域中的一种重要的方法和工具，基于人工神经网络的边缘检测算法将边缘提取过程视为边缘模式的识别过程，只是在算法实现上利用了神经网络，近年来已逐渐成为一个新的研究分支，但是由于存在网络收敛速度慢、数值稳定性差、容易收敛于局部极小点、参数不易调整等问题，很难满足实际应用的要求。以其他数学工具（遗传算法、支持向量机、分形理论等）为基础的边缘检测算法，此处不再赘述，可以参考文献董红燕（2008）。

2.2.2 封闭边缘检测算法

基于能量最小化的主动轮廓模型（snake 模型）是典型的封闭边缘检测算法。这类算法最大的优点是不论图像的质量如何，总能得到平滑封闭的边界。其基本思想是运用严格的数学方法对边缘检测问题进行分析，在原始图像上定义一条初始轮廓曲线，通过将能量函数最小化，使得轮廓曲线形变运动到目标边界，从全局最优的观点提取边缘。基于能量最小化的主动轮廓模型可用于边缘检测、图像匹配、运动跟踪、三维重构和计算机视觉等图像处理领域（尚岩峰，2009）。基于能量最小化的主动轮廓模型的封闭边缘检测算法可以分为以下两大类。

1. 参数主动轮廓模型

参数主动轮廓模型采用曲线的参数方程来表示。典型代表是 Kass 等（1987）最初提出的 snake 模型，可以定义为直角坐标系中的任意一条轮廓曲线 $v(s)=\left[x(s),y(s)\right]$，$s\in\left[0,1\right]$。snake 模型的能量函数包含内部能量和外部能量两项，在二者的共同作用下极小化轮廓曲线，能量函数为

$$E_{\text{snake}}\left(\vec{v}\right)=E_{\text{int}}\left(\vec{v}\right)+E_{\text{ext}}\left(\vec{v}\right) \tag{2.2}$$

式中，$E_{\text{int}}\left(\vec{v}\right)$ 是 snake 模型的内部能量，具体表示为

$$E_{\text{int}}\left(\vec{v}\right)=\int_0^1\left(\alpha\left|\vec{v}_{\text{s}}\right|^2+\beta\left|\vec{v}_{\text{ss}}\right|^2\right)\mathrm{d}s \tag{2.3}$$

其中，$\vec{v}_{\text{s}}$ 为 $\vec{v}$ 关于 s 的一阶导数；$\vec{v}_{\text{ss}}$ 为 $\vec{v}$ 关于 s 的二阶导数。内部能量函数由轮廓曲线的长度和曲率等自身特征决定，使模型能够保持一定的光滑性和连续性。α 值影响轮廓的“应力”，当 α 为 0 时表示该点处的一阶导数对内部能量没有影响，轮廓曲线是断开的。β 值影响轮廓的刚度，当 β 为 0 时，表示该点处的二阶导数对内部能量没有影响，可将此处作为一个角点。

$E_{\text{ext}}\left(\vec{v}\right)$ 是 snake 模型的外部能量，具体表示为

$$E_{\text{ext}}\left(\vec{v}\right)=-\lambda\left|g*\nabla I\left(\vec{v}\right)\right|^2 \tag{2.4}$$

式中，I 为图像的灰度；$\nabla I\left(\vec{v}\right)$ 为图像的梯度；λ 为权重系数；g 为二维高斯平滑函数。外部能量函数来自图像中目标的特征，通常是梯度的降函数（如边缘），用于引导轮廓线向期望的图像特征移动。若找到一个合适的初始轮廓曲线，snake 模型就可以利用变分法将能量函数收敛到最小。snake 模型能量函数简单，计算速度快且高效，通过添加能量项，可以把各种先验知识应用到能量函数中，在基于先验知识的目标分割中有着广泛的应用。但是该模型也存在一些问题和缺点，无

法处理轮廓曲线有拓扑变化的情况，模型使用梯度特征作为曲线演化的停止条件，由于梯度算子对噪声敏感，snake 模型不能准确地定位目标边缘且会产生伪边缘，导致分割结果不够准确。

Kass 等提出的 snake 模型，开辟了主动轮廓模型用于图像处理领域的先例。和传统边缘检测算法相比，尽管 snake 模型有着无可比拟的优势，但是还存在一些缺点，目前有许多学者致力于对其模型进行改进和完善。Cohen（1991）提出的“气球”模型，通过在外力中加入膨胀力来控制轮廓曲线的收缩或膨胀，从而使之稳定的收敛于目标边缘。由于 snake 模型外部能量的作用范围有限，不能收敛到目标的深度凹陷部分。为此，Xu 等（2000b）设计了一种新的外力 GVF 模型，使其可以在整个图像中计算梯度场，所以 GVF 模型扩大了轮廓曲线的捕获范围，并可以进入深度凹陷部分。此外，近年来 Xie 和 Majid（2008）提出的 MAC（magnetostatic active contour model）模型、Mishra 等（2011）提出的 DAC（decoupled active contour）模型也属于此类模型。该类模型对轮廓曲线的初始位置的选择比较敏感，容易陷入局部极小值，尤其是不能处理轮廓曲线分裂或合并等复杂的拓扑变化。

2. 几何主动轮廓模型

针对参数主动轮廓模型的缺点，Osher 和 Sethian（1988）提出采用曲线演化和水平集方式表示主动轮廓模型，将演化曲线隐式地表示为高一维函数（即演化曲面）的零水平集，根据分割要求建立合适的偏微分方程，在偏微分方程控制下演化水平集函数，直到零水平集演化到图像的目标边界为止，这类模型称为几何主动轮廓模型。该类模型最大优点是在演化过程中水平集函数始终保持为一个连续函数，具有较大的捕获范围，能够灵活地处理动态拓扑变化问题，因此在实际中得到了广泛的应用与推广。几何主动轮廓模型根据能量项建模方式的不同，又可以分为基于边界的主动轮廓模型和基于区域的主动轮廓模型。

1）基于边界的主动轮廓模型

Caselles 等（1993）提出了基于平均曲率运动的主动轮廓模型，其水平集函数的演化方程为

$$\frac{\partial \phi}{\partial t} = g\left(\left|\nabla I\right|\right)\left(\kappa + \nu\right)\left|\nabla \phi\right| \tag{2.5}$$

式中，ϕ 为水平集函数；κ 为轮廓曲线的曲率；g 为边缘停止函数；ν 为轮廓曲线内部的面积。该模型中，轮廓曲线按照特定的速度沿着法线方向移动，最后停止在 g 消失的边缘上。但是在实际应用中，在边界附近的 g 只能够减缓曲线的演化速度，但不能完全停止曲线演化。因此曲线可能会跨越边缘，而不能重新回到正确的边缘上。为了解决边界泄漏问题，Caselles 等（1997）又提出了一类测地主动

轮廓模型。最小化该模型的能量函数和最小化测地线能量是等价的，也就是说，考虑与图像特征相关的最短长度的测地线。该模型的水平集函数为

$$\frac{\partial \phi}{\partial t}=g\left(\left|\nabla I\right|\right)\left(\kappa+\nu\right)\left|\nabla \phi\right|-\nabla g\left(\left|\nabla I\right|\right)\cdot\nabla \phi \tag{2.6}$$

与式（2.5）比较可以看出，测地主动轮廓模型新增了一个停止项，在边界附近$\nabla g \neq 0$时，可以用该停止项减缓曲率项的演化速度，实现轮廓曲线途经边界时彻底停止演化。在测地线模型中停止项的存在还有助于自由确定初始轮廓的位置。文献河源等（2007）、Paragios 和 Deriche R（2000a）、Saddiqi 等（1998）、Caselles 等（1997）对测地线主动轮廓模型进行了各种改进，Osher 和 Sethian（1988）在测地主动轮廓模型上又增加了一个“面积最小项”，为轮廓曲线途经边界时引入一个额外的引力，进一步解决了边界泄漏问题。

snake 模型和测地线模型，都是通过边界积分函数最小化实现轮廓曲线运动收敛至目标边界的，均属于基于边界的主动轮廓模型。这类模型适用于目标与背景之间有明显灰度变化的情形，通过构造合适的外力控制轮廓的扩张或收缩，由一个停止函数控制这个外力在边界处消失。这类模型也存在明显的缺陷：首先，对初始轮廓曲线的位置比较敏感，分割结果易受图像噪声的影响；其次，都通过边缘检测函数终止曲线演化，但离散梯度值是有界的，在边界处停止函数 g 的值不会为 0，所以不能彻底解决边界泄漏问题；最后，轮廓曲线的运动是由轮廓线所在位置的局部信息控制，难以实现全局性分割。

2）基于区域的主动轮廓模型

在利用曲线演化和水平集方法表示的几何主动轮廓模型框架下，学者提出利用区域统计信息来引导轮廓曲线的演化，根据感兴趣目标的灰度统计特性具有一致性的特点，对图像进行分割，而不依赖于目标边界，所以受边界影响较小，这类模型称为基于区域的主动轮廓模型。这类模型的思想：从图像模型的角度考虑，给出满足图像模型的全局能量泛函，利用最小化能量泛函实现轮廓曲线的运动。其优点是具有较强的抗噪性能。

Mumford 和 Shah 在 1989 年第一次提出基于区域的主动轮廓模型，称为 Mumford-Shah（MS）模型，将图像看作由多个分片光滑的区域组合（Mumford and Shah，1989）。其主要思想是用一个分段光滑（piecewise smooth）函数来近似灰度图像的灰度分布。其数学描述：设 $I(x)$ 为定义在区域 Ω 上给定的图像函数，C 为初始闭合曲线，其目的是寻找一条光滑的图像边界 C_0，使原图像 $I(x)$ 和分割图像 $I_0^{\mathrm{MS}}(x)$ 之间的误差最小，即最小化下式所示的能量函数

$$\begin{aligned}F^{\mathrm{MS}}\left(I_0,C\right)=\mu\cdot\mathrm{Length}\left(C\right)+\lambda\int_{\mathrm{inside}(C)}\left|I_0\left(x\right)-I\left(x\right)\right|^2\mathrm{d}x\\+\int_{\mathrm{outside}(C)}\left|\nabla I\left(x\right)\right|^2\mathrm{d}x\end{aligned} \tag{2.7}$$

式中，$\mu>0,\lambda>0$，都为权重系数。式中等号右侧第一项为边缘的长度项，控制曲线的平滑性；等号右侧第二项为保真项，表示分割后图像 I_0^{MS} 与原图像 I 的近似程度，其值越小说明分割后图像 I_0^{MS} 越接近原图像 I；等号右侧第三项为光滑约束项，保证分割后图像 I_0^{MS} 在区域 Ω / C 上足够光滑。MS 模型结合了图像的区域信息，能够理想地分割目标边界模糊甚至不完整的图像，但是能量函数中有三个未知项，且式（2.7）是非凸的，使得这一最小化过程的求解非常复杂，计算量过大，难以实现。在实际应用中，通常需要对 MS 模型进行简化处理。

Ronfard（1994）首先对 MS 模型进行了改进，只保留 MS 泛函中的第一项，降低了求解复杂度，并利用贪婪法最小化能量函数。但该模型的缺点是对初始化位置比较敏感，抗噪能力差，对边界缺少规则化，而且没有拓扑自适应能力。Chan 和 Vese（2001）提出了基于区域的无边界主动轮廓模型（ACWE 模型），这也是一种改进的 MS 模型。该模型认为闭合边界将图像划分为目标和背景两个常值区域，并用二相水平集方法来进行数值求解。ACWE 模型明显改善了 MS 模型的一些性能：抗噪性能提高，尤其是当目标和背景区域有较大灰度差别时；降低了初始化要求，不限制初始轮廓曲线在图像中的位置；不需要边缘信息，亦可有效分割出离散或模糊的目标边缘；利用水平集方法还可以自动处理拓扑变化。该方法在向量值图像分割和多相水平集的研究中得到了进一步的推广和应用。这类方法自身也存在一些缺点：用平均灰度描述近似区域不够精确，尤其在两个区域的均值相似而方差不同的情况下，分割结果并不理想。Tsai 等（2000）利用图像平滑和图像分割可以同时进行的想法，用水平集方法对完整的 MS 模型进行数值求解。这类算法能够自动处理拓扑变化并分割出不同类型的区域，其缺点是同时进行图像平滑和分割，造成边界定位精度降低，并且计算量很大。该算法只适用于处理背景相对简单的图像。

总之，基于曲线演化和水平集方法表示的几何主动轮廓模型明显优于传统的主动轮廓模型，越来越得到学术界的关注。下面详细讨论与本书密切相关的基于区域的几何主动轮廓模型。Chan 和 Vese（2001）将水平集理论应用到了简化的 MS 模型上，提出一种基于区域信息的无边缘主动轮廓模型，称为 ACWE 模型（由于该模型只考虑了灰度信息，为了和下面的向量版 ACWE 模型予以区分，这里的 ACWE 模型称为标量版 ACWE 模型。在本书中如无特殊说明，ACWE 模型指标量版 ACWE 模型）。ACWE 模型利用常数近似目标和背景两个区域，即假定目标和背景都是匀质区域，将 MS 模型中的分段光滑函数 I_0 替换为分段常数（piecewise constant）函数

$$I_0=\begin{cases} c_1, x\in \text{inside}(C) \\ c_2, x\in \text{outside}(C) \end{cases} \tag{2.8}$$

式中，c_1,c_2 分别是曲线 C 内外区域灰度的平均值。这样，MS 模型中的第三项光滑约束项可以省略。因此，ACWE 模型又称为分片常数模型，具体描述：定义初始闭合曲线 C 是空间 Ω 内某区域 ω 的边界，即 $\omega \subseteq \Omega$ 且 $C=\partial\omega$，$\text{inside}(C)$ 表示区域 ω 内部，$\text{outside}(C)$ 表示空间 Ω 除区域 ω 外的部分。考虑能量函数

$$F(C)=\mu \text{Length}(C)+\nu \text{Area}\left[\text{inside}(C)\right] + \lambda_1 \int_{\text{inside}(C)} \left|I(x)-c_1\right|^2 \mathrm{d}x + \lambda_2 \int_{\text{outside}(C)} \left|I(x)-c_2\right|^2 \mathrm{d}x \quad (2.9)$$

式中，$I(x)$ 是待分割的图像；C 是任意闭合曲线。等号右侧第一项是轮廓曲线长度项，等号右侧第二项是轮廓曲线内部区域的面积项，后两项为全局二值拟合项；$\mu>0,\nu>0,\lambda_1>0,\lambda_2>0$ 分别是长度项、面积项、轮廓内部拟合项和轮廓外部拟合项的权重系数。ACWE 模型是一种基于区域的模型，综合利用了图像的全局信息，可以灵活处理轮廓的动态拓扑变化。对于目标和背景灰度差异较大的图像，可以得到理想的分割，适用于分割强噪声的图像，同样也适用于分割没有明显边缘信息的图像。但是，由于模型本身的特点，ACWE 模型也有一些缺陷：模型假设轮廓内外灰度分布是均匀的，不能有效地处理目标和背景灰度分布不均匀的图像；模型仅仅利用轮廓内外灰度的均值信息，在处理彩色图像和纹理图像时，难以获得理想的分割结果；由于该能量函数是非凸的，不能避免局部极小解的存在，对初始轮廓比较敏感；在曲线演化过程中，需要周期性地对水平集函数进行重新初始化，以使水平集函数接近符号距离函数，所以时间复杂度比较高。

针对 ACWE 模型的上述缺点，许多学者从不同的角度对其进行了改进。在处理目标和背景的灰度分布不均匀（intensity inhomogeneity）的图像时，文献 Li 等（2008a）提出了一种基于区域可调拟合（region scalable fitting，RSF）能量的主动轮廓模型。该模型利用图像的局部区域拟合能量函数，来代替 ACWE 模型中的全局二值拟合能量。文献 He 等（2012）和 Zhang 等（2010c）提出了类似的基于局部图像拟合能力的主动轮廓模型。对于彩色图像，只有将红（R）、绿（G）、蓝（B）三个色度通道有机结合起来，才能对彩色图像有效地分割。Vese 和 Chan（2000）通过把这三个色度通道看作一个向量，提出了向量版 ACWE 模型，同时把上述标量版模型推广到了向量版模型。对于纹理图像，则是先提取原图像的各个角度各个尺度上的 Gabor 纹理特征，然后把每个纹理特征看作是一个通道，使用和处理彩色图像类似的向量版模型进行分割。用于处理彩色图像和纹理图像的模型，二者的原理是相同的，下面以彩色图像为例来说明向量版 ACWE 模型。彩色图像可以看成 N 维向量值图像在 N=3 时的情形，即具有红、绿、蓝三个通道的三维向量值图像

$$I(x,y)=\left[I_1(x,y),I_2(x,y),I_3(x,y)\right],\quad (x,y)\in\Omega, \Omega=[a_1,b_1]\times[a_2,b_2] \quad (2.10)$$

式中，$I_1(x,y)$、$I_2(x,y)$、$I_3(x,y)$ 分别表示点 (x,y) 处的红色通道、绿色通道和蓝

色通道。此时，用于分割灰度图像的 ACWE 模型可以自然地扩展为向量版 ACWE 模型（Zhang et al.，2010c），表达式为

$$F\left(c^{+},c^{-},C\right)=\mu\cdot\operatorname{Length}\left(C\right)+\frac{1}{N}\sum_{i=1}^{N}\lambda_i^{+}\int_{\mathrm{inside}(C)}\left|I_0\left(x\right)-C^{+}\right|^2\mathrm{d}x$$

$$+\frac{1}{N}\sum_{i=1}^{N}\lambda_i^{-}\int_{\mathrm{outside}(C)}\left|I_0\left(x\right)-C^{-}\right|^2\mathrm{d}x \tag{2.11}$$

式中，$\mu>0$ 是长度项；$\lambda_i^{+}>0,\lambda_i^{-}>0,\left(i=1,2,\cdots,N\right)$ 都是第 i 个通道在轮廓线 C 演化过程中的权重系数；$C^{+}=\left(c_1^{+},c_2^{+},\cdots,c_N^{+}\right)$，$C^{-}=\left(c_1^{-},c_2^{-},\cdots,c_N^{-}\right)$ 表示轮廓线 C 内部和外部各个通道图像特征的均值向量。向量 ACWE 模型在彩色边缘的检测能力、纹理边缘的检测能力、模糊边缘的检测能力以及抗噪能力等方面都有所增强，得到了令人满意的分割结果。另外，为了分割侧扫声呐纹理图像，Lianantonakis 和 Petillot（2007）将 Haralick 纹理特征引入上述向量版 ACWE 模型中，提出了带纹理特征描述符的主动轮廓模型，即 TDAC 模型。该模型和向量版 ACWE 模型没有本质的区别，不同的是向量版 ACWE 模型中的权重系数 λ_i^{+} 和 λ_i^{-} 的值由每层纹理图像所包含的信息量决定，在曲线演化的过程中，其大小根据 $\left|c_i^{+}-c_i^{-}\right|$ 的变化自动调节。该模型验证了 Haralick 纹理特征和向量版 ACWE 模型相结合的可行性，用来分割侧扫声呐图像时获得了较好的分割结果。但是该模型也存在不足之处：首先，由于该模型的解是非凸的，不能避免局部极小解的存在，对初始轮廓位置比较敏感；其次，在曲线演化过程中，需要对水平集函数进行重新初始化，以使水平集函数接近符号距离函数，所以时间复杂度比较高。

针对 ACWE 模型易陷入局部极小值，对初始轮廓位置较为敏感的问题，Bresson 等（2007）通过结合 GAC（geodesic active contour）模型和 ACWE 模型，构造了快速全局最小主动轮廓（fast global minimization active contour，FGMAC）模型，并证明了该模型全局极小值的存在性。FGMAC 模型的表达式为

$$E^{\mathrm{FGMAC}}\left(u,c_1,c_2,\lambda\right)=\mathrm{TV}_g\left(u\right)+\lambda\int_{\Omega}r_1\left(x,c_1,c_2\right)u\mathrm{d}x \tag{2.12}$$

式中，$\mathrm{TV}_g\left(u\right)$ 为关于变量 u 的加权全变分能量项；g 为权重函数；$r_1\left(x,c_1,c_2\right)=\left[c_1-f_1\left(x\right)\right]^2-\left[c_2-f_2\left(x\right)\right]^2$ 为区域拟合能量项；u 为水平集函数；c_1 和 c_2 分别为轮廓内外灰度的均值。该能量模型是凸的，可以避免陷入局部极小值，轮廓演化过程与初始轮廓位置无关。最小化过程采用对偶规则技术，使轮廓可以快速收敛到目标上，在分割低对比度灰度图像时获得了较好的效果，避免了 ACWE 的缺点。但是，该模型没有考虑纹理特征，无法处理纹理图像。对于复杂背景的航空绝缘子图像中存在低对比度伪目标的情况，FGMAC 模型在纹理特征的基础上也无法将绝缘子有效地分割处理，因为该模型没有考虑纹理特征的提取，更没有考虑纹理特征的优化。

为了能够提高主动轮廓模型检测纹理不一致性目标边缘的能力，Xie（2010）

将 Gabor 纹理特征融入 ACWE 模型中，利用轮廓内外纹理特征分布的差异来驱动轮廓线的演化，能够在一定程度上解决纹理不一致性问题。但是该模型能量函数是非凸的，在曲线演化过程中容易陷入局部极小值，通常要求初始轮廓设置在目标附近。最小化方法采用梯度下降流技术，需要对水平集函数重新初始化，导致曲线演化收敛速度比较慢。另外，Xie 模型采用 Gabor 提取目标的纹理特征，在处理较弱的纹理不一致性目标时，可以获得理想的结果，但对纹理不一致性比较严重的情况则无法处理。

除了上述几何主动轮廓模型外，近年也有学者提出新的主动轮廓模型。文献 Ahn 等（2012）、Zhu 和 Yuille（1996）提出基于统计分布的主动轮廓模型，Li（2007）利用向量场卷积（vector field convolution）提出一种新的外力能量模型。为了从超高分辨率（very high resolution，VHR）图像中提取道路，Peng 等（2008）将目标轮廓先验知识引入到了主动轮廓模型中。文献 Yuan 和 He（2012）、Krinidis 和 Chatzis（2009）、Rochery 等（2006）分别提出了新的主动轮廓模型——高阶主动轮廓模型（higher order active contours）、基于模糊能量的主动轮廓模型和自适应无边缘主动轮廓模型（adaptive active contours without edges）。

3 基于传统边缘检测流程的航空遥感图像非封闭边缘检测技术

3.1 引言

图像中的边缘具有能勾画出区域的形状、能传递大部分图像信息等许多优点，因而图像的边缘检测可以看作图像处理中解决许多问题的基础和关键，在图像处理中占有重要的地位，成为机器视觉研究领域中较经典的课题之一。从20世纪70年代至今，国内外的研究学者已经提出了很多边缘检测理论和边缘检测算法，这些算法都各有利弊。本章主要介绍基于传统边缘检测流程的非封闭边缘检测技术，从算法描述、算法流程图和仿真实验等方面详细介绍作者在这方面所做的工作，包括基于动态分块阈值去噪和改进的GDNI边缘连接的边缘检测算法、基于纹理特征差异的边缘检测算法以及基于纹理特征和Γ分布的边缘检测算法。

3.2 基于动态分块阈值去噪和改进的GDNI边缘连接的边缘检测算法

3.2.1 算法描述

算法使用Canny的“非极大值抑制”原理实现了图像的候选边缘点的确定。然后针对阈值去噪过程中常用的全局阈值算法的缺陷提出一种基于动态分块阈值去噪算法，该算法考虑了局部边缘的梯度信息对阈值的影响，避免了在使用全局阈值算法去噪时由微弱精细边缘形成的局部极大值会随着由灰度不均匀、噪声等产生的极大值一起被滤除掉，从而更加准确地确定了真实的边缘点，且对候选边缘图像中存在的伪边缘和噪声具有较好的抑制能力。在边缘连接的过程中，针对GDNI边缘连接方法在噪声和模糊边界的干扰下容易产生误连接的问题，提出一种改进的GDNI边缘连接算法，该算法综合利用了边缘中断点间的灰度信息、欧几里得距离信息以及方向信息，实现了对边缘中断点的准确连接。

3.2.2 算法流程图

算法的具体实现过程如图 3.1 所示，主要包括基于“非极大值抑制”的候选边缘点的确定、动态分块阈值去噪和改进的 GDNI 边缘连接三个步骤。

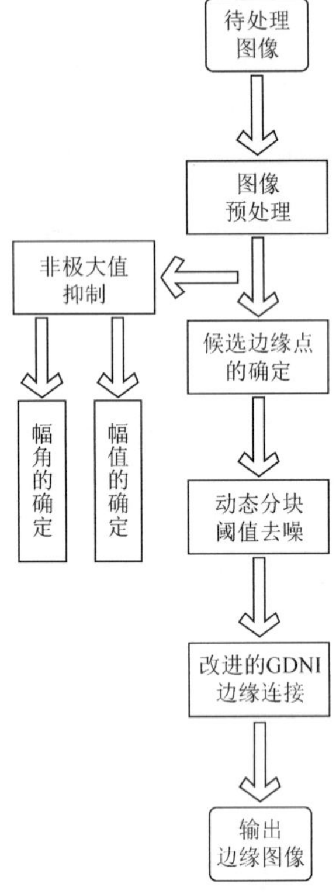

图 3.1 边缘检测算法流程图

3.2.3 候选边缘点的确定

在利用 Canny 的“非极大值抑制”原理确定候选边缘点之前，需要对图像进行预处理，即选用合适的滤波方法对原始图像进行滤波平滑处理，以减弱噪声对确定图像边缘点的影响。由于二维高斯函数具有旋转对称性，可保证滤波时各方向平滑程度相同，且当像素点离中心点越远时权值越小，从而可确保边缘细节不被模糊，而且 Canny 从最优滤波器的角度提出了三个最优准则，得出一组最优滤波器指标，根据该指标在实验中选用具有正态分布的高斯函数作为平滑函数，并从数学上证明了高斯函数的导数可以作为最优边缘检测算子，所以本书选用二维高斯函数对图像进行平滑滤波（Canny，1986）。二维高斯平滑函数为

$$G(x,y,\sigma)=\frac{1}{2\pi\sigma^2}\mathrm{e}^{-\frac{x^2+y^2}{2\sigma^2}} \tag{3.1}$$

式中，σ 为高斯平滑函数的尺度参数。$G(x,y,\sigma)$ 在平滑尺度 σ 下的水平和垂直方向的一阶导数分别为

$$\left.\begin{aligned}\Psi^1(x,y)=\frac{\partial G}{\partial x}=-\frac{x}{2\pi\sigma^4}\mathrm{e}^{-\frac{x^2+y^2}{2\sigma^2}}\\ \Psi^2(x,y)=\frac{\partial G}{\partial y}=-\frac{y}{2\pi\sigma^4}\mathrm{e}^{-\frac{x^2+y^2}{2\sigma^2}}\end{aligned}\right\} \tag{3.2}$$

通过将原始图像 $f(x,y)$ 分别与高斯函数在水平和垂直方向的一阶导数做卷积得到两个方向的梯度矢量

$$\left.\begin{aligned}W^1f(x,y)=f(x,y)*\Psi^1(x,y)\\ W^2f(x,y)=f(x,y)*\Psi^2(x,y)\end{aligned}\right\} \tag{3.3}$$

那么，梯度幅值和梯度方向分别为

$$M(x,y)=\sqrt{\left|W^1f(x,y)\right|^2+\left|W^2f(x,y)\right|^2} \tag{3.4}$$

$$A(x,y)=\arctan\left|\frac{W^2f(x,y)}{W^1f(x,y)}\right| \tag{3.5}$$

式中，$M(x,y)$ 为图像上点 (x,y) 处的边缘强度；$A(x,y)$ 为图像上点 (x,y) 的法向矢量，垂直于边缘的方向。

虽然梯度幅值反映了图像中点的剧烈变化程度，但是只根据图像的梯度幅值还不足以确定图像中的候选边缘点，为了确定边缘点必须细化梯度幅值图像中的屋脊带，这样才能产生细化的边缘。“非极大值抑制”原理就是通过抑制梯度方向上所有非屋脊峰值的梯度幅值，只保留幅值中局部变化最大的像素点，最终得到细化的边缘。根据“非极大值抑制”原理，当梯度矢量的幅值 $M(x,y)$ 在沿幅角方向 $A(x,y)$ 取得极大值时的像素点即为候选边缘点。

在根据“非极大值抑制”原理确定图像的候选边缘点之前，首先需要确定梯度的方向。通常一个函数的梯度方向在连续的情况下完全可以用数学方法计算，但是在离散的情况下，却很难精确表示。因此在确定梯度方向时，假设一个像素点周围只有 8 个邻接点，即只考虑像素点的 8 邻域，即一幅离散的二维图像有 8 个梯度方向，在这种情况下，一个平面被分成 8 个扇区，如图 3.2 所示。

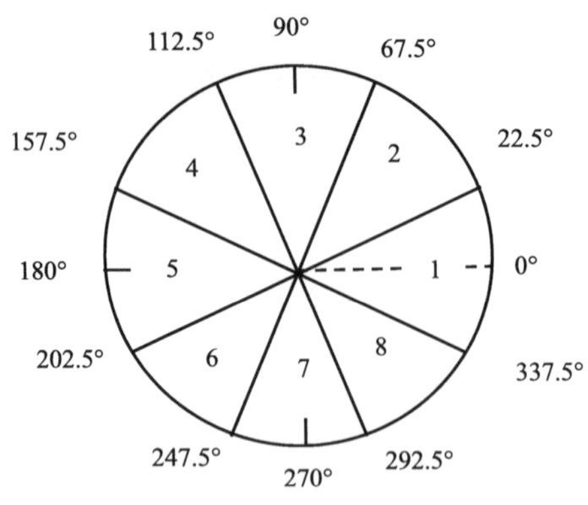

图 3.2 离散梯度方向图

由于 8 个扇区内的梯度方向是对称的，只需要考虑 4 个梯度方向，即水平（扇区 1 和扇区 5）方向、垂直（扇区 3 和扇区 7）方向、正对角线（扇区 2 和扇区 6）方向和反对角线（扇区 4 和扇区 8 方向），则在各个梯度方向的候选边缘点可以通过以下过程确定。

首先令二维图像 $f(x,y)$ 的当前像素点为 $p(i,j)$，则

当 $0° \leqslant A(x,y) \leqslant 22.5°, 337.5° \leqslant A(x,y) \leqslant 360°$或$157.5° \leqslant A(x,y) \leqslant 202.5°$ 时，梯度方向为水平方向。此时，若 $M(i,j) > M(i-1,j)$，并且 $M(i,j) > M(i+1,j)$，则 $p(i,j)$ 为候选边缘点。

当 $67.5° \leqslant A(x,y) \leqslant 112.5°$或$247.5° \leqslant A(x,y) \leqslant 292.5°$ 时，梯度方向为垂直方向。此时，若 $M(i,j) > M(i,j-1)$，并且 $M(i,j) > M(i,j+1)$，则 $p(i,j)$ 为候选边缘点。

当 $22.5° \leqslant A(x,y) \leqslant 67.5°$或$202.5° \leqslant A(x,y) \leqslant 247.5°$ 时，梯度方向为正对角线方向。此时，若 $M(i,j) > M(i-1,j-1)$，并且 $M(i,j) > M(i+1,j-1)$，则 $p(i,j)$ 为候选边缘点。

当 $112.5° \leqslant A(x,y) \leqslant 157.5°$或$292.5° \leqslant A(x,y) \leqslant 337.5°$ 时，梯度方向为反对角线方向。此时，若 $M(i,j) > M(i+1,j-1)$，并且 $M(i,j) > M(i-1,j+1)$，则 $p(i,j)$ 为候选边缘点。

3.2.4 动态分块阈值去噪

在通过“非极大值抑制”得到的候选边缘图像中，仍然含有很多伪边缘和噪声，如图 3.3 所示，所以需要为得到的候选边缘图像选择合适的阈值处理方法从而去除伪边缘和噪声。在传统的边缘检测过程中，阈值选取是关键。阈值选得太大，抑制噪声的能力增强，但可能会丢失弱边缘信息；阈值选得太小，能够检测出灰度的细微变化，反映更多的边缘细节，但对噪声较为敏感，所以阈值方法的

选择对于边缘检测最终结果的好坏至关重要。

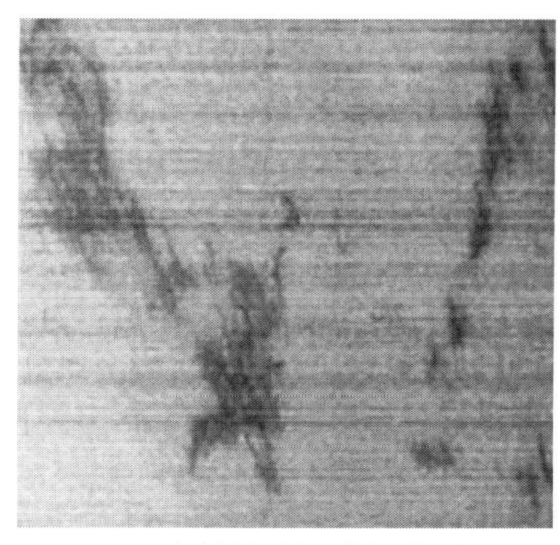

（a）1998 年中国胜利油田溢油红外图像

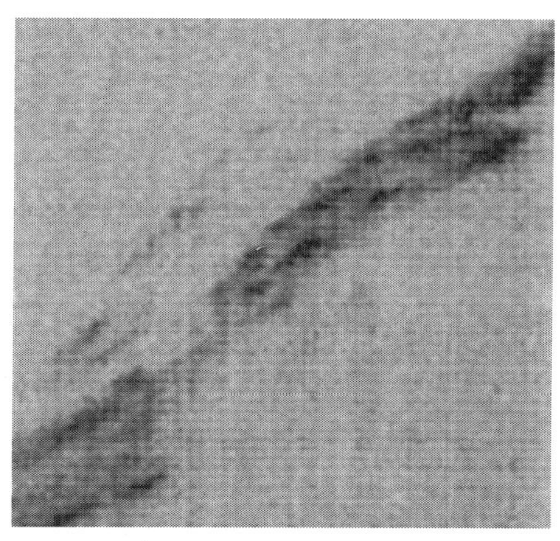

（b）2009 年 中国珠海“圣狄”号油轮溢油红外

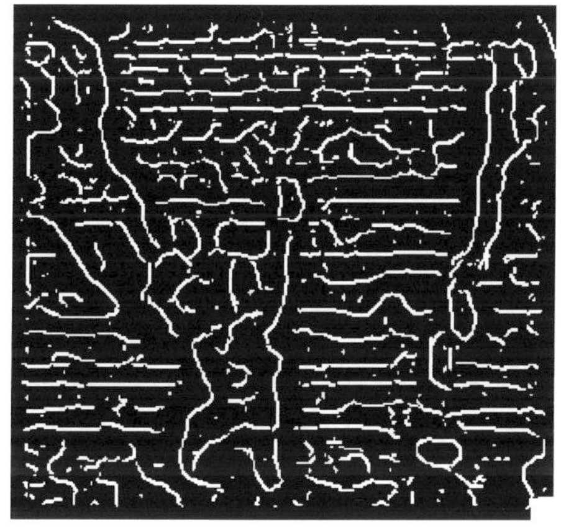

（c）候选边缘图像

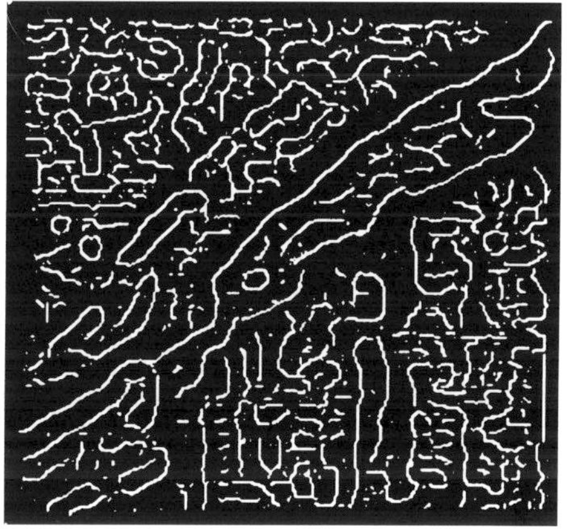

（d）候选边缘图像

图 3.3 基于“非极大值抑制”的候选边缘图像

目前常用的阈值方法为全局阈值法，如最大类间方差法（Otsu 法）（Otsu，1979）、迭代法（何斌等，2001）、最小误差法（Kittler and Illingworth，1986）、熵方法（Pun，1980；Kapur et al.，1985）、Canny 的双阈值法（Canny，1986）及其自适应阈值法和改进算法。然而这些常用的阈值去噪算法都是基于全局边缘梯度特征的，并没有考虑局部边缘梯度之间的相互关系对阈值的影响，所以全局阈值法对于候选边缘图像中的伪边缘和噪声具有较差的抑制能力，且在使用全局阈值法去噪的过程中，由微弱精细边缘形成的局部极大值容易随着由灰度不均匀、噪声等产生的极大值一起被滤除掉，从而在一定程度上降低边缘检测的精度（Cai，1999；彭莉等，2008），所以本章提出了一种动态分块阈值去噪的算法，该算法是对非极大值抑制后的候选边缘图像进行动态的 $n\times n$ 分块处理，在全局阈值的基础上，结合每个窗口内的局部边缘梯度信息来共同决定每个窗口的阈值。动态分块阈值定义为

$$T = a\times T_0 + (1-a)\times\frac{\sum m(i,j)}{n^2} \tag{3.6}$$

式中，T_0 为全局阈值，目前全局阈值中最常用到的就是最大类间方差法（Otsu 法），该算法选取出来的阈值比较理想，对各种情况的表现都较为良好。虽然该方法选出来的阈值在很多情况下都不是最佳的阈值，但分割质量通常都有一定的保障，可以说是最稳定的全局阈值方法（陶硕，2008）；$\sum m(i,j)$ 为分块后每个窗口候选边缘点所对应的模极大值的和；a 为线性加权因子（$0<a<1$），控制全局阈值 T_0 和局部边缘梯度信息对最终阈值的影响程度；n 为每个子图像的大小，即分块窗口。

3.2.5 改进的 GDNI 的边缘连接算法

从理论上讲，图像的边缘检测应能产生封闭的轮廓，但通常情况下，大多数的边缘检测算法均不能得到封闭的轮廓。造成边缘不连续有多方面的因素，如噪声的干扰、图像中背景和目标的灰度对比度相对较小、图像内容的复杂性以及所采用的边缘检测算法、阈值的处理算法等（王小鹏和王紫婷，2006；赵于前等，2006）。由于边缘的不连续，边缘检测的最终结果往往不是很理想，为了形成有意义的边缘，需要对定位后的边缘图像进行边缘连接，使大部分重要的区域边缘能够形成完整的封闭轮廓。通常情况下，若不知道图像中目标物体的形状，就会使边缘连接变得很困难。

对边缘连接的研究已经有了二十多年的历史，形成了各种连接算法。边缘连接通常可分为两种：全局边缘连接和局部边缘连接。

哈夫变换是典型的全局边缘连接算法，利用图像的全局特性来直接检测目标轮廓。在预先知道区域形状的条件下，利用哈夫变换可以方便地得到边界曲线而将不连续的点连接起来。哈夫变换受噪声和曲线间断的影响较小，其基本思想是通过在参数空间确定参考点来检测图像空间的目标。当所需检测的曲线或目标轮廓没有或不易用解析式表达时，则不能用哈夫变换进行检测（董梁，2008）。

局部边缘连接是在一个局部邻域内进行连接操作，包括标注和连接两步，其中像素标注是为八连通的像素点集分配一个唯一的标号。局部边缘连接的算法有很多，Ballard 和 Christopher（1982）首先将标注引入边缘连接中，若边缘像素点的灰度和方向满足某个相似性准则，则标注为属于同一个边缘段，像素标注好了以后，将属于同一个标注号的像素点连接在一起形成连续的边缘。Miller 等（1993）

采用预定义的模板来标注边缘像素，然后分别利用边缘像素的位置、方向、幅度等的离散加权最优值来决定选择哪个边缘线段进行连接。Hajjar 和 Chen（1999）提出将标注的边缘线段的中断点作为候选连接像素，并将在同一窗口内的具有最小距离的中断点连接起来。Ghita 和 Whelan（2002）提出了 CAEL 连接算法，该算法利用中断边缘线段端点的局部信息来确定一个关于方向和欧几里得距离的评估函数，以此确定哪些中断边缘线段的端点可以进行连接。Wang 和 Zhang（2008）对 CAEL 边缘连接算法进行了改进，将像素点的欧几里得距离修改为灰度距离，并结合中断边缘线段端点的方向信息提出 GDNI 边缘连接算法，获得了更好的边缘连接效果，但是该算法在模糊边界或噪声干扰的情况下容易产生误连接问题。

在借鉴了以上边缘连接思想后，本书充分利用边缘线段端点间的灰度信息、欧几里得距离信息以及方向信息提出一种改进的 GDNI 边缘连接算法。该算法主要由三步组成。

（1）边缘分组：由于经过非极大值抑制和动态分块阈值去噪算法得到的边缘图像中的边缘线段均是单边和亚像素精度的，首先以从上到下，从左至右的方式扫描边缘点图像，并使用 8 邻域搜索的方式对边缘线段进行分组。

（2）候选端点的确定：为了去掉少数的孤立点和一些由噪声所引起的虚假边缘线段，将像素个数少于 m（$m>0$）的边缘线段从边缘图像中去掉，取出剩余边缘线段的端点，并计算两条边缘线段端点之间的距离，选择距离小于 d 的端点作为候选连接端点。

（3）候选端点的连接：为了获得连续、闭合的目标轮廓，本书充分利用候选端点间的灰度距离信息、欧几里得距离信息以及方向信息提出代价函数 $F(P_a,P_b)$，计算所有端点间的代价函数，将端点间代价函数值最大的两个端点进行连接，有

$$F(P_\mathrm{a},P_\mathrm{b})=\frac{3}{D(P_\mathrm{a},P_\mathrm{b})+I(P_\mathrm{a},P_\mathrm{b})+A(P_\mathrm{a},P_\mathrm{b})+\varepsilon} \tag{3.7}$$

式中，P_a 和 P_b 分别是当前候选的边缘端点；$D(P_\mathrm{a},P_\mathrm{b})$ 是两端点之间的欧几里得距离；$I(P_\mathrm{a},P_\mathrm{b})$ 是两端点之间的灰度距离（取灰度差来计算）；$A(P_\mathrm{a},P_\mathrm{b})$ 是两端点之间的角度差；ε 为一个极小的正常量。

3.2.6 MATLAB 仿真实验结果与分析

在实验中，使用溢油遥感图像作为测试图像，首先验证动态分块阈值去噪算法的性能。所用的溢油遥感图像来源于 1998 年 12 月胜利油田在海上的一个平台（CB6A）倒覆后发生的大规模海上溢油红外扫描图像、2009 年 9 月巴拿马籍集装箱船“圣狄”号在中国珠海高栏岗搁浅的红外溢油图像，以及 2010 年 5 月发生

在美国墨西哥湾的海上溢油 SAR 图像。如图 3.4 所示，给出了动态分块阈值算法在溢油遥感图像中的应用，并与基于最大类间方差的全局阈值算法进行了比较。其中，图 3.4（a）～图 3.4（c）为溢油遥感原始图像，图 3.4（d）～图 3.4（f）为非极大值抑制后的候选边缘图，图 3.4（g）～图 3.4（i）为动态分块阈值去噪算法的处理结果，图 3.4（j）～图 3.4（l）为 Otsu 全局阈值算法的处理结果。从实验结果可以看到，动态分块阈值算法由于结合了全局和局部的边缘梯度信息，且对图像进行动态分块处理，更好地抑制了候选边缘图像中的伪边缘和噪声，对于具有低对比度、含有弱噪声的溢油遥感图像均具有较好的处理结果。

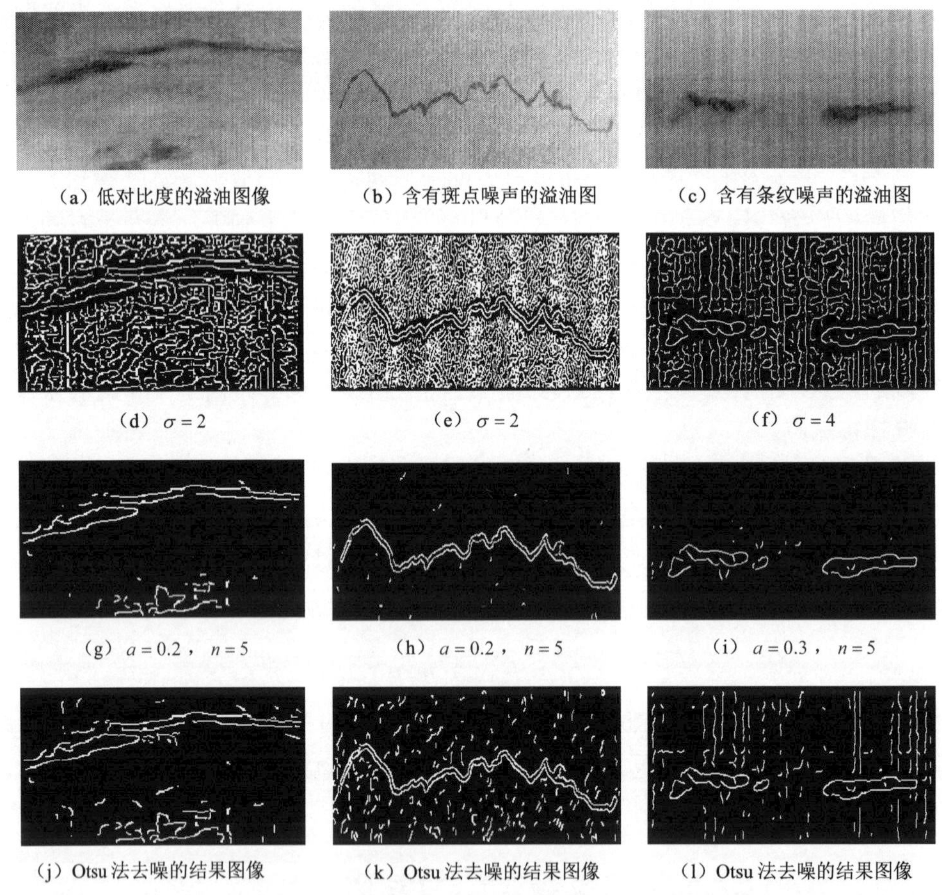

（a）低对比度的溢油图像　（b）含有斑点噪声的溢油图　（c）含有条纹噪声的溢油图

（d）$\sigma=2$　（e）$\sigma=2$　（f）$\sigma=4$

（g）$a=0.2$，$n=5$　（h）$a=0.2$，$n=5$　（i）$a=0.3$，$n=5$

（j）Otsu 法去噪的结果图像　（k）Otsu 法去噪的结果图像　（l）Otsu 法去噪的结果图像

图 3.4　动态分块阈值算法与全局阈值（Otsu）算法的比较

为了验证改进的 GDNI 边缘连接算法的性能，使用海上溢油遥感图像作为测试图像，图像的大小为 59 像素×150 像素到 432 像素×871 像素。溢油遥感图像来源于 1998 年 12 月胜利油田在海上的一个平台（CB6A）倒覆后发生的大规模海上溢油红外扫描图像、2009 年 9 月巴拿马籍集装箱船“圣狄”号在中国珠海高栏岗搁浅的红外溢油图像、2010 年 5 月发生在美国墨西哥湾的海上溢油 SAR 图像。这些溢油遥感图像都有着单一的背景(海水),溢油区域与海水区域的对比度较低,通常受到一定的噪声污染。

如图 3.5 所示，图 3.5（a）和图 3.5（b）是受弱噪声污染且边界模糊的溢油遥感原始图像，图 3.5（c）和图 3.5（d）为对比度较低的溢油遥感原始图像，图像大小为 200 像素×100 像素，图 3.5（e）～图 3.5（h）为基于非极大值抑制的动态分块阈值处理后的候选边缘图像及其运行时间（参数为$\sigma=4$，$a=0.3$，$n=5$），图 3.5（i）～图 3.5（l）为基于改进的 GDNI 算法连接后的边缘图像及其运行时间（参数为$m=5$，d=30，$\varepsilon=1\times10^{-6}$）。从实验结果可以看到，基于改进的 GDNI 边缘连接算法较好地去除了候选边缘图像中的孤立点和噪声点，准确地将中断线段的端点连接起来，从而形成连续、闭合的轮廓，为溢油的进一步识别和溢油量的估算提供了较好的依据，且对于图像大小为 271 像素×105 像素的溢油遥感图像，得到最终边缘图像所需的时间仅为 1.3s，所以此算法具有很好的实时性。

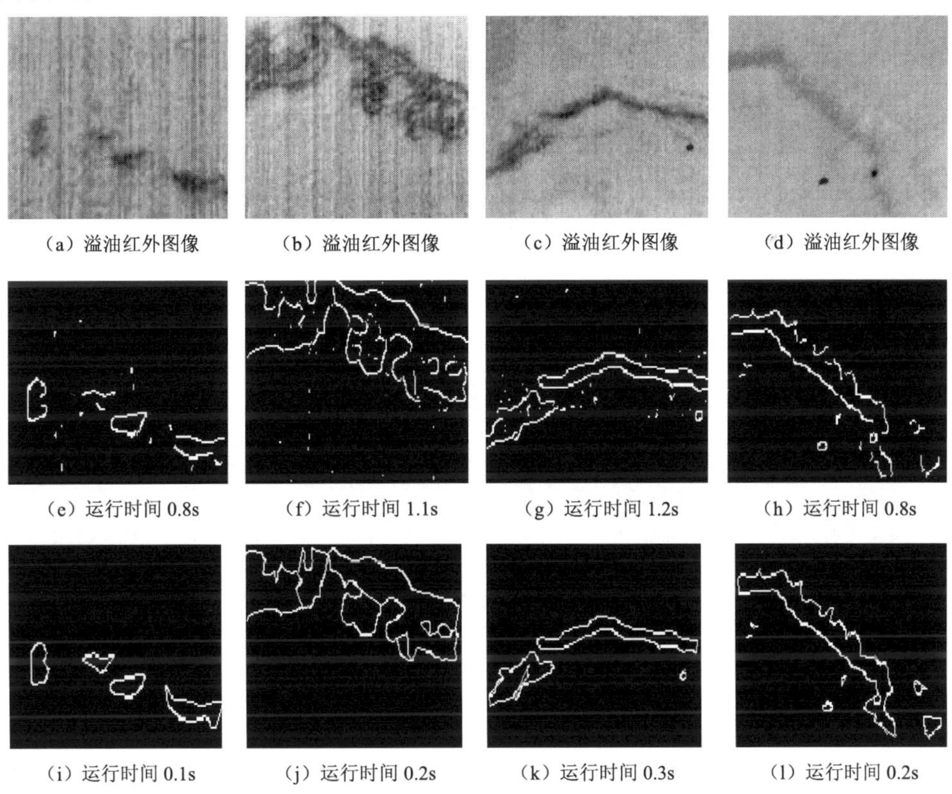

（a）溢油红外图像　（b）溢油红外图像　（c）溢油红外图像　（d）溢油红外图像

（e）运行时间 0.8s　（f）运行时间 1.1s　（g）运行时间 1.2s　（h）运行时间 0.8s

（i）运行时间 0.1s　（j）运行时间 0.2s　（k）运行时间 0.3s　（l）运行时间 0.2s

图 3.5　改进的 GDNI 边缘连接算法在溢油遥感图像中的验证

为了验证改进的 GDNI 边缘连接算法优于原始的 GDNI 算法，本书做了下面两组对比实验，如图 3.6 所示。图 3.6（a）和图 3.6（e）为边界模糊且受弱噪声污染的原始溢油遥感图像。图 3.6（b）和图 3.6（f）为基于非极大值抑制的动态分块阈值算法处理后的候选边缘图像（参数为 $\sigma=4$，$a=0.3$，$n=5$）。图 3.6（c）和图 3.6（g）为基于改进的 GDNI 算法的边缘连接图像。图 3.6（d）和图 3.6（h）为基于原始 GDNI 算法的边缘连接图像。从实验结果可以看出，由于基于原始的 GDNI 边缘连接算法仅考虑了边缘线段端点之间的灰度距离信息和方向信息，忽略了欧几里得距离信息，从而在噪声和模糊边界的干扰下引起了错误的边缘连接，如图 3.6（d）和图 3.6（h）中圆圈标注的区域所示。而基于改进的 GDNI 边缘连接算法充分利用了边缘线段端点间的灰度距离信息、欧几里得距离信息以及方向信息，实现了对中断端点的准确连接，从而更好地确定了溢油区域。

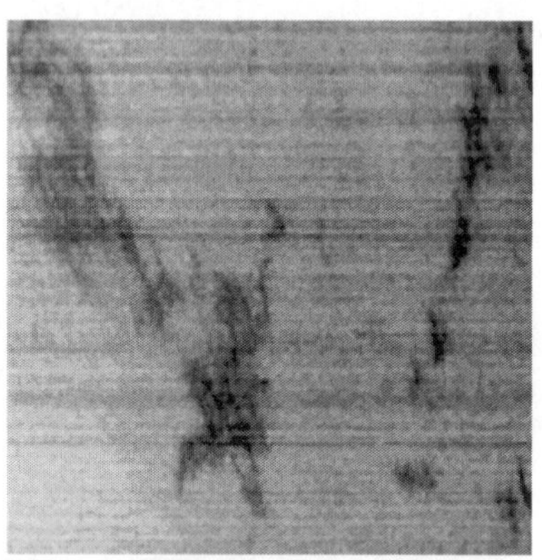

（a）图像大小为 256 像素× 256 像素

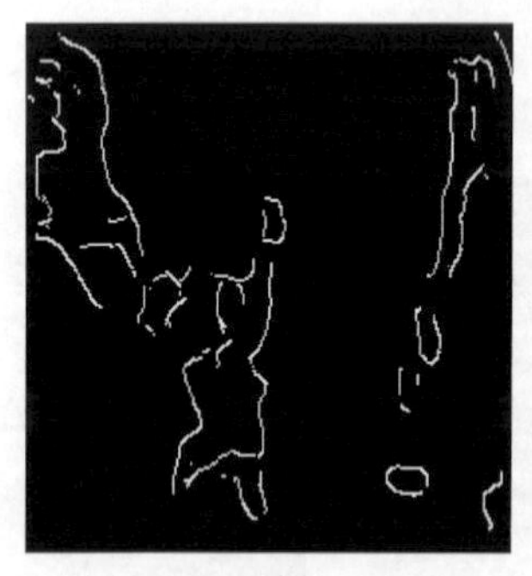

（b）运行时间 1.3s

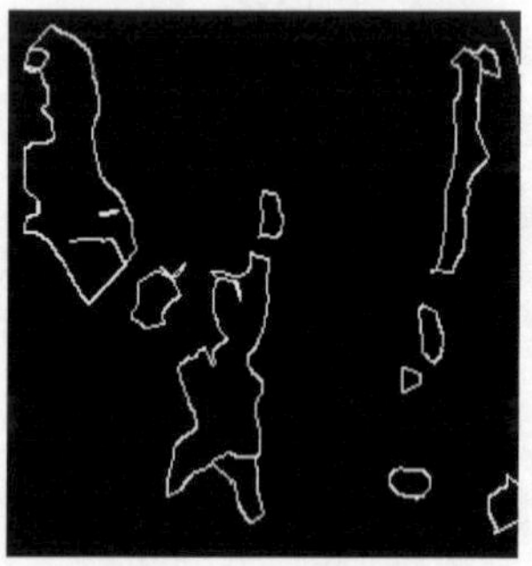

（c）运行时间 0.6s

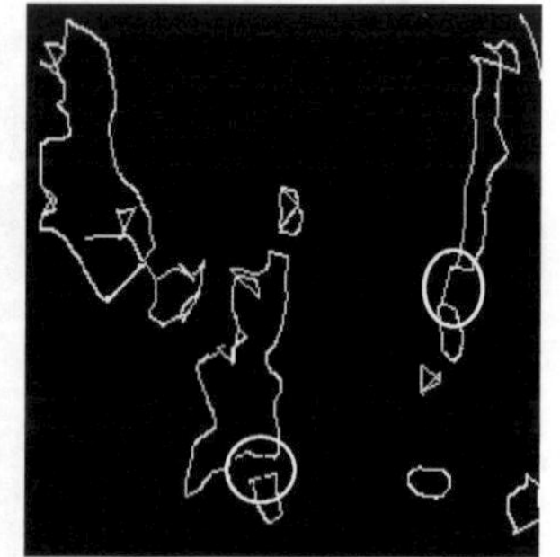

（d）运行时间 0.5s

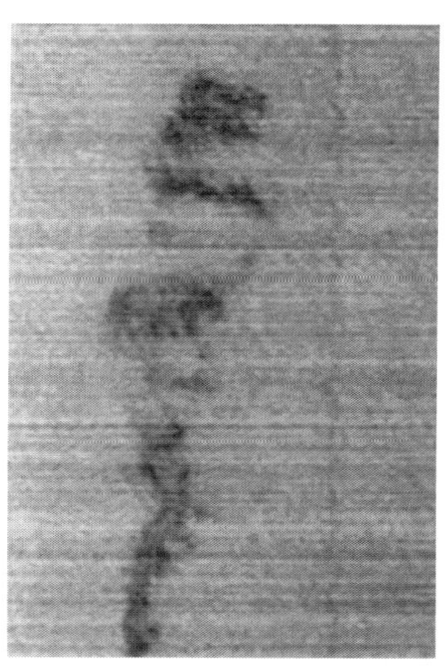

（e）图像大小为 336 像素×158 像素

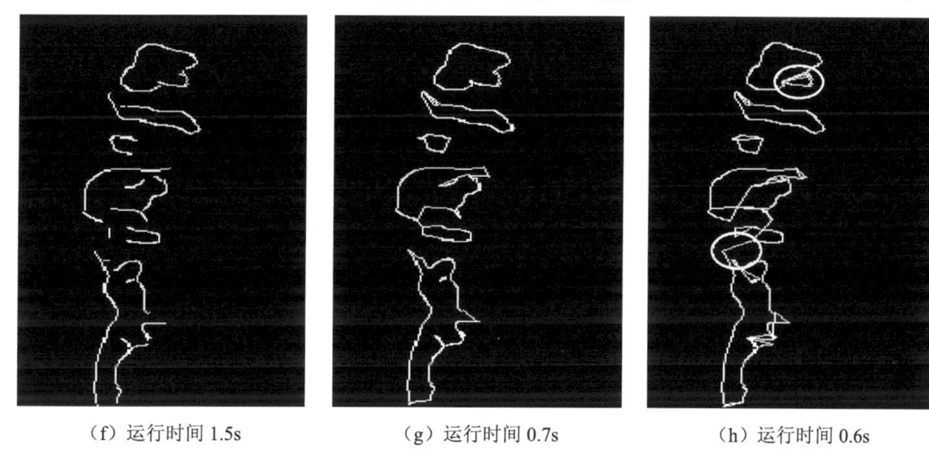

（f）运行时间 1.5s　　（g）运行时间 0.7s　　（h）运行时间 0.6s

图 3.6　改进的 GDNI 边缘连接算法与原始的 GDNI 边缘连接算法的比较

以上的实验表明，基于动态分块阈值的去噪算法和基于改进的 GDNI 边缘连接算法的结合较好地实现了具有低对比度、弱噪声问题的溢油遥感图像的边缘检测，并且具有很好的实时性。

3.3　基于纹理特征差异的边缘检测算法

3.3.1　航空输电线图像纹理特征分析

传统的 Canny、Ratio 等边缘检测算法只考虑灰度梯度作为边缘特征，在检测低对比度目标边缘时，容易丢失弱边缘，且抗噪性能差，在处理复杂背景的自然图像时尤为明显。纹理特征描述物体表面的细节（Haralick et al.，1973），不同的纹理目标，其纹理特征不同。Martin 等（2004）通过学习训练的方法，综合利用亮度、颜色和纹理特征来检测自然图像的边缘信息，说明了纹理特征在自然图像边缘检测中所起的重要作用，但学习训练过程非常耗时。由于输电线图像中部件与大面积的森林、河流等背景都呈现明显的纹理特征，这为检测输电线图像边缘提供了新的途径。

基于灰度共生矩阵（gray-level co-occurrence matrices，GLCM）的 Haralick 纹理特征是一种基于统计的纹理分析方法（Rochery et al.，2006），和基于模型的纹理分析方法、基于信号的纹理分析方法相比，其展示出很强的优越性（Bharati et al.，2004；Clausi and Bing，2004；Clausi，2000；Baraldi and Parmiggiani，1995；Ohanian and Dubes，1992）。常用的 GLCM 纹理特征（Haralick et al.，1973）：能量（energy）、熵（entropy）、非相似性（dissimilarity）、一致性（homogeneity）和均值（mean）。在上述 5 个纹理特征中，为了确定输电线和背景之间存在何种纹理差异，本节按如下步骤分析输电线图像的纹理特征，纹理特征分析如图 3.7 所示。

（1）从航空输电线图像中随机垂直选取一个包含输电线的窄图像块（图 3.7 中矩形 *ABCD*），其宽度为奇数个像素点（如 9 和 11）。然后在该窄图像块中，选择一个方形滑动窗口（图 3.7 中阴影处），窗口宽度与窄图像块的宽度相同，使该方形窗口的中心像素和窄图像块中间一列像素（图 3.7 中线段 *EF*）正好重合。

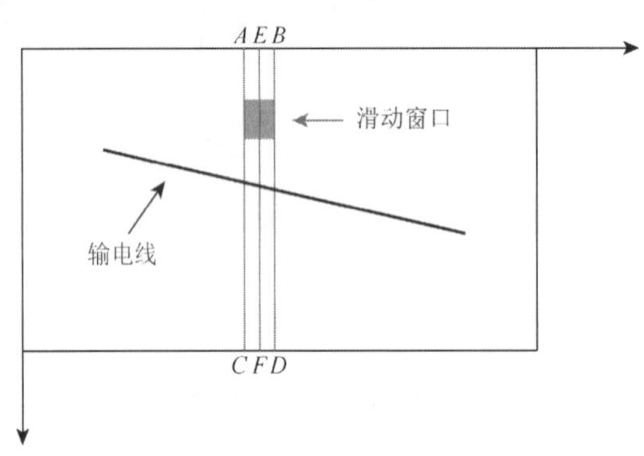

图 3.7　纹理特征分析示意图

（2）在方形滑动窗口内计算上述 5 个常用的纹理特征，得出对应的纹理特征值，不同的纹理特征值表示方形滑动窗口的中心像素所具有的不同纹理特征。

在计算上述 5 个纹理特征的过程中，首先需要计算灰度共生矩阵，有 4 个参数需要确定：窗口大小、灰度量化水平、像素间距和像素间方向。在本实验中设置窗口大小为 11 像素×11 像素，灰度量化水平为 64，像素间距为 2 像素，4 个像素间方向分别为0°，45°，90° 和135°。对于航空输电线图像，实验结果表明，90°在4个不同像素间方向中是最佳选择。

（3）计算完某一个像素位置处的纹理特征后，方形滑动窗口沿窄图像块中心一列像素从上往下滑动，这样可以得到5列纹理特征值，每一列对应于窄图像块中间一列所有像素的一个纹理特征。这5列纹理特征值可以统计成5条特征值曲线。

图3.8给出了按上述步骤在三幅不同背景（森林、河流和草地）输电线图像上的实验结果，其中，图3.8（a）、图3.8（d）、图3.8（g）分别给出了选取的窄图像块（其中矩形框所示）。为了便于观察，将每个垂直窄图像块旋转90°，水平放置，如图3.8（b）、图3.8（e）、图3.8（h）所示。图3.8（c）、图3.8（f）、图3.8（i）都给出了能量、熵、非相似性、一致性和均值5种纹理特征值曲线，其中，横坐标轴表示水平旋转后窄图像块的列号，纵坐标轴表示相应的纹理特征值。仔细观察图3.8，可以得出结论：①5条曲线中的3条曲线（能量、一致性和均值）的变化没有规律可循，只有小幅度的波动，而另外两条曲线（熵和非相似性）波动剧烈，有着相似的变化趋势。②熵和非相似性这两条曲线上大于给定阈值的局部极大值正好对应输电线的边缘。基于上述观察，熵和非相似性可以作为提取输电线边缘的特征。本节后半部分将以非相似性纹理特征为例进行讨论。

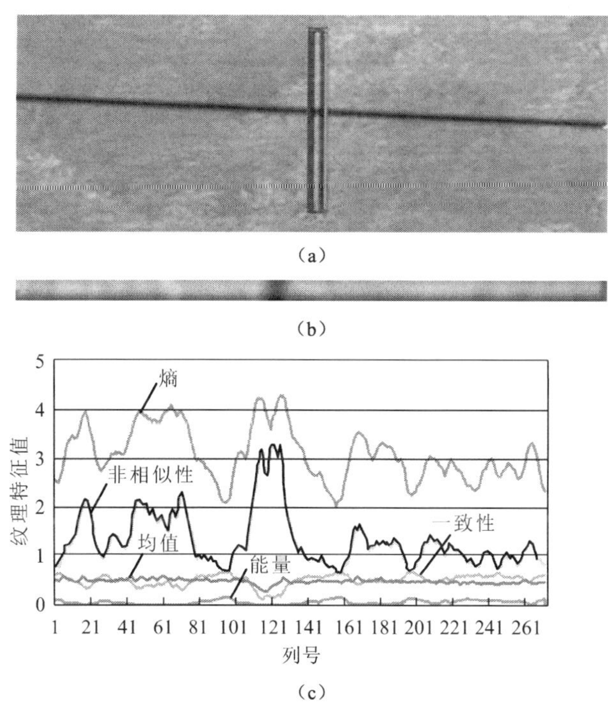

（c）

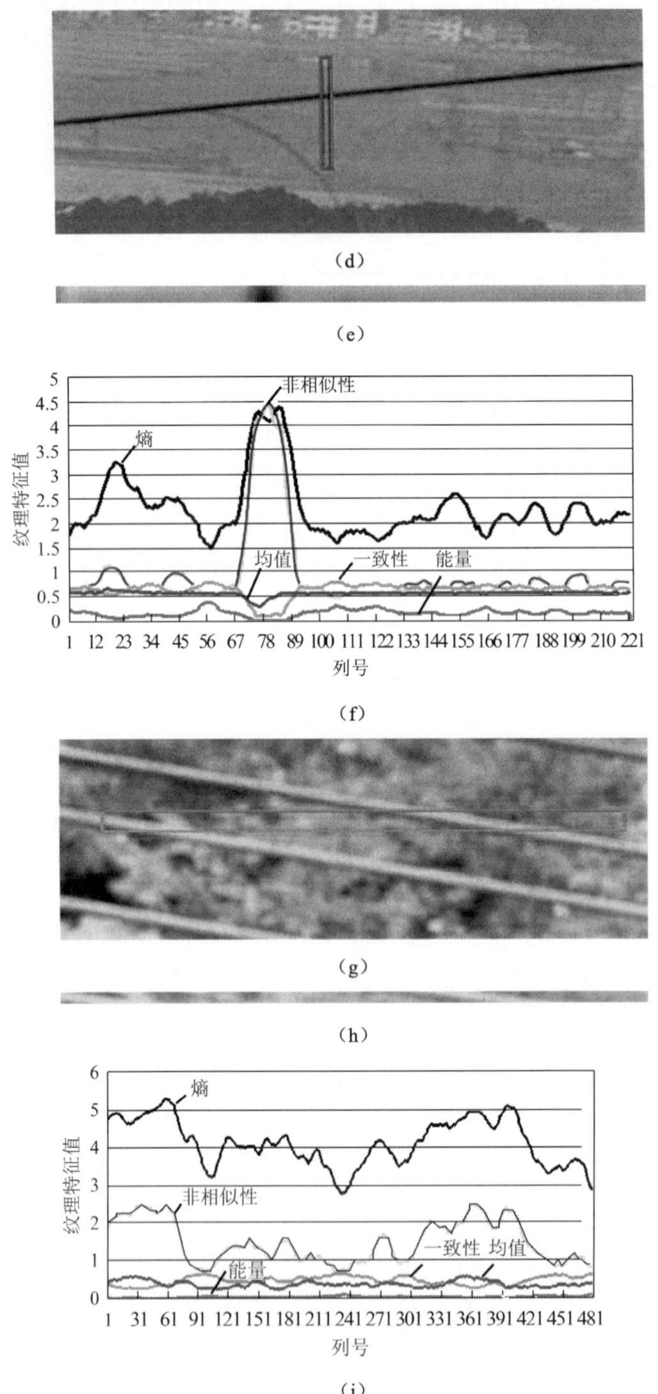

图 3.8　复杂背景下输电线图像纹理特征分析

通过对大量航空输电线图像纹理特征的分析，发现输电线和背景之间存在明显的纹理差异。在此基础上，本书提出如下输电线边缘检测思路：取一个方形窗口，计算其中的非相似性纹理特征，然后沿着图像某一列从上往下滑动该方形窗口，垂直得到一条描述输电线和背景之间非相似性纹理特征的曲线。曲线上某些局部极值点对应输电线的边缘，可以通过寻找这些局部极值点来检测输电线的边缘。

3.3.2 SWIFTS 算法描述

航空输电线图像中的输电线目标通常可以简化为直线，其主要走向如图 3.9 所示，分别为从左上到右下、从左到右、从左下到右上。为了检测输电线图像的边缘，需要获得方形窗口内非相似性纹理特征的差异，利用窗口对称轴构造四个不同方向的算子，其窗口宽度用 β 表示，半窗口宽度用 α 表示，如图 3.10 所示。

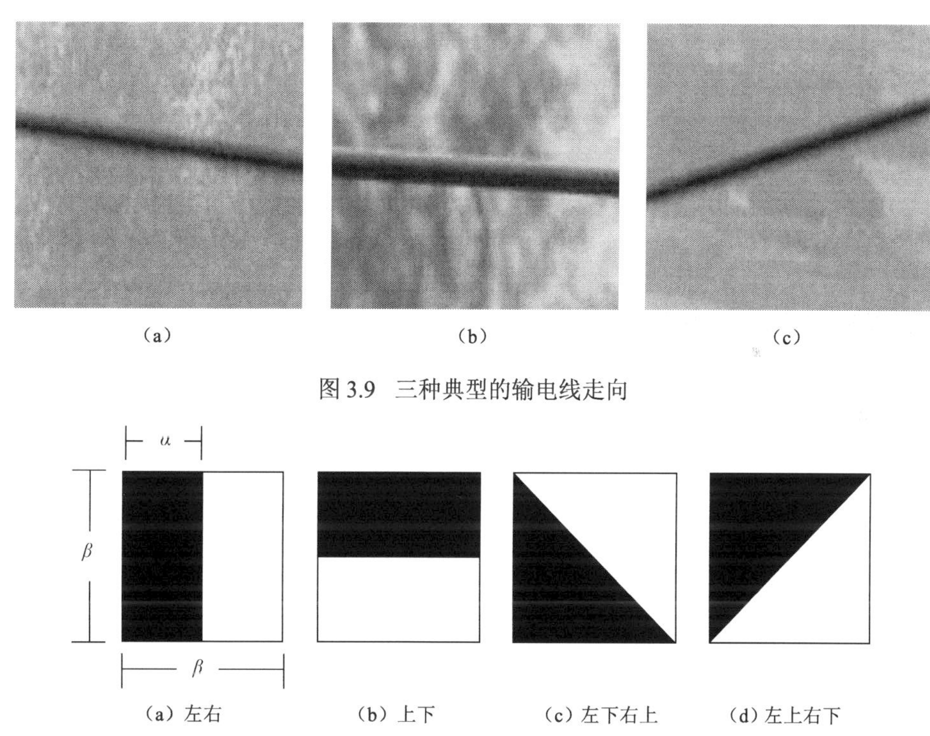

图 3.9 三种典型的输电线走向

图 3.10 四种类型的 SWIFTS 算子

SWIFTS 算子边缘检测示意图如图 3.11 所示，其中 a 为一个方形窗口，b 为一条输电线，其余部分为背景。当方形窗口 a 既包含输电线又包含背景时，必然存在一个对称轴可以将该方形窗口分成两部分，两部分间的非相似性纹理特征的

差异取得最大化。本书定义如下所示的目标函数来计算像素点（i，j）处最大的非相似性纹理差异，有

$$\delta_{(i,j)} = \max\left(d_1, d_2, d_3, d_4\right) \tag{3.8}$$

式中，$d_1 = \left| \left[\sum_{p=1}^{\beta} \sum_{q=1}^{\alpha} d(i+p, j+q) \right] \Big/ \mathrm{p\_num} - \left[\sum_{p=1}^{\beta} \sum_{q=\alpha}^{\beta} d(i+p, j+q) \right] \Big/ \mathrm{p\_num} \right|$；

$$d_2 = \left| \left[\sum_{p=1}^{\alpha} \sum_{q=1}^{\beta} d(i+p, j+q) \right] \Big/ \mathrm{p\_num} - \left[\sum_{p=\alpha}^{\beta} \sum_{q=1}^{\beta} d(i+p, j+q) \right] \Big/ \mathrm{p\_num} \right|;$$

$$d_3 = \left| \left[\sum_{p=1}^{\beta} \sum_{q=1}^{\beta-p} d(i+p, j+q) \right] \Big/ \mathrm{p\_num} - \left[\sum_{p=1}^{\beta} \sum_{q=1}^{p} d(i+p, j+q) \right] \Big/ \mathrm{p\_num} \right|;$$

$$d_4 = \left| \left[\sum_{p=1}^{\beta} \sum_{q=1}^{p} d(i+p, j+q) \right] \Big/ \mathrm{p\_num} - \left[\sum_{p=1}^{\beta} \sum_{q=1}^{\beta-p} d(i+p, j+q) \right] \Big/ \mathrm{p\_num} \right|。$$

d_1 是左半窗口和右半窗口非相似性纹理平均值差的绝对值。类似地，d_2、d_3 和 d_4 分别是上下、左上和右下、右上和左下半窗口间非相似性纹理平均值差的绝对值。实际上，δ 刻画了方形窗口内部非相似性纹理特征的差异，称为 SWIFTS 算子。当方形窗口的中心正好位于输电线边缘上，并且对称轴方向和输电线方向一致时，方形窗口被该对称轴分开的两部分间非相似性纹理特征的差异取得最大值。在某一列非相似性纹理特征差异曲线上，只要能找到大于给定阈值的 δ 的局部极大值，就可以检测到输电线的边缘。

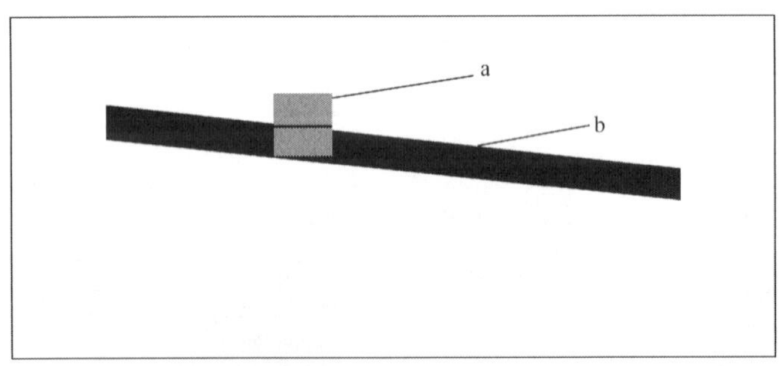

图 3.11　SWIFTS 算子边缘检测示意图

3.3.3　SWIFTS 算法流程图

上一小节以 SWIFTS 算子为核心提出了 SWIFTS 算法，其流程如图 3.12 所示。该算法输入航空输电线图像，输出输电线图像的边缘。

SWIFTS 算法主要包括如下四个关键步骤。

（1）计算非相似性纹理特征图像。

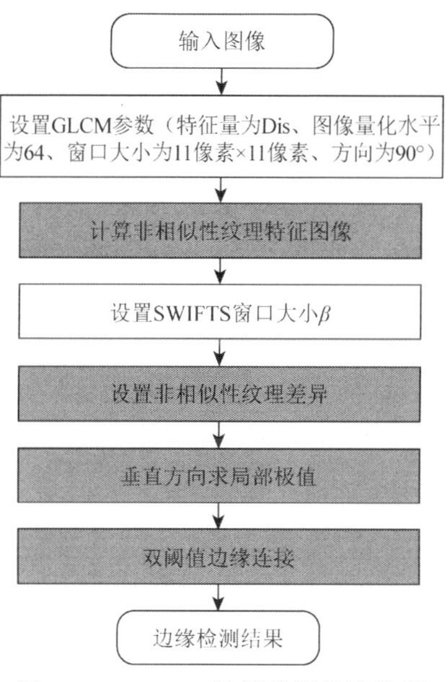

图 3.12　SWIFTS 边缘检测算法流程

灰色部分为算法关键步骤

（2）从上往下滑动方形窗口，在窗口内根据式（3.8）计算非相似性纹理差异（**SWIFTS_DIS_Matrix**）。

（3）垂直比较 **SWIFTS_DIS_Matrix** 矩阵中相邻非相似性矩阵的元素值，寻找大于给定阈值 λ_{dis} 的局部极大值，满足条件的即为输电线候选边缘点。

（4）在输电线候选边缘点上，按照传统边缘检测算法的流程进行边缘连接。

利用 SWIFTS 算法检测输电线图像边缘的结果如图 3.13 所示。可以看出，输电线的边缘被完整地提取出来，尽管图 3.13（b）中右侧的图中背景仍然存在，但没有对完整地提取输电线边缘造成影响。所以，对于复杂背景下的航空输电线图像，SWIFTS 算法具有较强的提取输电线边缘的能力。

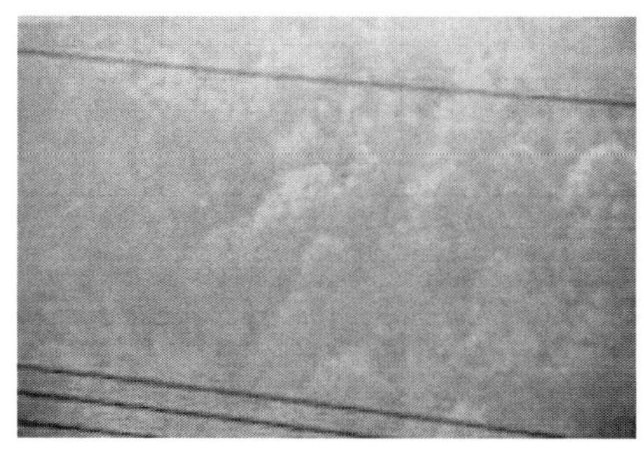

（a）输电线原图

（b）SWIFTS 检测结果

图 3.13 SWIFTS 算法检测输电线图像边缘

3.3.4 SWIFTS 窗口宽度 β 的确定

SWIFTS 窗口宽度 β 是 SWIFTS 算法中一个重要的参数，对 SWIFTS 算法的边缘检测结果有很大的影响。为了使 SWIFTS 算子最大化地描述输电线和背景之间的非相似性纹理特征差异，必须适当选择参数 β 的值，才能完整准确地提取输电线的边缘。

大量实验表明，参数 β 的大小与输电线的宽度 γ 有关。参数 β 与 γ 之间的关系如图 3.14 所示，图 3.14（a）为输电线原图，输电线宽度 γ 为 9 像素，图 3.14（b）～图 3.14（d）分别为 $\beta=9,\beta=19$ 和 $\beta=23$ 时 SWIFTS 算法的边缘检测结果。从图 3.14（b）中可以看出，SWIFTS 算法提取出了输电线断股处边缘的弯曲信息，但是背景中有大量的噪声。从图 3.14（c）中可以看出，输电线断股处边缘的弯曲信息也被提取出来，同时背景中的噪声也减少了。从图 3.14（d）中可以看出，背景中的噪声得到较大抑制，但是输电线的边缘定位不准确，同时丢失了一个重要信息，即断股处边缘的弯曲信息。从图 3.14 可以看出，图 3.14（c）是作者所期望的，因为其既能保留输电线断股处边缘的弯曲信息，又能较大地抑制噪声，大量实验都发现了类似的规律。所以得出如下结论：SWIFTS 窗口宽度 β 超过输电线宽度 γ 的两倍，即 $\beta=2\gamma+1$ 是最佳选择。

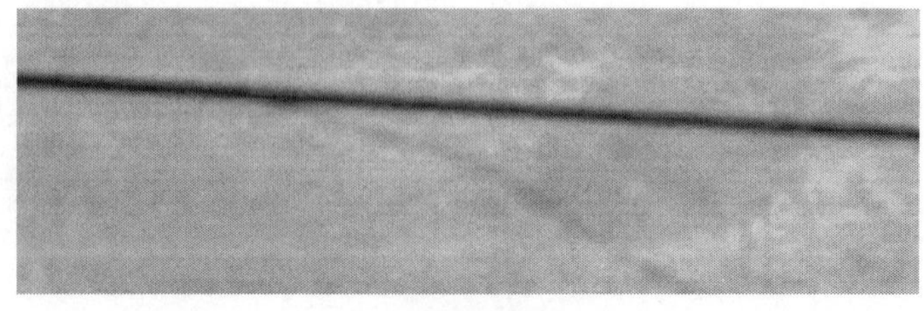

（a）输电线原图

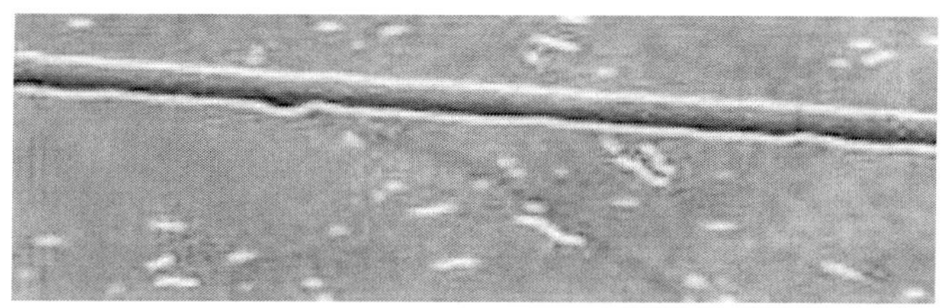

（b）SWIFTS 算法的边缘检测结果（$\beta=9$）

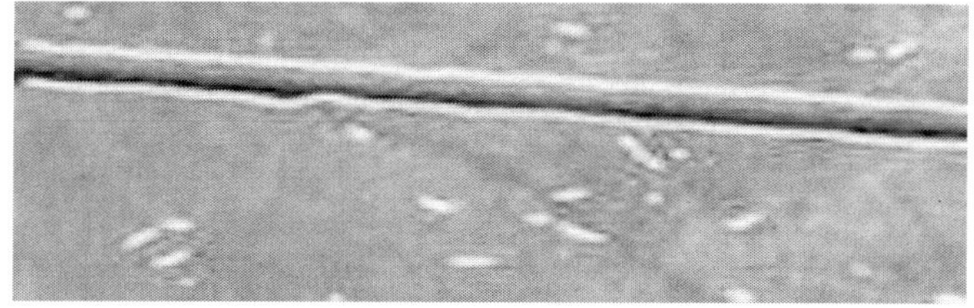

（c）SWIFTS 算法的边缘检测结果（$\beta=19$）

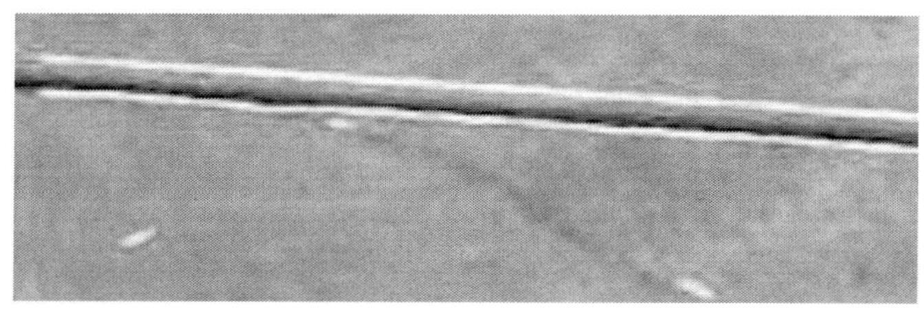

（d）SWIFTS 算法的边缘检测结果（$\beta=23$）

图 3.14　窗口宽度 β 取不同值时 SWIFTS 算法边缘检测结果

以上结论可以从图 3.15 中得到解释，当 SWIFTS 窗口的水平对称轴位于输电线边缘上时，有如下三种情况。

（1）如果 $\beta<2\gamma+1$，SWIFTS 窗口没有完整地包含整个输电线，SWIFTS 算子就不能最大化输电线和背景之间纹理特征的差异。

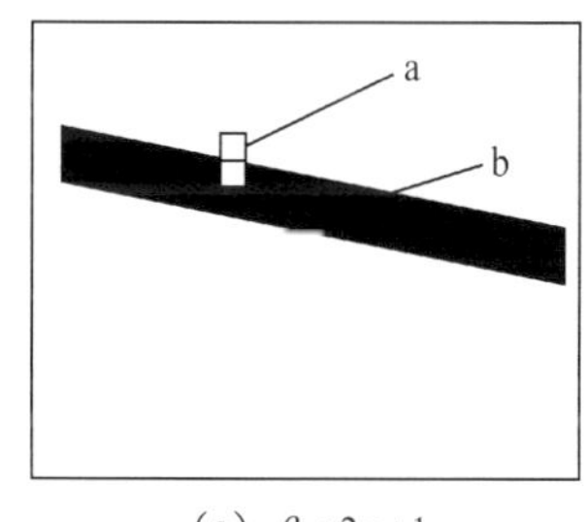

（a）$\beta<2\gamma+1$

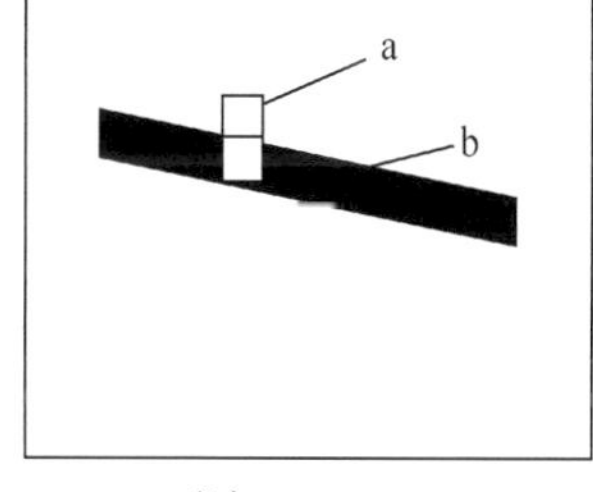

（b）$\beta=2\gamma+1$

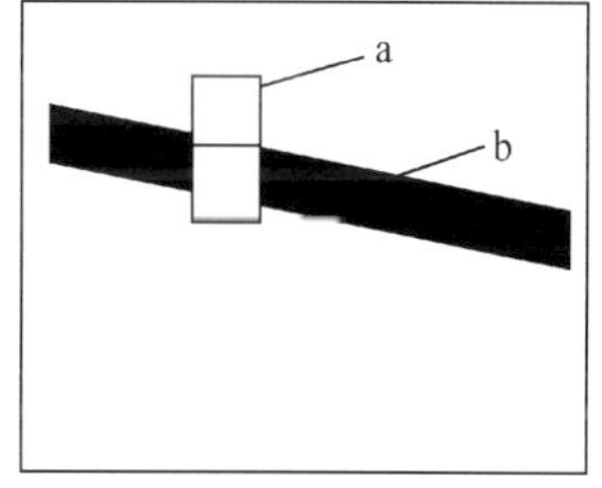

（c）$\beta>2\gamma+1$

图 3.15　窗口宽度 β 与输电线宽度 γ 间的关系

（2）如果 $\beta = 2\gamma + 1$，SWIFTS 窗口一半位于输电线上面，另外一半位于背景中，SWIFTS 算子可以最大化输电线和背景之间纹理特征的差异。

（3）如果 $\beta > 2\gamma + 1$，SWIFTS 窗口可以完整地包含整个输电线，但是除此之外，还包含了多余的背景，这会降低 SWIFTS 算子范围内输电线和背景之间纹理特征的差异。

3.3.5 MATLAB 仿真实验结果与分析

本节从两个方面评估 SWIFTS 算法的性能：提取输电线部件边缘的能力和保留输电线断股处边缘的弯曲信息的能力。并将 SWIFTS 算法与 Yan 等所用的 Ratio 算法进行比较（Yan et al.，2007），进一步验证 SWIFTS 算法的有效性。下面首先介绍实验所用数据集。

1. 实验数据集

实验中使用的输电线图像有 150 多幅，可分为两组：一组为国网浙江省电力公司提供的 2008 年、2009 年、2012 年航空遥感输电线图像；另一组为 2010 年课题组在户外拍摄的输电线断股图像。第一组输电线图像包含 100 多幅真实的航空输电线图像，图像大小为 3008 像素×2000 像素。这些图像是在自然背景下拍摄得到的，背景多种多样，非常复杂，其中只有两幅图像有输电线断股缺陷，其余图像都是没有缺陷的正常输电线。由于第一组图像中带有断股缺陷的输电线图像的数量非常少，不足以验证算法提取输电线断股处边缘弯曲信息。实验室课题组模仿直升机巡线的方式，在户外拍摄了另外一组输电线图像，包含 32 幅有不同数量断股缺陷的输电线图像，图像大小为 4728 像素×3248 像素。第二组输电线图像的背景中包含树林、鲜花等，和真实的输电线图像一样复杂。

2. 提取输电线部件边缘的能力

进行四组实验验证 SWIFTS 算法提取输电线部件边缘的能力，实验结果如图 3.16～图 3.19 所示。图 3.16（a）和图 3.17（a）所示的输电线图像中，背景主要为森林，该算法可以从复杂背景下提取清晰完整的输电线边缘，抑制大部分背景干扰。图 3.16（b）中的输电线有断股缺陷（其中矩形框所示），SWIFTS 算法可以准确地提取出输电线断股处边缘的弯曲信息，这一点将在后面详细讨论。图 3.17（b）中输电线上附着的防震锤有锤头丢失的缺陷（其中矩形方框所示），SWIFTS 算法也可以完整地提取出防震锤的边缘。输电线实为悬链线，但在有限的航拍图像成像范围内可以简化为直线，且由于直升机沿输电线方向飞行，输电线横贯整幅图像，形成图像中最长直线，通过 Hough 变换，可以检测出图像中最长输电线，进而划分出输电线区域带，如图 3.16（c）、图 3.16（d）、图 3.17（c）

和图 3.17（d）所示，这为后续输电线部件的提取和缺陷诊断提供了便利。

（a）输电线原图

（b）SWIFTS 边缘检测结果

（c）提取的输电线

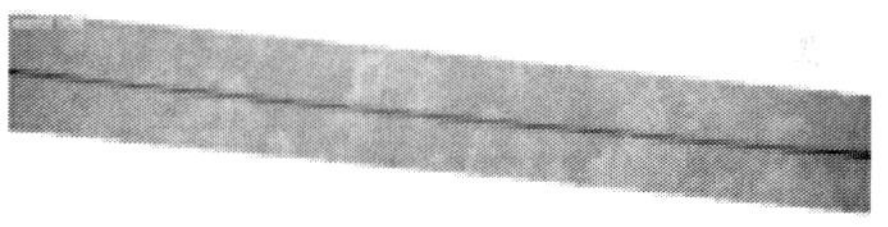

（d）提取的输电线子图像

图 3.16　第一组 SWIFTS 算法输电线边缘检测实验结果

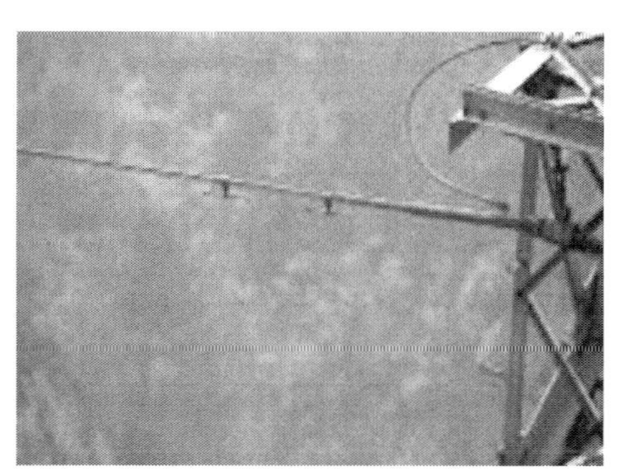

（a）输电线原图

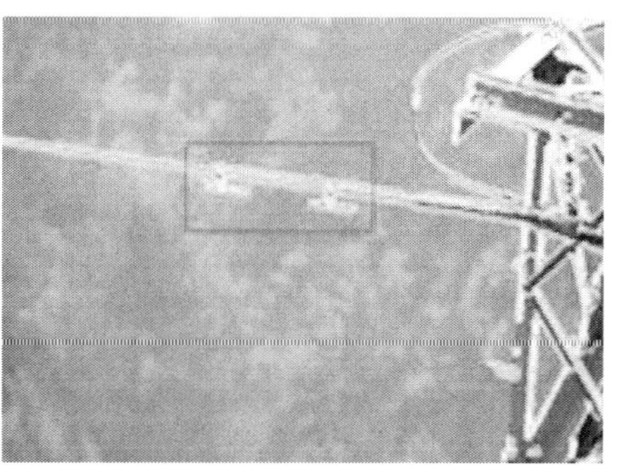

（b）SWIFTS 边缘检测结果

（c）提取的输电线

（d）提取的输电线子图像

图 3.17 第二组 SWIFTS 算法输电线边缘检测实验结果

图 3.18（a）所示的航空输电线图像，背景更为复杂，包含河流、丘陵和房屋等。SWIFTS 算法提取的输电线边缘如图 3.18（b）所示，虽然丘陵和房屋等复杂背景难以被抑制，但是仍然可以清晰完整地提取出输电线边缘，尤其是其中的断股缺陷处[图 3.18（b）中矩形框所示]的边缘也可以准确地提取出来，这一点也将在后面详细讨论。经过 Hough 变换，两条输电线的边缘点对应 Hough 空间中两个高亮的点[图 3.18（c）中矩形框所示]。经过逆 Hough 变换，提取出来的输电线如图 3.18（d）所示。仔细观察 Hough 空间中两条输电线边缘点对应的极值点[图 3.18（e）中圆圈所示]，由于输电线在图像中是相互平行的，在 Hough 空间中，两条输电线的参数 θ 相差不大，参数 ρ 相差较大。在此基础上，可以通过最近邻聚类算法（Yang，2005）将不同的输电线区分开，如图 3.18（f）所示，进而为判断缺陷是出现在哪一条输电线上做好准备。

（a）输电线原图

（b）SWIFTS 边缘检测结果

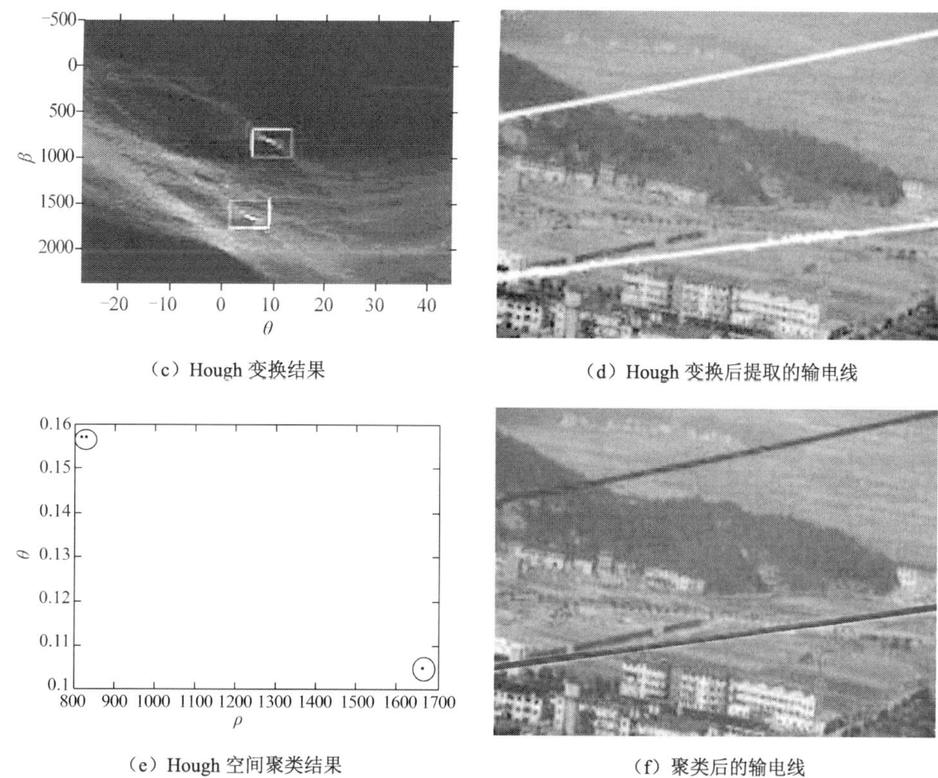

（c）Hough 变换结果

（d）Hough 变换后提取的输电线

（e）Hough 空间聚类结果

（f）聚类后的输电线

图 3.18　第三组 SWIFTS 算法输电线边缘检测实验结果

图 3.19 给出了 SWIFTS 算法在其他复杂背景输电线图像上的实验结果。如图 3.19（a）所示的输电线图像中，包含森林、铁塔和耕地等多种背景，SWIFTS 算法均可清晰完整地提取出输电线的边缘，如图 3.19（b）所示。这为输电线的定位等后续处理提供了方便。

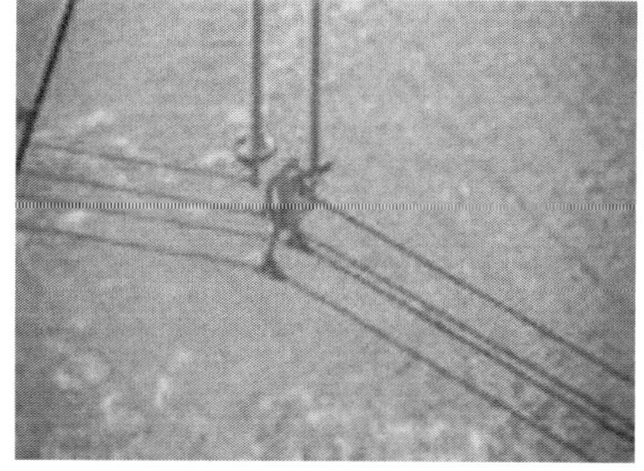

（a）输电线原图

（b）SWIFTS 算法输电线边缘检测结果

图 3.19 第四组 SWIFTS 算法输电线边缘检测实验结果

SWIFTS 算法在航空绝缘子图像上的边缘检测实验结果见图 3.20。其中左侧均为绝缘子图像，包含池塘、道路、耕地、森林和草地等多种背景。图 3.20（a）中绝缘子图像背景为池塘，相对简单，绝缘子串存在自爆掉片缺陷（其中矩形框所示），图 3.20（c）和图 3.20（e）中背景分别为道路和耕地，图 3.20（g）和图 3.20（i）中背景既有池塘，又有树木，图 3.20（k）中背景为森林，图 3.20（m）和图 3.20（o）中背景为草地，SWIFTS 算法可清晰完整地提取出这 8 幅图中绝缘子的边缘。图 3.20 右侧的 8 幅图为对应的边缘检测结果，这为下一步绝缘子部件的识别定位、绝缘子自爆掉片缺陷的诊断提供了方便。

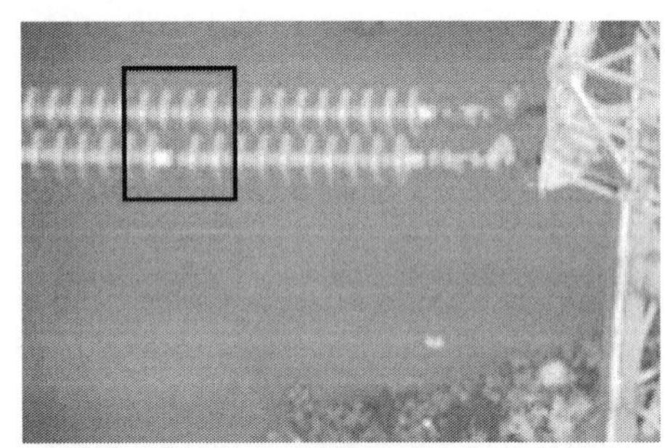

（a）绝缘子原图

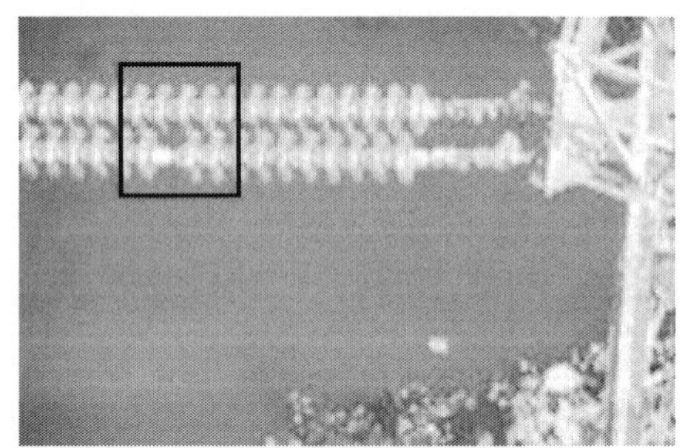

（b）SWIFTS 算法绝缘子边缘检测结果

（c）绝缘子原图

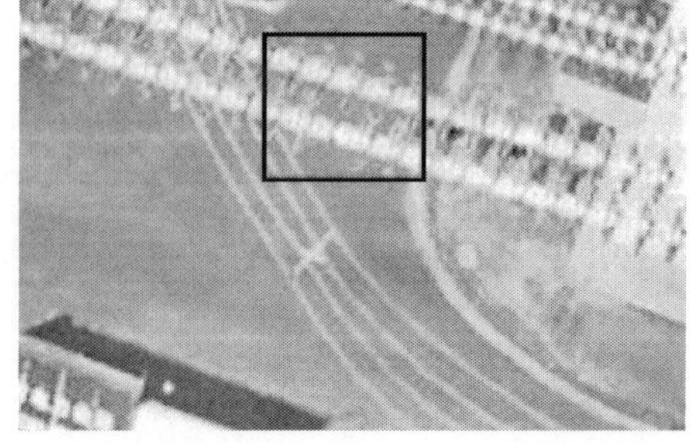

（d）SWIFTS 算法绝缘子边缘检测结果

（e）绝缘子原图

（f）SWIFTS 算法绝缘子边缘检测结果

（g）绝缘子原图

（h）SWIFTS 算法绝缘子边缘检测结果

（i）绝缘子原图

（j）SWIFTS 算法绝缘子边缘检测结果

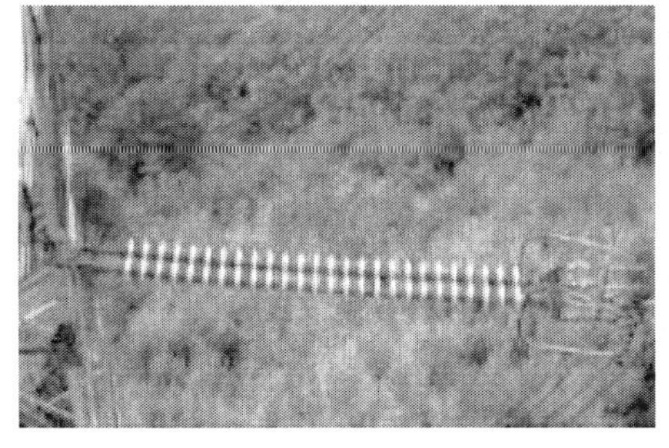

（k）绝缘子原图

（l）SWIFTS 算法绝缘子边缘检测结果

（m）绝缘子原图

（n）SWIFTS 算法绝缘子边缘检测结果

（o）绝缘子原图

（p）SWIFTS 算法绝缘子边缘检测结果

图 3.20 SWIFTS 算法绝缘子边缘检测实验结果

下面将 SWIFTS 算法与 Yan 等（2007）提取输电线边缘所用的 Ratio 算法进行比较，进一步说明 SWIFTS 算法的优越性。Ratio 算法要求线状目标和图像水平边缘要有较小夹角，使二者近乎平行，但对于航空输电线而言，尽管直升机是沿着输电线方向飞行，但很难满足 Ratio 算法的要求。在实验中，根据输电线宽度，将 Ratio 算法的宽度调整为最佳值（23 像素）。SWIFTS 算法也有一个参数需要设置，即 SWIFTS 算子方形窗口的宽度，也调为最佳值（23 像素）。两个算法的实验结果如图 3.21 所示，图 3.21（a）中输电线图像背景为森林，从实验结果可以看出，SWIFTS 算法检测出的输电线边缘连续性更好，具有更强的抑制噪声能力[图 3.21（c）中矩形框所示]，同时也具有更强的保留输电线断股处边缘弯曲信息的能力[图 3.21（c）中矩形框所示]，这一点将在后面详细讨论。图 3.21（d）中输电线图像背景也是森林，输电线上挂有丢失锤头的防震锤，从实验结果可以看出，尽管两种算法都较完整地提取出了输电线和有缺陷的防震锤的边缘，但是 SWIFTS 算法提取的铁塔边缘信息和铁塔上圆环边缘信息更完整[图 3.21（f）中椭圆所示]，Ratio 算法则丢失了部分圆环和铁塔边缘。图 3.21（g）和图 3.21（j）中绝缘子图像背景是森林和草地，图像中还包含另外一类重要的输电线部件——铁塔。从实验结果可以看出，尽管两个算法都较完整的提取出了绝缘子的边缘，但是 SWIFTS 算法提取的铁塔边缘信息更完整[图 3.21（i）和图 3.21（l）中矩形框所示]，Ratio 算法则丢失了部分铁塔边缘。所以，SWIFTS 算法具有更强的检测输电线部件边缘的能力。这是因为 SWIFTS 算法充分考虑了输电线部件和背景之间非相似性纹理特征的差异，而 Ratio 算法仅利用了输电线部件和背景之间灰度信息的差异。这也表明，纹理信息比灰度信息更能有效地区分航空输电线图像中的线路部件和其他背景。

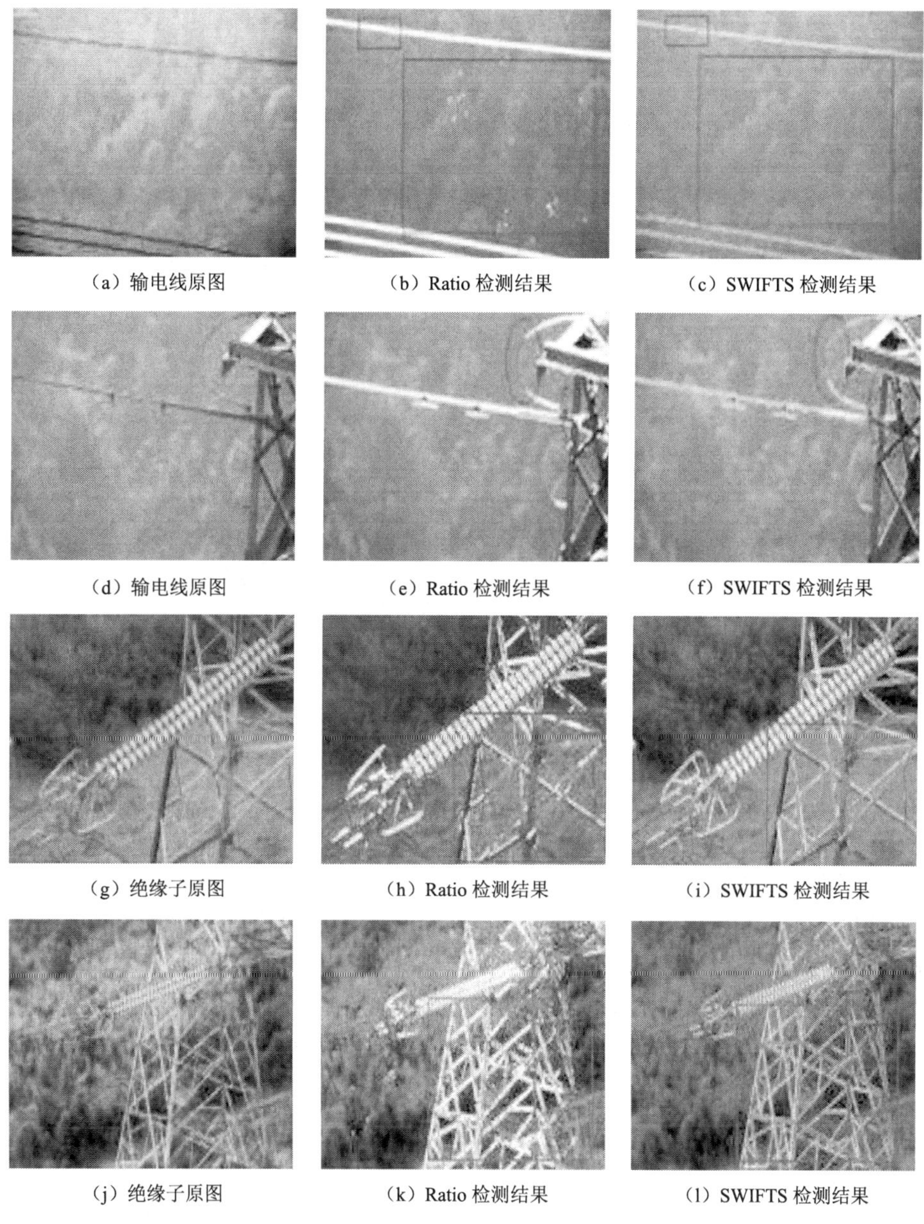

（a）输电线原图　（b）Ratio 检测结果　（c）SWIFTS 检测结果

（d）输电线原图　（e）Ratio 检测结果　（f）SWIFTS 检测结果

（g）绝缘子原图　（h）Ratio 检测结果　（i）SWIFTS 检测结果

（j）绝缘子原图　（k）Ratio 检测结果　（l）SWIFTS 检测结果

图 3.21　SWIFTS 和 Ratio 算法边缘检测结果比较

3. 提取输电线断股处弯曲边缘的能力

输电线断股是一种常见的缺陷，如图 3.22（a）所示，能否有效保留输电线断股处边缘的弯曲信息是评价边缘提取算法性能的一个重要指标。一般来说，由于输电线断股仅仅是输电线上的一股或者其中几股出现下垂，输电线断股处的灰度值与背景的灰度值差异不大，如图 3.22（b）所示，这给直接利用灰度信息检测输电线断股带来很大的困难。如果输电线断股处边缘的弯曲信息能够完整地保留下来，就可以为输电线断股的缺陷诊断带来方便。本书在衡量边缘检测算法保留输电线断股处弯曲信息的能力时，所采用的图像包括两组：一组是浙江省绍兴电力局提供的两幅输电线断股图像；另外一组是在户外专门拍摄的 32 幅断股输电线图像，断股数量分八种情况，分别为断 1 股、断 3 股、断 5 股、……、断 15 股，相机到输电线的距离分四种情况，分别为 30 米、40 米、50 米和 60 米。

（a）断股输电线子图像

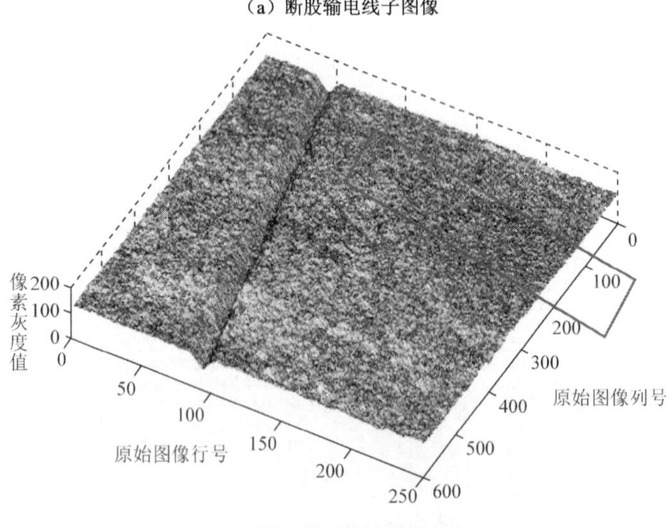

（b）输电线灰度特征空间分布

图 3.22　断股输电线图像灰度特征分析

比较本书提出的 SWIFTS 算法和传统 Ratio 算法在保留输电线断股处边缘弯曲信息的能力，两组实验结果如图 3.23 和图 3.24 所示。图 3.23 采用第一组输电线图像做实验，图 3.23（a）和图 3.23（b）分别给出 Ratio 算法和 SWIFTS 算法的边缘检测结果。可以看出，这两个算法都成功地提取出了输电线的边缘，较好地去除了背景的影响。但是仔细观察两个算法提取的输电线断股处的边缘，会发现有一些微弱的区别，Ratio 算法提取的输电线边缘在断股处比较平坦，近似一条直线，而 SWIFTS 算法提取的输电线边缘在断股处则有一个明显的波动，该波动沿断股方向向下。

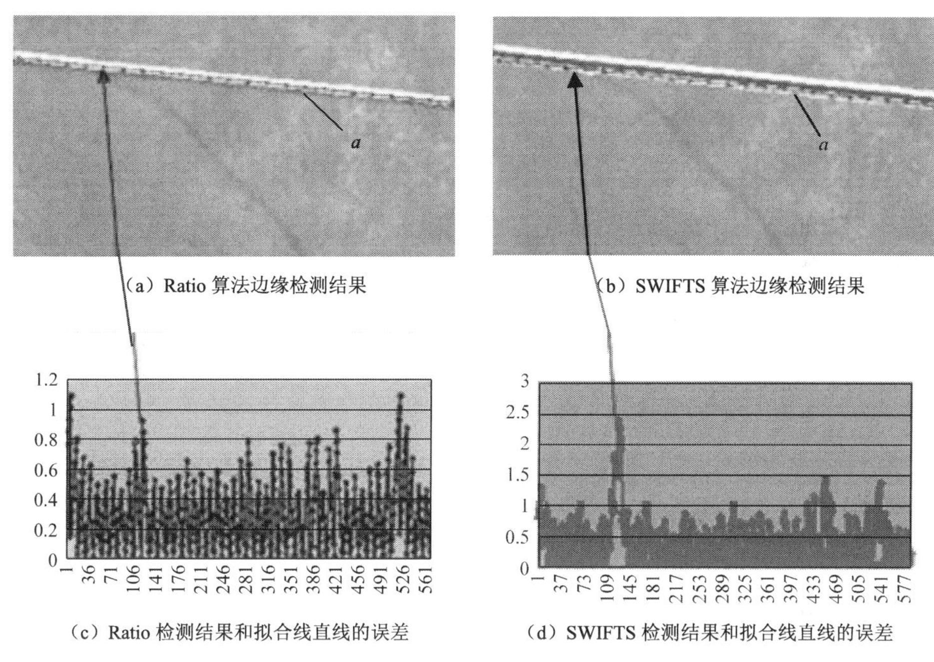

（a）Ratio 算法边缘检测结果　（b）SWIFTS 算法边缘检测结果

（c）Ratio 检测结果和拟合线直线的误差　（d）SWIFTS 检测结果和拟合线直线的误差

图 3.23　Ratio 算法和 SWIFTS 算法提取的输电线断股处边缘

为了定量比较 Ratio 算法和 SWIFTS 算法保留输电线断股处边缘弯曲信息的能力，需要量化这种波动。输电线在较小的视野范围内可以看作一条直线，并且直线拟合法具有方法简单、拟合高效的优点，首先，将输电线的边缘拟合成方程为 $y=kx+b$ 的直线，Ratio 算法和 SWIFTS 算法所提取输电线边缘的拟合结果如图 3.23(a)和图 3.23(b)中的直线 a 所示。任一给定的输电线边缘点 $p(p_1,p_2)$，在拟合直线上有一个与该输电线边缘点横坐标 p_1 相对应的点 $\tilde{p}(p_1,\tilde{p}_2)$，计算点 $p(p_1,p_2)$ 的纵坐标 p_2 和点 $\tilde{p}(p_1,\tilde{p}_2)$ 的纵坐标 $\tilde{p}_2$ 之间的距离，即

$$D_{(p,\tilde{p})}=|p_2-\tilde{p}_2| \tag{3.9}$$

对于图 3.23（a）和图 3.23（b）中的 Ratio 算法和 SWIFTS 算法边缘检测结

果，与其对应的距离统计曲线如图 3.23（c）和图 3.23（d）所示。从距离统计曲线可以看出，输电线边缘和拟合直线之间的 Ratio 距离曲线变化没有规律可循，无法判断该输电线上是否存在断股。然而，输电线边缘和拟合直线之间的 SWIFTS 距离曲线是一条有规律的曲线，其最大跳跃值的横坐标对应输电线断股的位置。因此，SWIFTS 算法有效地保留了输电线断股处边缘的弯曲信息。原因是该算法充分考虑了输电线和背景之间的非相似性纹理差异，而 Ratio 算法仅利用了二者之间的灰度差异，在输电线和背景之间的灰度差异比较小时，Ratio 算法的缺点更加明显。

图 3.24 给出在第二组输电线图像上 Ratio 算法和 SWIFTS 算法边缘检测结果。图 3.24（a）是在户外用高清工业相机拍摄的断 9 股输电线图像，相机到输电线的距离为 50m，模拟直升机巡检输电线。为了便于对比，图 3.24（b）给出用数码相机拍摄的近距离输电线断股照片。Ratio 算法和 SWIFTS 算法的边缘检测结果如图 3.24（c）和 3.24（d）所示。可以看出，SWIFTS 算法提取的输电线断股处的边缘信息比 Ratio 算法提取的边缘信息更完整、更连续，SWIFTS 算法检测出了输电线断股处右侧的边缘信息，而 Ratio 算法则没有提取出这些边缘信息。完整连续的输电线边缘，为诊断输电线是否存在断股提供了很大的便利。

（a）断 9 股输电线原图像　（b）数码相机近照

（c）Ratio 算法边缘检测结果　（d）SWIFTS 算法边缘检测结果

图 3.24　Ratio 算法和 SWIFTS 算法提取的输电线断股处边缘

根据前面总结的图像中输电线和背景之间纹理特征差异的变化规律，结合输电线的走向趋势，本节构造了一种基于纹理特征差异的候选边缘点检测算法，对这些候选边缘点进行双阈值边缘连接，提出了基于纹理特征差异的边缘检测算法——SWIFTS 算法，并给出了 SWIFTS 算法的边缘检测流程图。最后，通过在大量航空输电线图像上的实验，比较了 SWIFTS 算法和 Ratio 算法提取输电线部件边缘的能力和保留输电线断股处边缘的弯曲信息的能力，从而证明了 SWIFTS 算法的有效性和可行性。

3.4 基于纹理特征和Γ分布的边缘检测算法

航空输电线图像背景为自然背景，非常复杂，有其自身的特殊性。Griffina 等（2004）指出自然图像中的边缘大部分都是阶跃边缘，Canny 算子是在阶跃边缘假设下，利用 Canny 最优化准则得到的最优边缘检测算法，所以，Canny 算子比较适合于航空输电线图像中的边缘提取。Canny 提出的最优化准则包括好的检测结果、好的定位性能和单边响应。他指出，在这三个准则下，高斯函数的一阶导数是离散边缘检测模板的最佳近似。在高斯函数中，抑制噪声的能力和边缘定位精度之间的矛盾通过尺度参数 σ 来调节。Cope 和 Rockett（2000）对 Canny 算子中的高斯尺度参数所起的作用进行了研究，指出检测性能和定位性能这对矛盾在 Canny 算子中依然存在，尺度参数 σ 越大，平滑性能越好（抑制噪声能力越强），而定位性越差。相反，尺度参数 σ 越小，定位性能越好，平滑性能越差（抑制噪声能力越差）。对于航空遥感输电线图像，背景复杂，包含大量噪声，因此，在检测输电线部件边缘之前需要对图像进行平滑滤波，以减少噪声的影响。然而也使得边缘定位精度下降，平滑性和定位性这对矛盾在航空图像中表现得尤为明显。完整准确地提取输电线图像的边缘是一个富有挑战性和重要意义的工作。

针对上述矛盾，有不少学者对其进行了改进。Bao 和 Zhang（2005）将多尺度相乘技术引入到 Canny 算子中，获得了比原始单尺度算子更好的边缘检测性能，可以更好地平衡这一对矛盾。Torreão 和 Amaral（2006）研究了 Green 函数的性质，构造了基于 Green 函数的高效边缘检测算法。文献 Wang 和 Wu（2009）用内积能量代替 Canny 算子中的高斯函数，基于内积能量的边缘检测算法，在增强图像边缘的同时能够有效地抑制图像中的噪声和细节，在一定程度上解决了 Canny 算子中噪音抑制和边缘定位精度之间的矛盾。借鉴前人研究的思路，结合航空输电线图像的特点，提出一种基于纹理特征和Γ分布的边缘检测算法（TGA 算法）。

本节首先给出Γ密度函数的定义，介绍Γ密度函数的性质。Γ密度函数在原点处没有定义，如直接用做边缘检测算子核函数，则会产生“脉冲响应”，本书补充了Γ密度函数在原点处的定义，使得修正的Γ密度函数可以用作边缘检测算法的核函数。然后，为了能够更好地平衡上述矛盾，引入一个边缘保持参数 ε，使得这对矛盾可以相互独立地调节。通过对参数 ε 作用的分析表明，对于给定的平滑性能条件，TGA 算法可以取得较好的定位性能。在航空输电线图像上的边缘检测结果，验证了 TGA 算法的优越性。

3.4.1 TGA 算法描述

Γ 密度函数（Li et al.，2010）的定义为

$$f_{\text{gamma}}(x;\alpha,\lambda)=\frac{\lambda^{\alpha}}{\Gamma(\alpha)}x^{\alpha-1}\mathrm{e}^{-\lambda x}\quad(0<x<\infty,0<\alpha<1,\lambda>0) \tag{3.10}$$

式中，$\Gamma(\alpha)=\int_0^{\infty}t^{(\alpha-1)}\mathrm{e}^{(-t)}\mathrm{d}t$；$\lambda$ 是形状参数；α 是尺度参数。

Γ 密度函数有如下几何性质：

（1）Γ 密度函数在 $0\sim+\infty$ 上的积分存在；

（2）当满足 $0<\alpha<1$ 和 $\lambda>0$ 时，Γ 密度函数关于自变量 x 单调递减；

（3）$\Gamma(\alpha+1)=\alpha\Gamma(\alpha)$，$\Gamma(1)=\Gamma(2)=1$，$\Gamma\left(\frac{1}{2}\right)=\sqrt{\pi}$。

根据性质（1），Γ 密度函数可以作为一维连续信号滤波器的核函数。但是 Γ 密度函数在原点处趋于 $+\infty$，这会导致“脉冲响应”。因此，如果直接将 Γ 密度函数作为滤波器核函数，滤波后的响应信号和原始信号几乎一样，不能取得期望的滤波效果。为了克服 Γ 密度函数的这个缺点，需要对其在原点处的定义进行补充：在一个很小的对称区间 $[-\varepsilon,\varepsilon](\varepsilon>0)$ 内，构造一条光滑对称曲线 q，使得 Γ 密度函数和曲线 q 在闭区间的两个端点处光滑对接。

选取曲线 q 为双二次函数，有

$$q(x)=ax^4+bx^2+c,x\in[-\varepsilon,\varepsilon] \tag{3.11}$$

令其函数值、一阶导数和二阶导数在区间的两个端点处满足下面的约束条件

$$q(\varepsilon)=f_{\text{gamma}}(\varepsilon),\ q'(\varepsilon)=f'_{\text{gamma}}(\varepsilon),\ q''(\varepsilon)=f''_{\text{gamma}}(\varepsilon) \tag{3.12}$$

求解式（3.12）的约束方程组得

$$\left.\begin{aligned}a&=\frac{\lambda^{\alpha}}{8\Gamma(\alpha)}\mathrm{e}^{-\lambda\varepsilon}\left[\lambda^2\varepsilon^{\alpha-3}+\lambda(3-2\alpha)\varepsilon^{\alpha-4}+(\alpha-1)(\alpha-3)\varepsilon^{\alpha-5}\right]\\b&=\frac{\lambda^{\alpha}}{4\Gamma(\alpha)}\mathrm{e}^{-\lambda\varepsilon}\left[-\lambda^2\varepsilon^{\alpha-1}+\lambda(2\alpha-5)\varepsilon^{\alpha-2}+(\alpha-1)(5-\alpha)\varepsilon^{\alpha-3}\right]\\c&=\frac{\lambda^{\alpha}}{8\Gamma(\alpha)}\mathrm{e}^{-\lambda\varepsilon}\left[\lambda^2\varepsilon^{\alpha+1}-\lambda(2\alpha-7)\varepsilon^{\alpha}+(\alpha^2-8\alpha+15)\varepsilon^{\alpha-1}\right]\end{aligned}\right\} \tag{3.13}$$

这样得到的双二次函数 $q(x)$ 可以和 Γ 密度函数在区间 $[-\varepsilon,\varepsilon]$ 的两个端点处

光滑连接。然后，定义一个新的函数为

$$g(x)=\begin{cases}q(x) & |x|\leqslant\varepsilon \\ f_{\text{gamma}}(x;\alpha,\lambda) & x\geqslant\varepsilon \\ f_{\text{gamma}}(-x;\alpha,\lambda) & x\leqslant-\varepsilon\end{cases} \tag{3.14}$$

归一化为

$$G(x)=\frac{1}{K}g(x)\quad x\in(-\infty,+\infty) \tag{3.15}$$

式中，K 为归一化系数，有

$$K=\int_{-\infty}^{+\infty}g(x)\mathrm{d}x=\frac{2a}{5}\varepsilon^5+\frac{2b}{3}\varepsilon^3+2c\varepsilon+\frac{4\lambda^\alpha}{\Gamma(\alpha)}\int_{+\varepsilon}^{+\infty}x^{\alpha-1}\mathrm{e}^{-\lambda x}\mathrm{d}x \tag{3.16}$$

则称以式（3.15）的一阶导数为核函数的滤波器为一维 Γ 滤波器，记为 $F_{\mathrm{G}}(\text{gamma filter})$。对于任意一维信号 $f(x)$，该滤波器的响应是核函数和信号 $f(x)$ 的卷积，即

$$\hat{f}=F_{\mathrm{G}}'(x)*f(x)=\int_{-\infty}^{+\infty}F_{\mathrm{G}}'(u)f(x-u)\mathrm{d}u \tag{3.17}$$

在一维 Γ 滤波器 F_{G} 中，有一个可调的参数 ε，称为边缘保持参数（对于一维信号，“边缘”指的是“峰值”或有最大曲率的点），其将会影响滤波器的边缘保持性能。当边缘保持参数 ε 取不同值时（$\varepsilon=3,\varepsilon=2,\varepsilon=1$），一维 Γ 滤波器 F_{G} 的脉冲响应如图 3.25 所示。

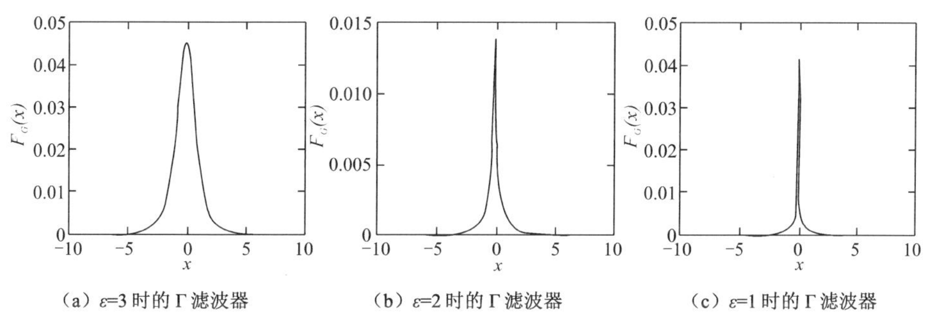

（a）ε=3 时的 Γ 滤波器　（b）ε=2 时的 Γ 滤波器　（c）ε=1 时的 Γ 滤波器

图 3.25　参数 ε 取不同值时的一维 Γ 滤波器

为了对二维图像进行滤波，可以由一维 Γ 滤波器得到二维 Γ 滤波器。首先，将一维 Γ 密度函数绕对称轴旋转一周，得到二维 Γ 密度函数，表达式为

$$g(x,y)=\frac{\left(\alpha\sqrt{x^2+y^2}\right)^{\beta-1}}{\Gamma(\beta)}\alpha\mathrm{e}^{-\alpha\sqrt{x^2+y^2}}\quad\left(0\leqslant\sqrt{x^2+y^2}<\infty\right) \tag{3.18}$$

式中，$\Gamma(\beta)=\int_0^\infty t^{(\beta-1)}\mathrm{e}^{(-t)}\mathrm{d}t$；$\alpha$ 为形状参数；$\beta\in(0,1)$，β 为尺度参数。

类似于本节一维 Γ 滤波器的构造过程，可以得到二维 Γ 滤波器核函数

$$g(x,y)=\begin{cases} q\left(\sqrt{x^2+y^2}\right) & \left(0\leqslant x^2+y^2\leqslant\varepsilon^2\right) \\ g\left(\sqrt{x^2+y^2}\right) & \left(\varepsilon^2\leqslant x^2+y^2<\infty\right) \\ 0 \end{cases} \tag{3.19}$$

归一化系数是 $f(x,y)=\dfrac{1}{K}g(x,y)$，其中 $K=\iint\limits_{x^2+y^2\leqslant\sigma^2} g(x,y)\mathrm{d}x\mathrm{d}y$ 。

3.4.2 TGA 算法流程图

将传统 Canny 边缘检测算法中高斯核函数替换为 Γ 密度函数，借鉴 Canny 算法的流程，本书提出的 TGA 算法流程图如图 3.26 所示，主要包括如下五个步骤：

（1）计算非相似性纹理特征图像；

（2）对非相似性纹理特征图像使用二维 Γ 滤波器平滑滤波；

（3）以二维 Γ 滤波器的导数为核函数，计算每一像素点邻域内的梯度；

（4）对局部邻域内的梯度值进行非极大值抑制；

（5）对局部邻域内的梯度值进行双阈值连接。

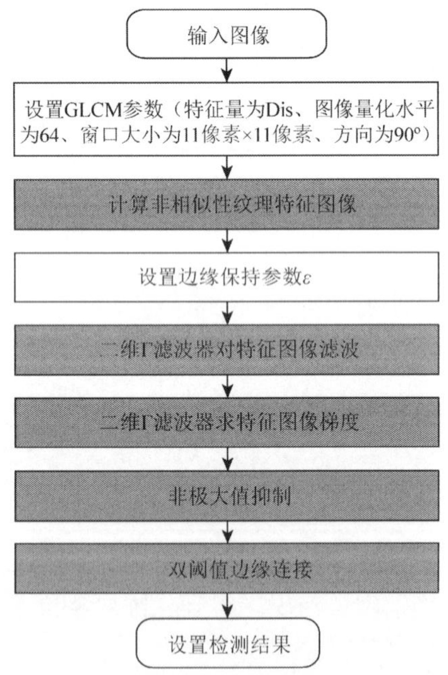

图 3.26 TGA 边缘检测算法流程

灰色部分为算法关键步骤

3.4.3 TGA 算法中新参数 ε 的理论作用分析

利用 Canny 三准则从理论上分析一维 Γ 滤波器的性能。首先约定，一维信号 $f(x)$ 为阶跃边缘。Canny 指出最优的边缘检测算子在单边响应条件约束下，最大化检测性能和定位性能的乘积。然而，Demigny（2002）指出单边响应的约束条件不是必须的，阈值去噪过程大大降低了单边响应所起的作用。所以，一维 Γ 滤波器的性能可以通过检测性能和定位性能的乘积来衡量。

检测性能和定位性能（Canny，1986）分别定义为

$$\left.\begin{aligned} \mathrm{SNR} &= \frac{\int_{-W}^{0} f(x)\,\mathrm{d}x}{\sqrt{\int_{-W}^{+W} f^2(x)\,\mathrm{d}x}} \\ \mathrm{LOC} &= \frac{\left|f'(0)\right|}{\sqrt{\int_{-W}^{+W} f'^2(x)\,\mathrm{d}x}} \end{aligned}\right\} \tag{3.20}$$

式中，$f(x)=f_{\mathrm{gamma}}(x)$。

（1）检测性能 SNR 。

$$\mathrm{SNR}(\varepsilon)=\frac{\left|a\varepsilon^4+b\varepsilon^2-\dfrac{\lambda^\alpha}{\Gamma(\alpha)}\varepsilon^{\alpha-1}\mathrm{e}^{-\lambda\varepsilon}\right|}{2n_0\sqrt{\dfrac{32}{7}a^2\varepsilon^7+\dfrac{32}{5}ab\varepsilon^5+\dfrac{8}{3}b^2\varepsilon^3+\varDelta(\varepsilon)}} \tag{3.21}$$

式中，$\varDelta(\varepsilon)=\dfrac{2\lambda^{2\alpha}}{\Gamma^2(\alpha)}\int_{-\varepsilon}^{+\infty}\mathrm{e}^{-2\lambda\varepsilon}\left[(\alpha-1)^2x^{2\alpha-4}+2\lambda(1-\alpha)x^{2\alpha-3}+\lambda^2x^{2\alpha-2}\right]\mathrm{d}x$。从式(3.21)可以得出下面两个结论：①分子的最低阶数是 ε^{a-1}，而分母的最低阶数是 $\varepsilon^{a-1.5}$，因此，当 ε 趋于 0 时，检测性能 $\mathrm{SNR}(\varepsilon)$ 也趋于 0；②检测性能 $\mathrm{SNR}(\varepsilon)$ 在 ε 的一个小邻域内单调递增。

（2）定位性能 LOC 。

$$\mathrm{LOC}(\varepsilon)=\frac{|2b|}{n_0\sqrt{\dfrac{288}{5}a^2\varepsilon^5+32ab\varepsilon^3+8b^2\varepsilon+\varLambda(\varepsilon)}} \tag{3.22}$$

式中，$\varLambda(\varepsilon)=\dfrac{2\lambda^{2\alpha}}{\Gamma^2(\alpha)}\int_{-\varepsilon}^{+\infty}\mathrm{e}^{-2\lambda x}\left[\lambda^2x^{\alpha-1}-2\lambda(\alpha-1)x^{\alpha-2}+(\alpha-1)(\alpha-2)x^{\alpha-3}\right]^2\mathrm{d}x$。根据式（3.22），可以得到和检测性能类似的两个结论：①分子的最低阶数是 $\varepsilon^{\alpha-3}$，而分母的最低阶数是 $\varepsilon^{\alpha-2.5}$，因此，当 ε 趋于 0 时，定位性能 $\mathrm{LOC}(\varepsilon)$ 趋于 $+\infty$；②定位性能 $\mathrm{LOC}(\varepsilon)$ 在 ε 的一个小邻域内单调递减。

（3）检测性能和定位性能的乘积。

当ε趋于0时，总体性能$\mathrm{SNR}\cdot\mathrm{LOC}$趋于一个常数。这个常数是

$$\frac{\frac{\lambda^\alpha}{\Gamma(\alpha)}\left|\frac{(a-1)(3-a)}{8}+\frac{(a-1)(5-a)}{4}-1\right|}{2n_0\frac{\lambda^\alpha}{\Gamma(\alpha)}}$$

$$\cdot\frac{1}{\sqrt{\frac{32}{7\times64}(a-1)^2(a-3)^2+\frac{32}{5\times8\times4}(a-1)^2(5-a)(a-3)+\frac{8}{3\times16}(a-1)^2(5-a)^2}}$$

$$\cdot\frac{2\times\frac{\lambda^\alpha}{4\Gamma(\alpha)}(1-\alpha)(5-\alpha)}{n_0\frac{\lambda^\alpha}{\Gamma(\alpha)}}$$

$$\cdot\frac{1}{\sqrt{\frac{288}{5\times64}(\alpha-1)^2(\alpha-3)^2+\frac{32}{8\times4}(\alpha-1)^2(5-\alpha)(\alpha-3)+\frac{8}{16}(\alpha-1)^2(5-\alpha)^2}}$$

$$=\frac{5\sqrt{33}\left(\alpha^2-4\alpha+11\right)(5-\alpha)}{64n_0^{\ 2}(1-\alpha)}\cdot\frac{1}{\sqrt{\left(\alpha^2-6\alpha+14\right)\left(2\alpha^2-26\alpha+95\right)}} \tag{3.23}$$

图 3.27 给出了在$\alpha=0.9$、$\lambda=5$和$n_0=1$的情况下，检测性能SNR、定位性能LOC和二者乘积随着边缘保持参数ε的变化趋势。可以看到，随着参数ε的增加，检测性能SNR增加得很快，而定位性能LOC降低得很慢，最终二者的乘积还是增加的，这表明边缘检测结果随着边缘保持参数ε的增加而增强。

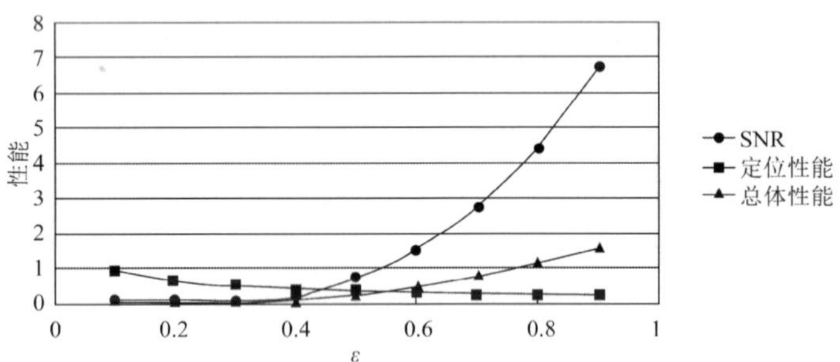

图 3.27　ε取不同值时的SNR、定位性能和总体性能

3.4.4 MATLAB 仿真实验结果与分析

前面描述了 TGA 边缘检测算法的构造过程，分析了 TGA 算法中参数ε的作用。本节首先利用一维信号比较一维Γ滤波器和高斯滤波器的平滑性能和定位性能，然后，利用航空输电线图像比较 TGA 算法和 Canny 算法提取图像边缘时的性能。

1. 一维Γ滤波器和高斯滤波器的性能比较

以一维信号为例，从统计的角度比较一维Γ滤波器和高斯滤波器（Canny 算子的核函数）的平滑性能和定位性能。定位性能用均方误差（mean squared error，MSE）来度量，定义为滤波信号和原始信号极值点处绝对误差的平均，MSE 越大，定位性能越差。平滑性能用信噪比（signal noise ratio，SNR）来度量，SNR 越大，平滑性能越好。

实验中，原始信号来自于对下式在区间[−8,8]上的等步长采样，采样步长为1/25，如图 3.28（a）所示，有

$$f(x)=\frac{1}{2}x\sin\left(\frac{3\pi x}{2}\right) \tag{3.24}$$

在原始信号中加入 10 组均值为 0，方差为 0.1～1 的高斯噪声。为了更客观地评价算法的性能，重复加入 10 次某种水平的噪声，计算出 10 个 MSE 和 10 个 SNR，然后取平均值，以此来比较不同算法的性能。图 3.28 比较了一维Γ滤波器和高斯滤波器的性能，加入方差为 0.5 的高斯噪声后的污染信号如图 3.28（a）所示，图 3.28（b）为高斯滤波器的最优滤波结果，此时尺度参数$\sigma=1$，图 3.28（c）～图 3.28（e）分别为$\varepsilon=1,\varepsilon=2,\varepsilon=3$时一维Γ滤波器的滤波结果。相应的平滑性和定位性如表 3.1 所示，可以看出，一维Γ滤波器的均方误差比高斯滤波器小，信噪比比高斯滤波器大，一维Γ滤波器表现出比高斯滤波器更优的滤波性能。

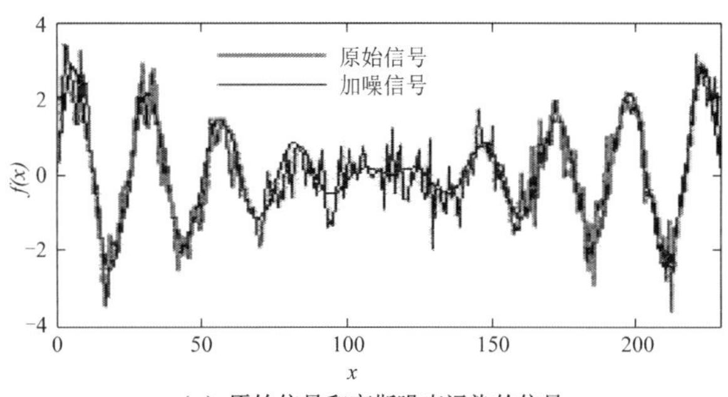

（a）原始信号和高斯噪声污染的信号

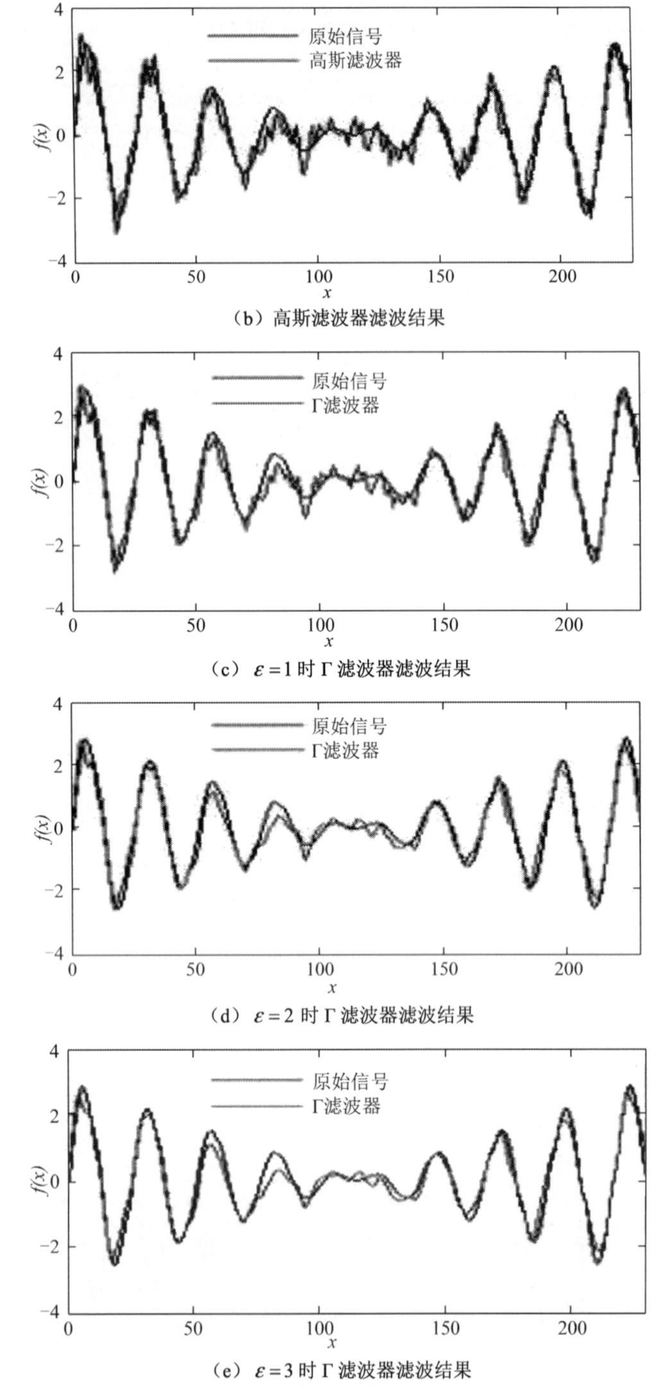

（b）高斯滤波器滤波结果

（c）$\varepsilon=1$ 时 Γ 滤波器滤波结果

（d）$\varepsilon=2$ 时 Γ 滤波器滤波结果

（e）$\varepsilon=3$ 时 Γ 滤波器滤波结果

图 3.28　高斯滤波器和 Γ 滤波器滤波性能比较

表 3.1　图 3.28 中高斯滤波器和一维 Γ 滤波 MSE 和 SNR 性能比较

滤波器	MSE	SNR	MSE·SNR
高斯滤波器（σ=1）	0.338 326	9.224 77	3.121 0
一维 Γ 滤波器（ε=1）	0.297 958	10.466 993	3.118 7
一维 Γ 滤波器（ε=2）	0.271 320	11.764 480	3.191 9
一维 Γ 滤波器（ε=3）	0.247 655	12.506 746	3.222 4

为了进一步比较一维 Γ 滤波器和高斯滤波器的性能，图 3.29 给出了方差为 0.1～1 的 10 种不同高斯噪声水平下的统计结果。从图 3.29 可以得出如下结论：①Γ 滤波器的边缘检测性能 SNR 比高斯滤波器高，所以 Γ 滤波器的平滑性能比高斯滤波器好，如图 3.29（a）所示；②Γ 滤波器的定位误差比高斯滤波器小，所以 Γ 滤波器的定位性能比高斯滤波器好，如图 3.29（b）所示，这一点在噪声水平增大时更加明显；③边缘保持参数 ε 越大，Γ 滤波器的检测性能 SNR 越好，平滑性能越好，如图 3.29（a）所示，定位性能变化不大，如图 3.29（b）所示；④适当地调节边缘保持参数 ε，在 Γ 滤波器的平滑性能比高斯滤波器的平滑性能好的前提下，Γ 滤波器的定位性能也比高斯滤波器的定位性能要好。

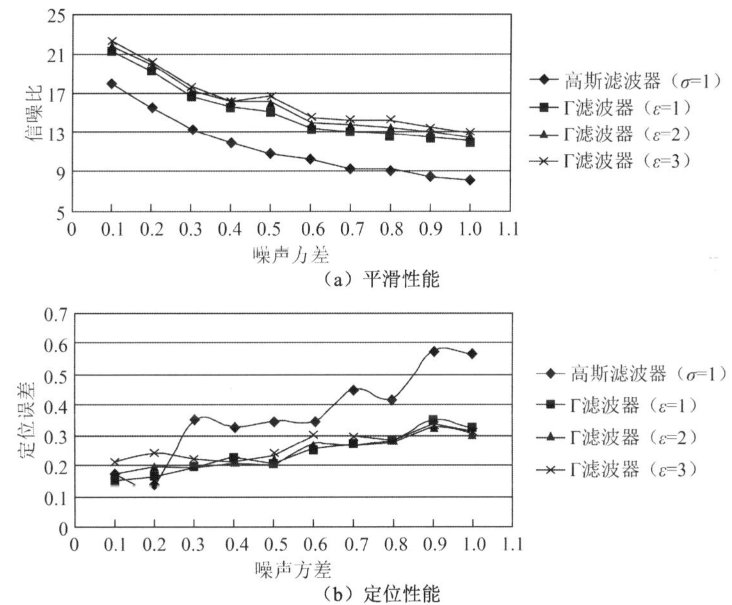

（a）平滑性能

（b）定位性能

图 3.29　高斯滤波器和 Γ 滤波器滤波性能比较

2. 航空输电线图像实验比较

以 Canny 算法作为比较对象，利用 50 幅航空输电线图像来评价 TGA 算法的边缘检测性能，图 3.30 和图 3.31 分别给出一幅图像的实验结果。图 3.30（a）是整幅输电线图像，大小是 3008 像素×2000 像素，具有复杂的背景，图 3.30（b）给出 TGA 算法边缘检测结果，图 3.30（c）给出 Canny 算法边缘检测结果。从中可以看出，两个算法都准确地检测出输电线的边缘，具有较高的定位性，但是相比于 Canny 算法边缘检测结果，TGA 算法具有更强的抗噪性能，有效抑制了背景中的噪声[图 3.30（b）中矩形框所示]，具有较好的边缘检测性能。

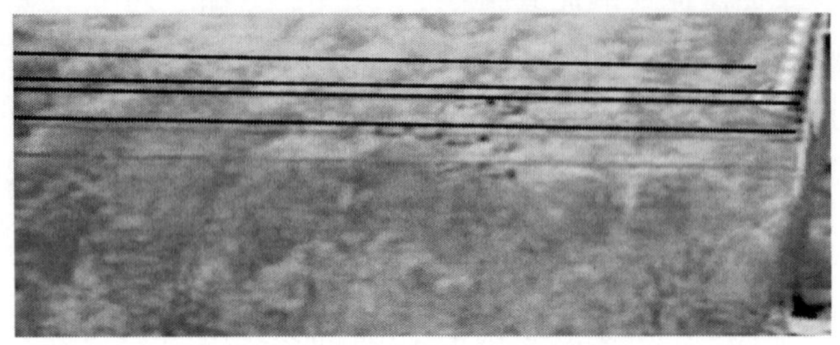

（a）原图

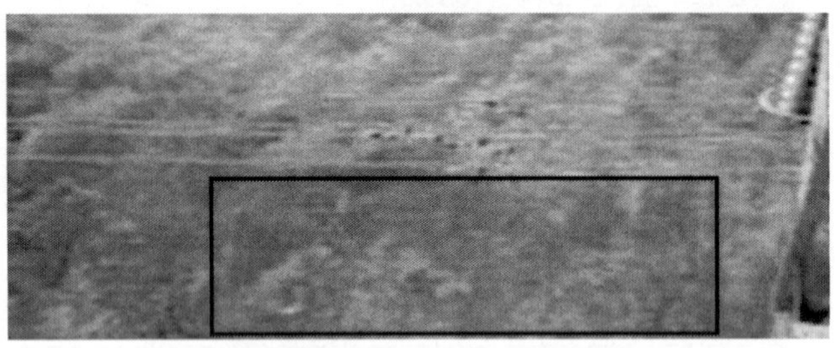

（b）TGA 算法边缘检测结果

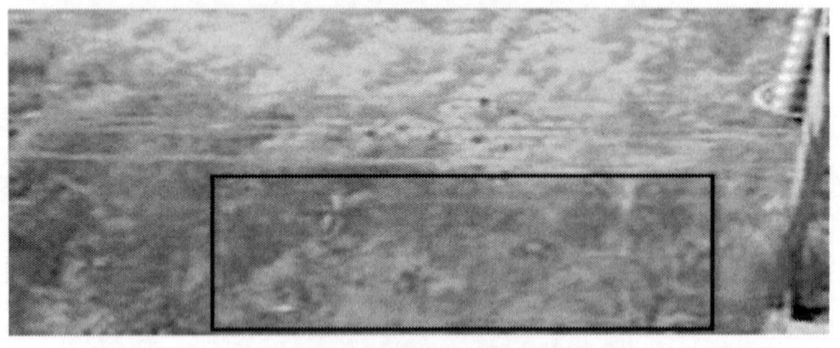

（c）Canny 算法边缘检测结果

图 3.30　TGA 算法和 Canny 算法提取输电线边缘

图 3.31（a）是图 3.14（a）所示的包含有输电线断股缺陷的子图像块，大小是 600 像素×250 像素，图 3.31（b）给出 TGA 算法边缘检测结果，图 3.31（c）

给出 Canny 算法边缘检测结果。从中可以看出，两个算法检测出的边缘都具有较高的检测性能，有效地消除了背景中噪声的干扰，但是相比于 Canny 算法边缘检测结果，TGA 算法具有更强的定位性能，边缘检测结果更接近输电线边缘，这在输电线断股处尤其明显[图 3.31（b）中矩形框所示]。

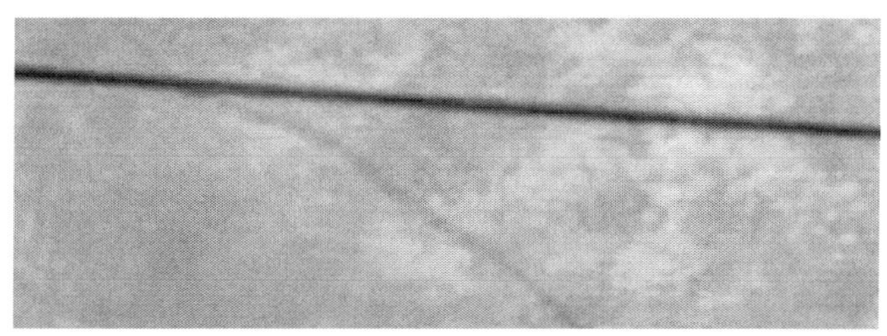

（a）原图

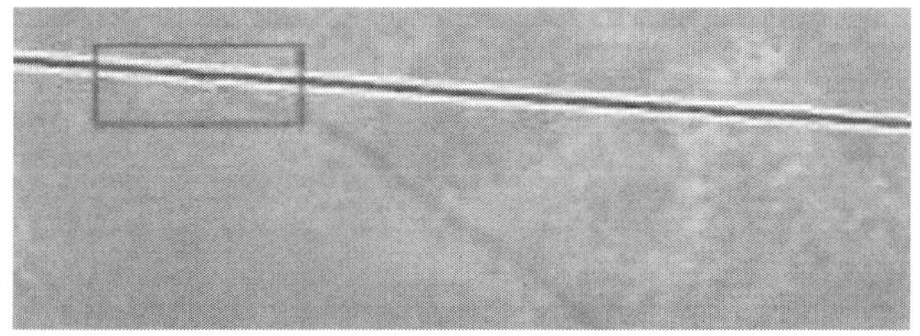

（b）TGA 算法边缘检测结果

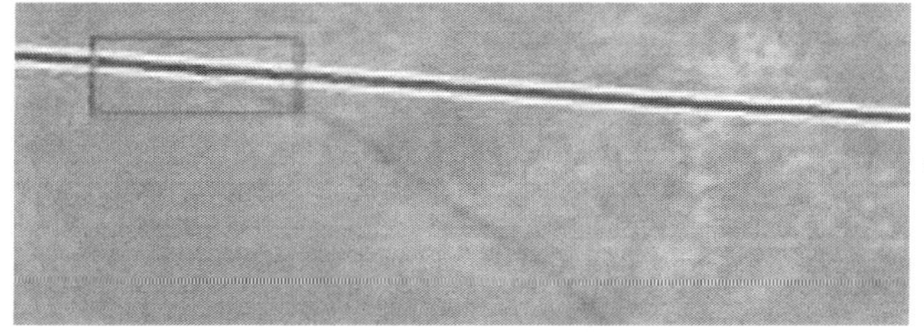

（c）Canny 算法边缘检测结果

图 3.31　TGA 算法和 Canny 算法提取输电线边缘

4 基于区域特征的航空遥感图像封闭边缘检测技术

4.1 引言

主动轮廓模型是美国加利福尼亚的 Kass 等在 1987 年首次提出的一种图像分割模型，也称为 snake 模型，其融合了分割过程的三个阶段，检测得到的目标边界是一条光滑连续的曲线（Kass et al.，1987），因此不论图像的质量如何，总能获得平滑封闭的边界轮廓。从本章开始，将详细介绍基于区域特征、灰度不均匀特征和纹理特征的主动轮廓模型的封闭边缘检测算法。

基于主动轮廓模型的边缘提取是一种图像分割解决方案，是近几年较为流行的一种边缘检测算法，不仅受到国内外研究者们的广泛重视，也有不少学者对其进行研究，在实际问题中更得到大量的应用，如医学图像的分割（Savelonas et al.，2009；Al-Diri et al.，2009）、目标检测（Besson et al.，2000；Paragios et al.，2000b）、农产品图像的分割（谢振平和王士同，2008；Gui et al.，2007）、红外电路板的分割（方亮等，2007）、溢油遥感图像的分割（Galland et al.，2004；Karantzalos and Argialas，2008）等。图 4.1 给出了基于主动轮廓模型的封闭边缘检测算法在以上各领域中的应用实例。

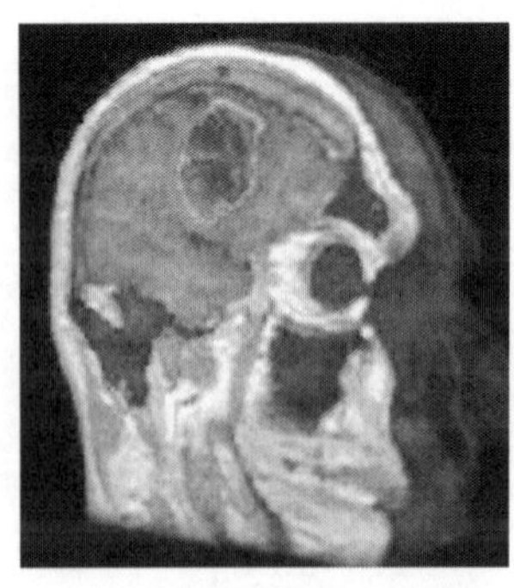

（a）医学图像分割

（b）目标检测

（c）农产品图像的分割

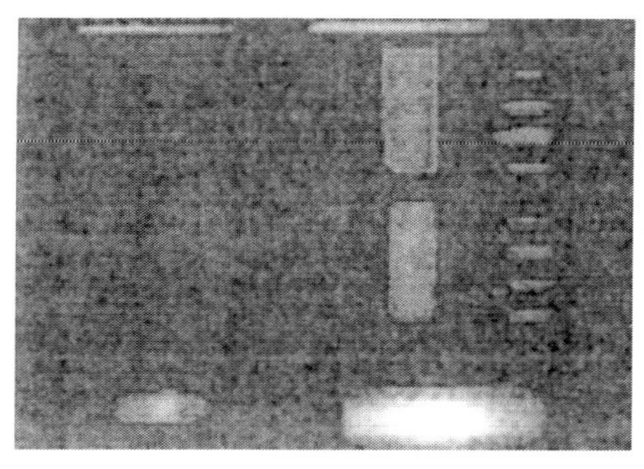

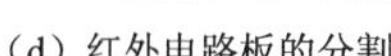
（d）红外电路板的分割

（e）溢油 SAR 图像的分割

图 4.1　基于主动轮廓的边缘检测算法的应用实例

主动轮廓模型是基于能量最小化、曲面演化、水平集理论及数字化实现的一种成功的图像处理模型，其基本思想是定义一个能量函数，在由一个初始的闭合轮廓向真实轮廓逐渐靠近时，寻找此能量函数的全局极小值，即通过对能量函数的动态优化使轮廓逐渐演化到目标的真正边缘处（李弼程等，2004）。此能量函数主要由内部能量函数与外部能量函数组成，如图 4.2 所示。内部能量函数考虑包络本身的连续性和各点曲率的大小，从而可以约束轮廓的形状，保持轮廓的光滑性；外部能量函数则主要涉及图像的一些具体情况，如图像灰度变化的梯度等，从而促使轮廓向着图像的目标边界移动。这样，图像的边缘提取问题就转变成为一个最优化问题，最优化的目的就是获得最小化的主动轮廓模型的能量。此外，主动轮廓模型的边缘检测思想是全局性的，边缘的存在不仅依赖于特定点的梯度，还依赖于其空间分布，因而在边缘检测中应将模型的连续性、曲率与局部边缘强度结合在一起，将图像数据、初始估计、目标轮廓特征与基于先验知识的约束等集成于一个特征提取过程。

与传统的边缘检测方法相比，基于主动轮廓模型的边缘提取算法具有以下优点（Xu et al.，2000a）。

（1）基于主动轮廓模型的边缘提取算法除了以图像灰度变化的微分信息作为边缘点和非边缘点的分类依据外，还引入了图像轮廓的几何信息如曲率等来指导分类过程，因此是一种具有学习功能的边缘提取算法。

（2）基于主动轮廓模型的边缘提取算法具有自动修复噪声所造成的图像轮廓断点的功能，且可以有效地克服噪声的干扰，具有较强的鲁棒性。

（3）由于主动轮廓模型在连续状态下实现，最终得到的图像边缘表示可以达到亚像素的精度，即具有较高的定位精度。

（4）基于主动轮廓模型的边缘提取算法将传统的边缘提取、边缘跟踪和轮廓提取等过程融为一体，最终可以得到光滑连续闭合的边缘轮廓，避免了传统的边缘检测算法中的预后处理过程，如边缘连接等。而且主动轮廓模型在得到边缘信息的同时，得到了图像的轮廓特征，从而为物体的形状分析和识别提供了一定的依据。

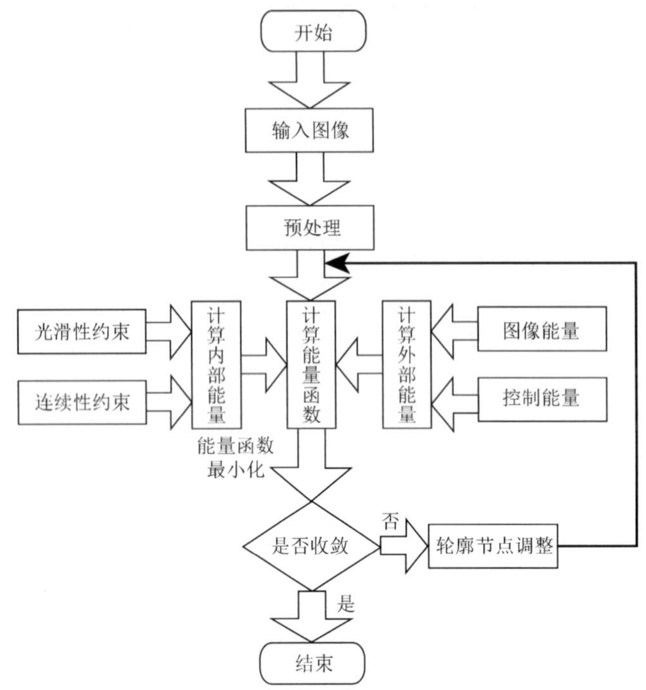

图 4.2　基于主动轮廓模型的边缘检测算法的流程图

按照约束条件的不同，现存的主动轮廓模型大致可以分为两类：基于边缘的主动轮廓模型和基于区域的主动轮廓模型。基于边缘的主动轮廓模型对物体边界的判别依赖于传统的基于图像梯度的边缘检测器。将图像梯度引入一个停止函数，从而吸引轮廓到达期望的目标边界。同时，为了解决初始轮廓的敏感性，将气球力引进到能量函数中，从而可以更好地控制轮廓的形变。然而基于边缘的主动轮廓模型虽然优于传统的边缘检测算法，但是对于弱边缘和噪声仍然很敏感，初始轮廓的位置需要靠近目标，对于深凹、狭长分叉等形状的物体无法处理，不具有拓扑自适应性。而基于区域的主动轮廓模型将图像的区域统计信息引入能量函数中，能够更好地克服弱边缘和噪声的干扰，对于凹形目标的轮廓也可以很好地检测出，能够适应拓扑结构的变化。其中，典型的区域主动轮廓模型为 Mumford 和 Shah（1989）提出的 Mumford-Shah 模型，该模型不需要对待分割图像区域的任何先验知识，完全基于图像数据的驱动来完成分割，不依赖于图像局部梯度信息，而且能量函数包含了对图像的区域、边界的描述，通过优化能量函数，可以一次获得受噪声污染的图像的边界、区域以及平滑图像（陈金男，2007）。然而，Mumford-Shah 模型是一种自由不连续模型，对图像边缘采用几何测度来进行控制，这使得数值求解过程比较困难，特别是对于分割具有复杂边界的图像，所以很难应用到实际问题中（刘军伟，2009）。因此，在解决实际问题时，需要对 Mumford-Shah 模型进行一定的简化。本章将详细介绍基于区域特征的简化的 Mumford-Shah 主动轮廓封闭边缘检测技术并讨论其在溢油航空遥感图像中的应用。

4.2 Chan-Vese 边缘检测模型

4.2.1 Chan-Vese 的理论模型

Chan 和 Vese 在 2001 年提出了一种简化的 Mumford-Shah 模型，即 ACWE 模型，该模型是建立在 Mumford-Shah 函数、曲线演化理论和水平集理论等基础之上的。该模型不仅能够很好的处理边界模糊、边界断裂甚至无边界的情况，也能够自适应的改变拓扑结构，且具有一定的抑制噪声的能力。其原理为假设图像中同质区域内的灰度是常数，将图像分割为目标区域 Ω_1 和背景区域 Ω_2，各个区域的灰度均值分别为 c_1 和 c_2，则通过最小化 Mumford-Shah 能量函数来进行图像分割的过程就是寻找最优分割曲线 C，使得到的分割后图像中 Ω_1 的灰度均值 c_1 和 Ω_2 的灰度均值 c_2 与原始图像 $I(x):\Omega\to\Re$ 之间的方差最小。Chan 和 Vese 提出的曲线拟合能量函数为

$$F(C)=F_1(C)+F_2(C)=\int_{\text{inside(C)}}\left|I(x)-c_1\right|^2\mathrm{d}x+\int_{\text{outside(C)}}\left|I(x)-c_2\right|^2\mathrm{d}x \tag{4.1}$$

拟合能量函数 F 在曲线各种演化情况下的取值情况如图 4.3 所示。由前三种情况可以看出，当轮廓线 C 没有位于两个同质区域的边界时，曲线拟合能量 F 均大于 0，不能达到极小值，如图 4.3（a）、图 4.3（b）、图 4.3（c）所示；只有当轮廓线 C 位于两个同质区域的边界时，拟合能量 F 才能达到极小值，如图 4.3（d）所示。

在曲线演化的过程中，Chan 和 Vese 加入了曲线的长度项和面积项作为曲线演化的平滑约束项，从而提出了最终的图像分割能量函数：

$$\begin{aligned}F^{\text{CV}}(C,c_1,c_2)&=\mu\cdot\text{Length}(C)+\nu\cdot\text{Area}\left[\text{inside}(C)\right]\\&\quad+\lambda_1\int_{\text{inside(C)}}\left|I(x)-c_1\right|^2\mathrm{d}x+\lambda_2\int_{\text{outside(C)}}\left|I(x)-c_2\right|^2\mathrm{d}x\end{aligned} \tag{4.2}$$

式中，实参数 $\mu\geqslant 0$，$\nu\geqslant 0$；$\lambda_1>0$，$\lambda_2>0$，是各个能量项的权重系数。该模型利用了图像的全局区域信息，通过最优化 F^{CV} 就可以求得最终分割曲线 C 以及 c_1 和 c_2。

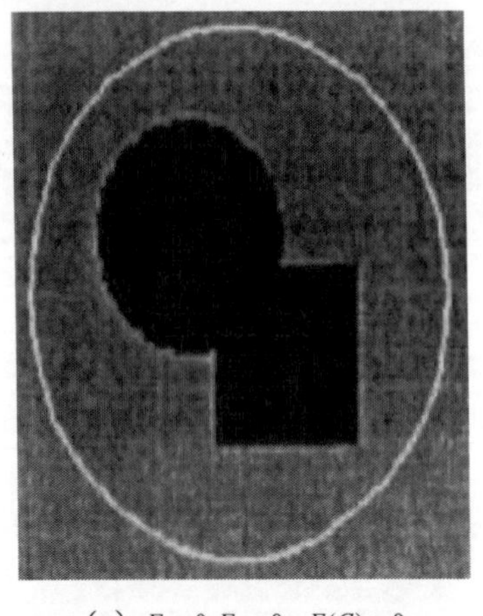

（a）$F_1 > 0, F_2 \approx 0,\ F(C) > 0$

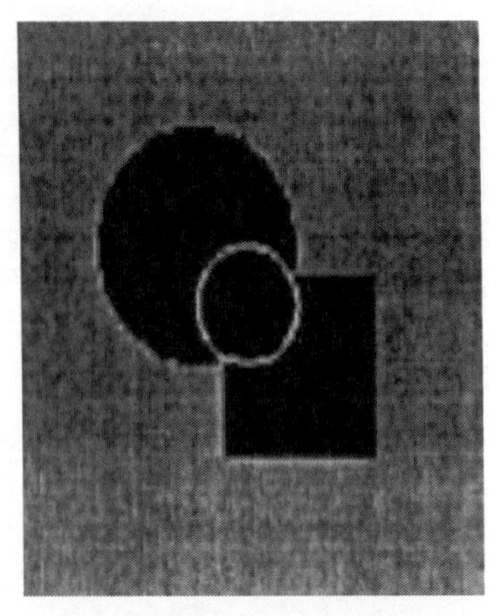

（b）$F_1 \approx 0, F_2 > 0,\ F(C) > 0$

（c）$F_1 > 0, F_2 > 0,\ F(C) > 0$

（d）$F_1 \approx 0, F_2 \approx 0,\ F(C) \approx 0$

图 4.3 Chan-Vese 模型的曲线拟合能量示意图

4.2.2 Chan-Vese 模型的水平集能量最小化

根据文献 Osher 和 Sethian（1988）中的水平集方法，曲线$C \subseteq \Omega$可以通过 Lipschitz 函数的零水平集$\phi : \subseteq \Omega \to \Re$来表示，有

$$\begin{cases} C = \{x \in \Omega : \phi(x) = 0\} \\ \text{inside}(C) = \{x \in \Omega : \phi(x) > 0\} \\ \text{outside}(C) = \{x \in \Omega : \phi(x) < 0\} \end{cases} \tag{4.3}$$

则能量函数F^{CV}用水平集方法可重新表示为

$$F^{\mathrm{CV}}(\phi,c_1,c_2)=\mu\int_{\Omega}\delta[\phi(x)]|\nabla\phi(x)|\mathrm{d}x+v\int_{\Omega}H[\phi(x)]\mathrm{d}x$$
$$+\lambda_1\int_{\Omega}|I(x)-c_1|^2H[\phi(x)]\mathrm{d}x+\lambda_2\int_{\Omega}|I(x)-c_2|^2\{1-H[\phi(x)]\}\mathrm{d}x \quad (4.4)$$

式中，$H(\phi)$ 为 Heaviside 函数的正则化表示，从而可以使能量函数 F^{CV} 在最小化过程中获得近似全局最小解；$\delta(\phi)$ 为 Dirac 函数，同时也是 $H(\phi)$ 函数的一阶导数，其数学表达式分别为

$$\left.\begin{aligned}H(\phi)&=\frac{1}{2}\left[1+\frac{2}{\pi}\arctan\left(\frac{\phi}{\varepsilon}\right)\right]\\ \delta(\phi)&=H'(\phi)=\frac{1}{\pi}\cdot\frac{\varepsilon}{\varepsilon^2+\phi^2}\end{aligned}\right\} \quad (4.5)$$

其中，ε 为接近于 0 的常数项。

采用梯度下降法解欧拉方程 F^{CV} 得到 Chan-Vese 模型的曲线演化方程为

$$\frac{\partial\phi}{\partial t}=\delta_{\varepsilon}(\phi)\left\{\mu\,\mathrm{div}\frac{\nabla\phi}{|\nabla\phi|}-\nu-\lambda_1[I(x)-c_1]^2+\lambda_2[I(x)-c_2]^2\right\} \quad (4.6)$$

式中，$c_1(\phi)=\dfrac{\int_{\Omega}I(x)H_{\varepsilon}[\phi(x)]\mathrm{d}x}{\int_{\Omega}H_{\varepsilon}[\phi(x)]\mathrm{d}x}$；

$c_2(\phi)=\dfrac{\int_{\Omega}I(x)H_{\varepsilon}[\phi(x)]\mathrm{d}x}{\int_{\Omega}H_{\varepsilon}[\phi(x)]\mathrm{d}x}$；

$\phi(0,x)=\phi_0(x)$。

4.2.3 MATLAB 仿真实验结果与分析

在本节中，使用溢油遥感图像作为测试图像来验证 Chan-Vese 模型的性能。所用图像来自 1998 年中国胜利油田的溢油事故中所拍摄的溢油红外航空图像。实验中参数的选择如下：$\nu=0$; $\varepsilon=1$; $\Delta t=0.1$；$\lambda_1=\lambda_2=1$。图 4.4（a）是一幅边界模糊且受噪声污染的溢油原始图像和初始轮廓，其边缘检测结果如图 4.4（b）所示，该实验说明 Chan-Vese 模型可以很好地抑制溢油红外图像中的条纹噪声和边缘的模糊性。图 4.5（a）表示具有一定灰度不均匀性的溢油原始图像和初始轮廓，图 4.5（b）～图 4.5（i）表示 Chan-Vese 模型在不同参数下的曲线演化结果。从实验结果中可以看出，Chan-Vese 模型虽然可以很好地抑制溢油红外图像中的条纹噪声和模糊边缘，但无论参数如何调节，Chan-Vese 模型的初始轮廓都不能演化到溢油区域的真正边缘处。这是由于 Chan-Vese 模型中的外部数据拟合项仅利用了图像的全局灰度信息，依赖于同质区域，无法解决具有灰度不均匀问题的溢油遥感图像，如图 4.5 中的图像的右半区域所示。在能量函数数字最小化过程中，

为了实现曲线的稳定演化，Chan-Vese 模型需要对水平集函数进行重新初始化，以使其接近符号距离函数，所以具有较高的时间复杂度，如对于一幅大小为 256 像素×256 像素的溢油遥感图像，在水平集函数的重新初始化迭代次数为 0 的情况下，CPU 的响应时间大约需要 12min，所以该算法的实时性很差，很难将其应用到有实时性要求的实际问题中。

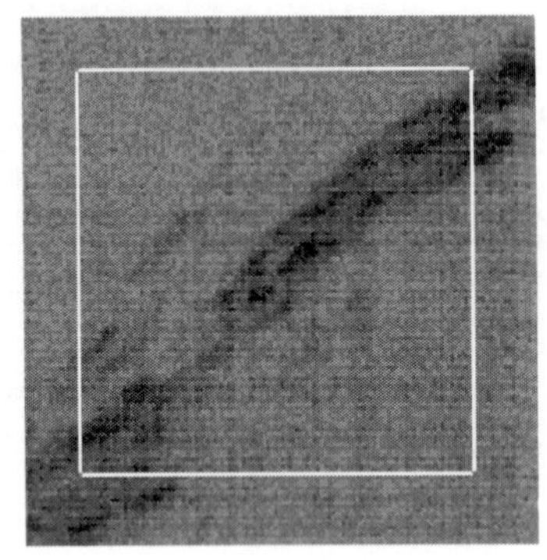

（a）溢油遥感图像和初始轮廓

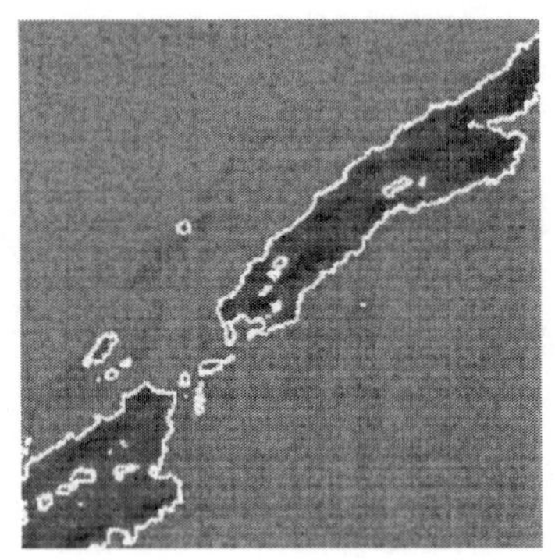

（b）Chan-Vese 模型的边缘检测结果

图 4.4 Chan-Vese 模型在红外溢油遥感图像中的边缘检测结果

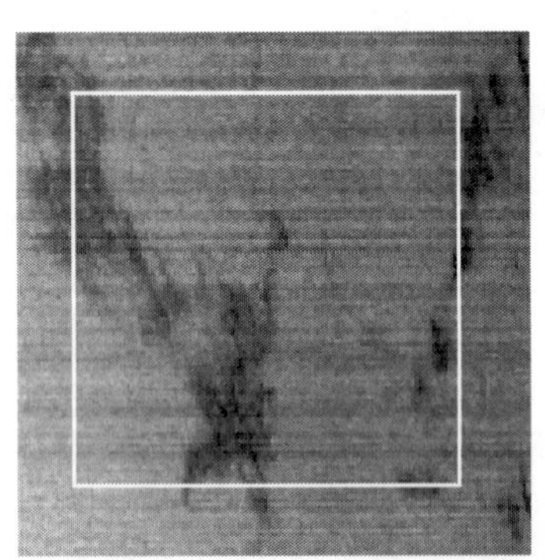

（a）溢油遥感图像

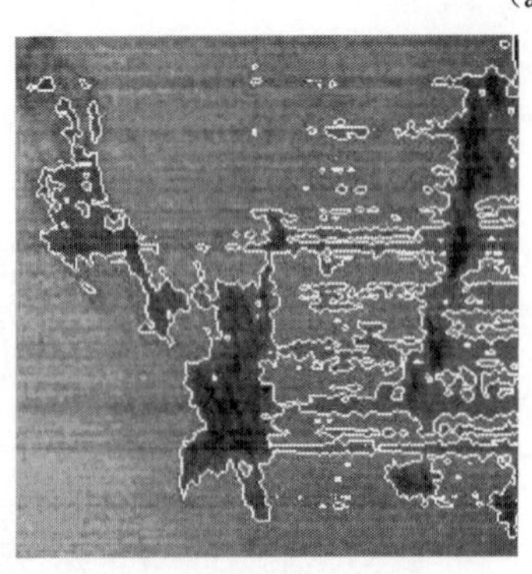

（b） $\mu = 0.001 \times 255^2$

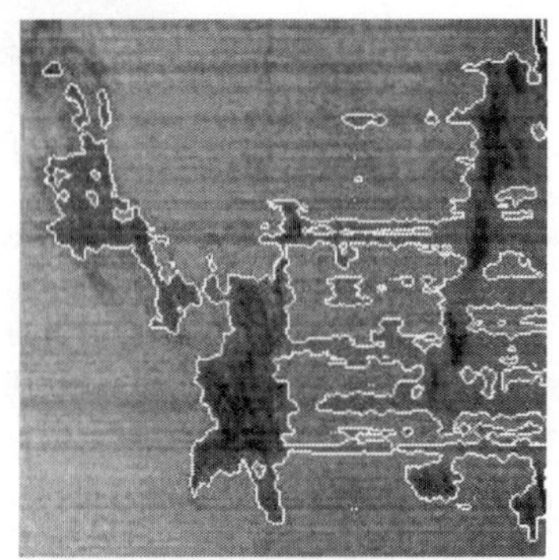

（c） $\mu = 0.005 \times 255^2$

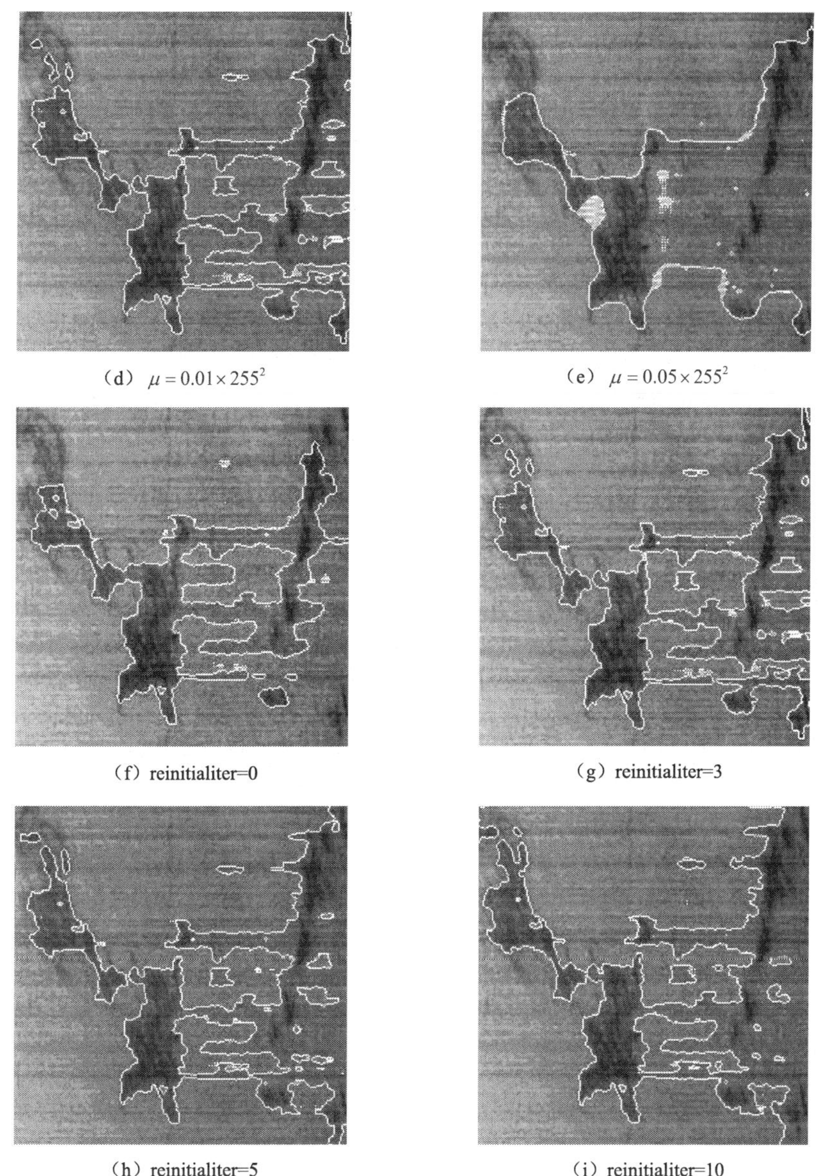

图 4.5 Chan-Vese 模型在红外溢油遥感图像中的边缘检测结果

reinitialiter 为重新初始化迭代次数，下同

4.3 区域可扩展的变分水平集边缘检测模型（RSF）

由于成像设备、图像传输方式以及自然环境的影响，在实际的数字图像中经

常会出现灰度不均匀（intensity inhomogeneity）的问题。为了解决此问题，研究人员相继提出了许多基于局部统计特征的主动轮廓边缘检测模型（Tsai et al.，2001），Vese 和 Chan（2002）也提出了两种相似的基于 Mumford-Shah 模型的分段平滑主动轮廓模型，在处理灰度不均匀的问题方面体现了一定的能力，但是两种模型的计算复杂度很高，且含有太多的参数，算法的自适应性较差。为了解决灰度不均匀的问题，Li 等（2008）提出一个基于区域可扩展的变分水平集边缘检测模型，该模型是在 Chan-Vese 模型基础上改进的，在可控尺度下充分利用了局部灰度信息来定义数据拟合项，从而可以很好地处理灰度不均匀的问题，并将该数据拟合项和一个水平集规则项引入基于水平集方法的分割能量模型中，使模型在得到精确分割结果的同时不需要重新初始化水平集函数，大大降低了时间复杂度，同时具有较好的抑制噪声和模糊边界的能力。下面对该模型进行详细的介绍并讨论其在溢油遥感图像中的应用。

4.3.1 区域可扩展数据拟合模型的定义

对于给定灰度图像 $I:\Omega\to\Re$，$\Omega\subseteq\Re^2$ 表示图像定义域，曲线 C 是 Ω 中的一个闭合轮廓，并将 Ω 分割为目标区域 $\Omega_1=\text{inside}(C)$ 和背景区域 $\Omega_2=\text{outside}(C)$。对于 Ω 空间中的一点 x，定义局部灰度拟合能量为

$$\varepsilon_{\mathrm{x}}^{\mathrm{RSF}}\left[C,f_1(x),f_2(x)\right]=\sum_{i=1}^{2}\lambda_i\int_{\Omega_i}K(x-y)\left|I(y)-f_i(x)\right|^2\mathrm{d}y \tag{4.7}$$

式中，λ_1 和 λ_2 是两个加权正常量；f_1 和 f_2 分别是目标区域 Ω_1 和背景区域 Ω_2 中对应点灰度值的拟合值；$I(y)$ 是以点 x 为中心的局部区域内点的灰度值，局部区域的大小由核函数 K 来确定。核函数 $K:\Re\to[0,+\infty)$ 的选择需要满足下面的性质：

$$\left.\begin{array}{l}K(-u)=K(u)\\K(u)\geqslant K(v)\quad |u|<|v|,\ \lim\limits_{|u|\to\infty}K(u)=0\\\int K(x)\mathrm{d}x=1\end{array}\right\} \tag{4.8}$$

在这里，Li 等选择了具有上述性质的高斯函数作为核函数 K，有

$$K_\sigma(u)=\frac{1}{\sqrt{2\pi}\sigma}\mathrm{e}^{-\frac{|u|^2}{2\sigma^2}} \tag{4.9}$$

式中，尺度参数 $\sigma>0$。

Li 等称局部灰度拟合能量式（4.7）为点 x 处的区域可扩展拟合能量项，其含义在于 $\varepsilon_{\mathrm{x}}^{\mathrm{RSF}}$ 是一个以点 x 为中心的局部区域内所有点的灰度值 $I(y)$ 与其对应的轮廓 C 内外的灰度拟合值 f_1 和 f_2 的加权均方误差的求和，其加权性通过高斯核函数

K_σ来实现。由于高斯核函数K_σ具有定位属性，当点y距离中心点x的距离越近，局部区域内的点y处的均方误差对局部灰度拟合能量$\varepsilon_x^{\text{RSF}}$的影响越大。也就是说拟合能量$\varepsilon_x^{\text{RSF}}$由点$x$邻域内所有点的加权均方误差的和来决定，且当高斯核函数K_σ递减为 0 时，点y离点x最远，此时点y处的均方误差对局部灰度拟合能量$\varepsilon_x^{\text{RSF}}$的影响最小，接近于0。此外，尺度参数$\sigma$的变化控制着局部区域的大小，从而使局部灰度拟合能量$\varepsilon_x^{\text{RSF}}$具有区域可扩展性。

为了获得整幅图像的目标边界，必须找到使定义域Ω中的所有点x处的局部灰度拟合能量$\varepsilon_x^{\text{RSF}}$都达到极小值时的演化曲线$C$，则定义能量函数为

$$\varepsilon\left[\phi, f_1(x), f_2(x)\right]=\int_\Omega \varepsilon_x^{\text{RSF}}\left[C, f_1(x), f_2(x)\right]\mathrm{d}x \tag{4.10}$$

则当最终的演化曲线C位于图像中所有真实的边界处时，拟合能量ε获得最小化，此时在局部区域内与轮廓C内外的所有点的灰度值都获得最优的拟合值f_1和f_2。

4.3.2 区域可扩展拟合的边缘检测能量模型的水平集定义

在曲线演化的过程中，Li 等在式（4.10）中引入了曲线的长度作为曲线演化的平滑约束项，且根据文献 Osher 和 Sethian（1988）中的水平集方法，曲线$C\subseteq\Omega$可以通过 Lipschitz 函数的零水平集$\phi:\subseteq\Omega\to\Re$来表示，从而针对能量函数式（4.10）提出了基于水平集的区域可扩展拟合能量函数，有

$$\begin{aligned}\varepsilon^{\text{LSM}}\left[\phi, f_1(x), f_2(x)\right]=&\int_\Omega\sum_{i=1}^{2}\lambda_i\int_{\Omega_i}K(x-y)\left|I(y)-f_i(x)\right|^2 M_i\left[\phi(y)\right]\mathrm{d}x\\&+\nu\int_\Omega\left|\nabla H\left[\phi(x)\right]\right|\mathrm{d}x\end{aligned} \tag{4.11}$$

式中，$M_1(\phi)=H(\phi);\ M_2(\phi)=1-H(\phi)$。且$H(\phi)$为 Heaviside 函数的规则化，即

$$H(\phi)=\frac{1}{2}\left[1+\frac{2}{\pi}\arctan\left(\frac{\phi}{\varepsilon}\right)\right] \tag{4.12}$$

其中，ε为接近于 0 的常数项。

为了保持水平集函数计算的精确性和水平集演化的稳定性，Li 等（2007）提出了一个水平集规则项，为

$$P(\phi)=\int\frac{1}{2}\left|\nabla\phi(x)-1\right|^2\mathrm{d}x \tag{4.13}$$

该规则项的引入大大降低了在水平集演化的过程中需要重新初始化水平集函数的计算复杂度，而且控制了水平集函数对符号距离函数的偏离。

综合由式(4.11)定义的基于水平集的区域可扩展拟合能量函数和由式(4.13)定义的水平集规则项，Li 等最终提出了最小化能量函数，有

$$F(\phi,f_1,f_2)=\varepsilon^{\mathrm{LSM}}\left[\phi,f_1(x),f_2(x)\right]+\mu p(\phi) \tag{4.14}$$

式中，μ 是一个正常量。

4.3.3 基于梯度下降法的能量最小化

Li 等采用标准的梯度下降法来实现能量函数式（4.14）的最小化。通过变分计算，当水平集函数 ϕ 确定时，求使能量函数 $F(\phi,f_1,f_2)$ 达到极小值时的拟合函数 f_1 和 f_2 需要满足欧拉-拉格朗日方程，即

$$\int K_\sigma(x-y)M_i\left[\phi(y)\right]\left[I(y)-f_i(x)\right]\mathrm{d}y=0\ \ (i=1,2) \tag{4.15}$$

由式（4.15）可得

$$f_i(x)=\frac{K_\sigma(x)*\left\{M_i\left[\phi(x)\right]I(x)\right\}}{K_\sigma(x)*M_i\left[\phi(x)\right]} \tag{4.16}$$

当 f_1 和 f_2 确定时，水平集函数 ϕ 采用梯度下降法得到曲线演化方程

$$\frac{\partial\phi}{\partial t}=-\delta(\phi)(\lambda_1 e_1-\lambda_2 e_2)+\nu\delta(\phi)\mathrm{div}\frac{\nabla\phi}{|\nabla\phi|}+\mu(\nabla^2\phi-\mathrm{div}\frac{\nabla\phi}{|\nabla\phi|}) \tag{4.17}$$

式中，$e_i(x)=\int K_\sigma(y-x)\left|I(x)-f_i(y)\right|^2\mathrm{d}y(i=1,2)$；Dirac 函数 $\delta(\phi)$ 为 $H(\phi)$ 的一阶导数。式（4.17）等号右侧第一项为数据拟合项，第二项为长度项，第三项为水平集规则项。

4.3.4 MATLAB 仿真实验结果与分析

如图 4.6 所示，分别取图像大小为 359 像素×158 像素的红外溢油图像和图像大小为 373 像素×225 像素的 SAR 溢油图像作为测试图像。实验中参数的选择如下：$\Delta t=0.1$；$\lambda_1=\lambda_2=1$。其中，图 4.6（a）和图 4.6（b）为溢油原始图像和初始轮廓，从原始图像中可以看到：红外溢油图像中含有大量的条纹噪声，且在图像的下半区域内存在一定的灰度不均匀性；SAR 溢油图像中存在大量的斑点噪声，且在图像的右半区域内溢油和海水的对比度很低，边界模糊。图 4.6（c）和图 4.6（d）为 Li 等的基于 RSF 模型和水平集演化的边缘检测结果。图 4.6（e）和图 4.6（f）为 Chan-Vese 边缘检测模型的边缘检测结果。从两幅溢油图像的实验结果可以看到：Li 等的模型引入了 RSF 项对局部灰度进行数据拟合，所以很好地解决了红外溢油图像中的灰度不均匀性问题；而 Chan-Vese 的模型在数据拟合项中仅利用了全局灰度信息，所以边缘检测的结果不准确，出现了过分割现象。此外，RSF 模型能够较好地抑制红外和 SAR 图像中的条纹噪声和斑点噪声，且对于对比度低、边界模糊的 SAR 溢油图像，RSF 模型具有更好的处理能力。由于 RSF 模型中引入了水平集规则项，既控制了水平集函数对符号距离函数的偏

离，又大大降低了在水平集演化的过程中需要重新初始化水平集函数的计算复杂度，所以，尽管其数据拟合项在每次迭代过程中都需要做 4 次卷积操作，但是曲线最终收敛所需要的运行时间仍然少于基于 Chan-Vese 模型的边缘检测算法。

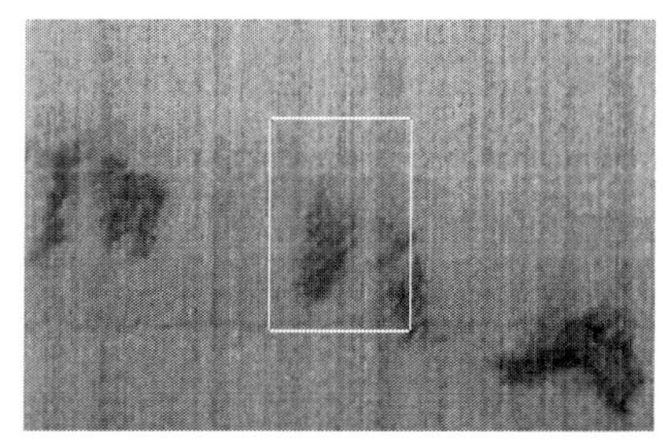

（a）红外溢油原始图像和初始轮廓

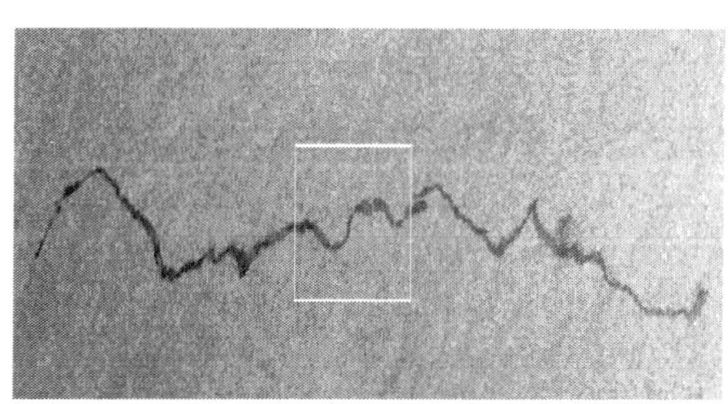

（b）SAR 溢油原始图像和初始轮廓

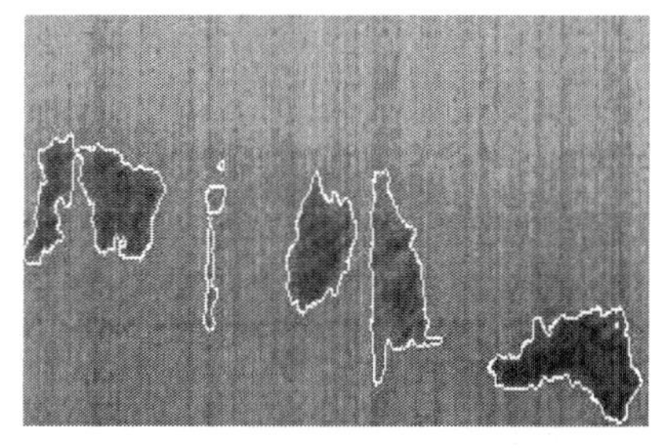

（c） $\nu = 0.002 \times 255^2, \sigma = 30, \mu=1$, 运行时间为 432.2s

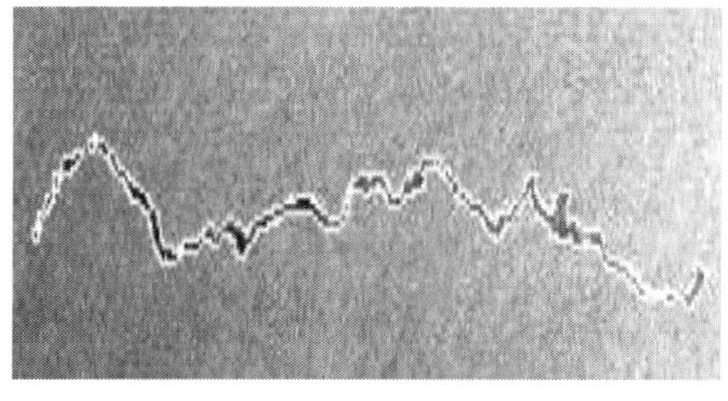

（d） $\nu = 0.002 \times 255^2, \sigma = 30, \mu=1$, 运行时间为 541.6s

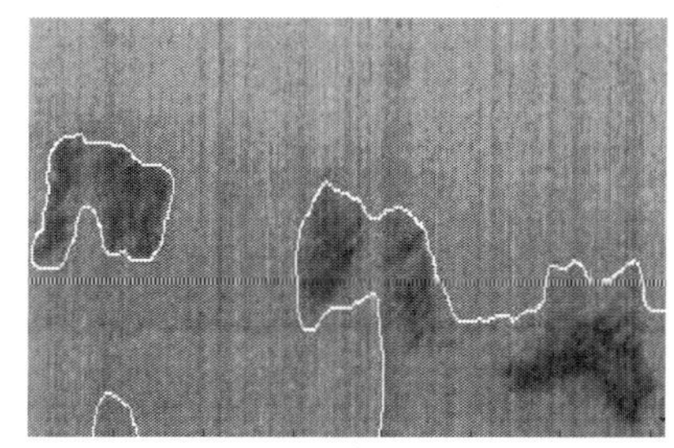

（e） $\mu = 0.02 \times 255^2$, reinitialiter=5, $\nu=0$,
运行时间为 503.3s

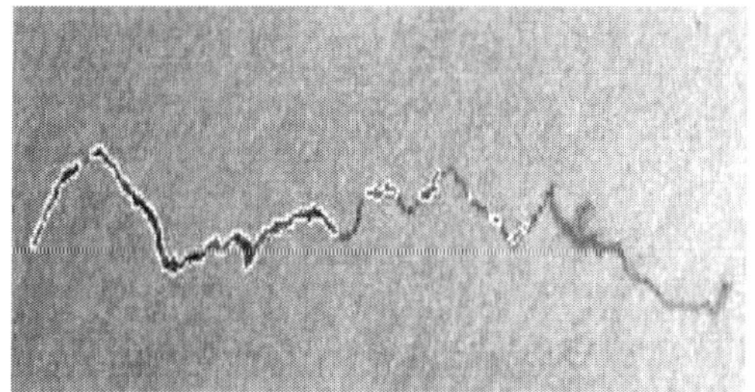

（f） $\mu = 0.02 \times 255^2$, reinitialiter=5, $\nu=0$,
运行时间为 618.5s

图 4.6 Li 等的 RSF 模型在 SAR 溢油遥感图像中的边缘检测结果

如图 4.7 所示，取图像大小为 256 像素×256 像素的红外溢油图像作为测试图像。尽管图 4.6 中的实验结果说明基于 Li 的 RSF 模型能够很好地解决图像中的灰度不均匀问题和低对比度问题，但是，其采用了基于水平集的曲线演化方法和基于梯度下降法及欧拉-拉格朗日方程的数字最小化方法，所以算法的复杂度很高，执行效率仍然很低且能量函数的最小化容易陷入局部极小值，从而使初始轮廓不能演化到真正边缘处，降低了边缘检测精度，图 4.7 给出了溢油遥感图像使用 RSF 模型在不同参数下的实验结果，可以看出，尽管原始图像中的大部分真实边缘都已经被检测，但是，在曲线演化中陷入了极小值，所以仍然有部分真实边缘无法检测到。

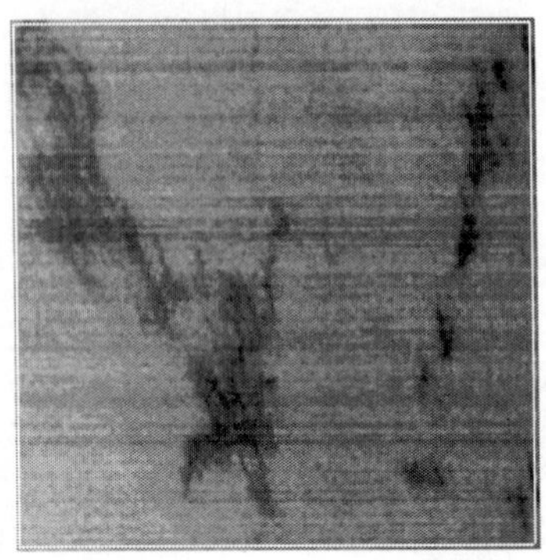

（a）溢油红外图像和初始轮廓

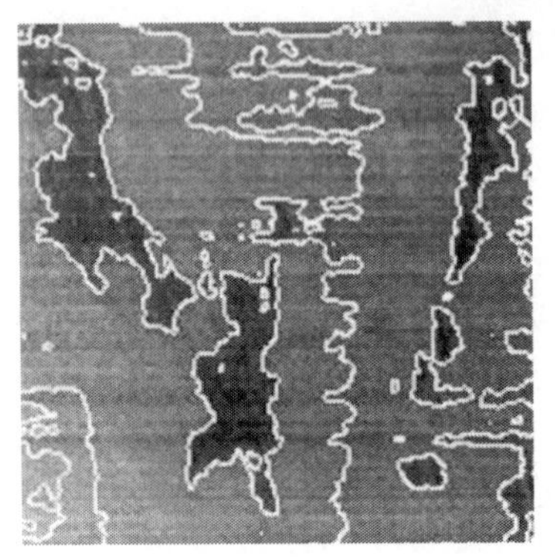

（b）$v = 0.0008 \times 255^2$

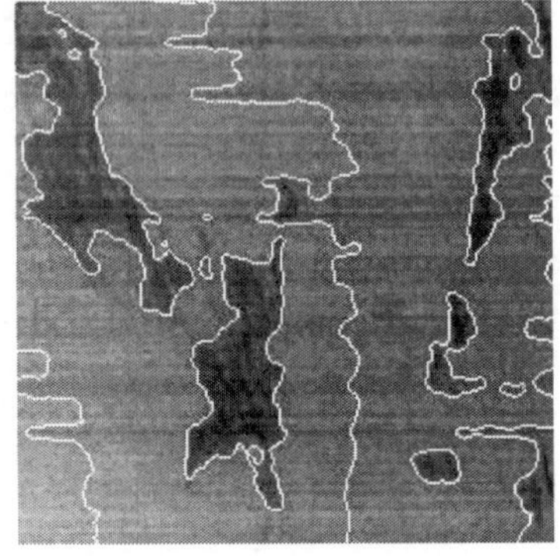

（c）$v = 0.002 \times 255^2$

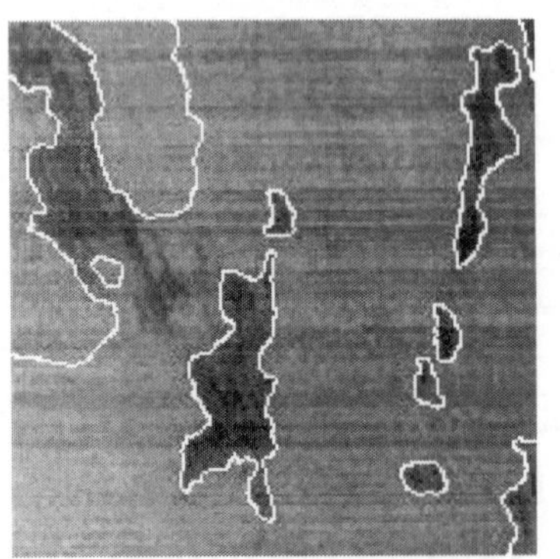

（d）$v = 0.007 \times 255^2$

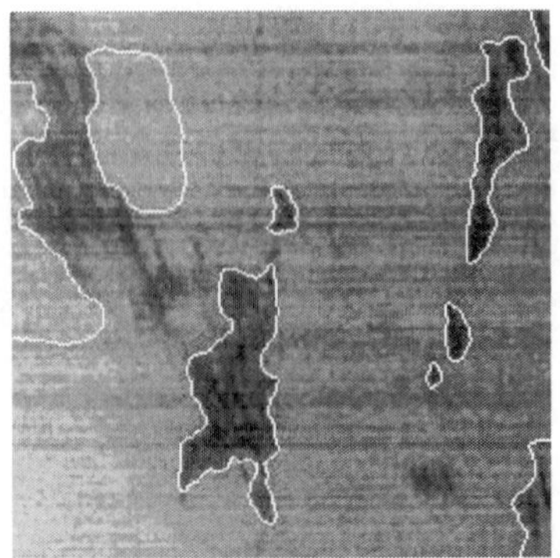

（e）$v = 0.01 \times 255^2$

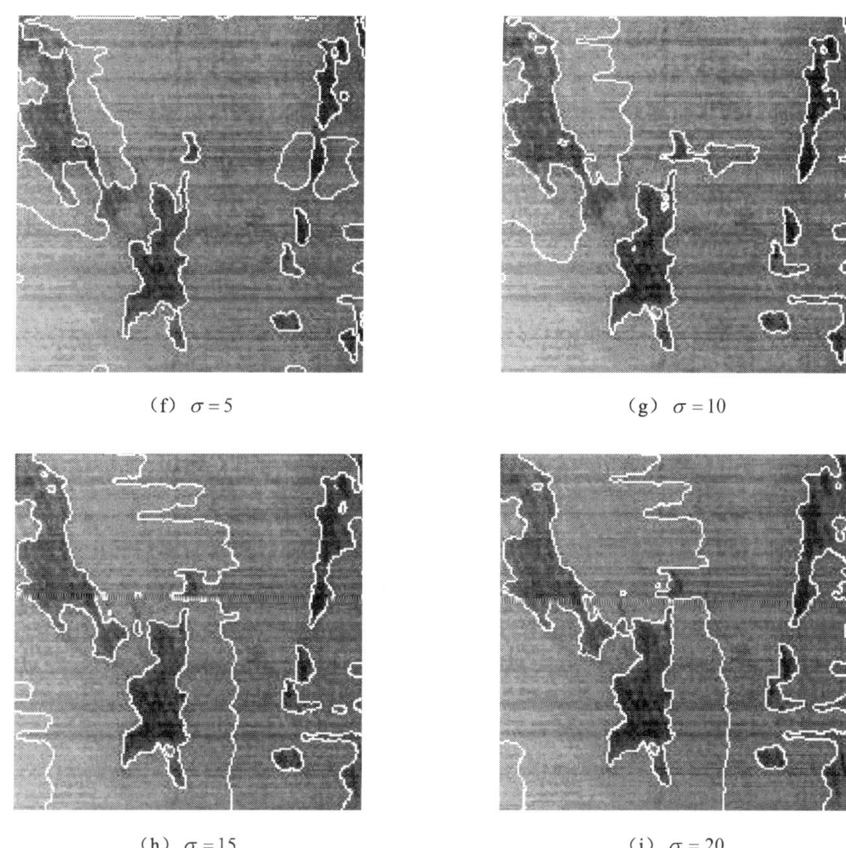

（f） $\sigma=5$　　（g） $\sigma=10$

（h） $\sigma=15$　　（i） $\sigma=20$

图 4.7　Li 等的 RSF 模型在红外溢油遥感图像中的边缘检测结果

4.4　基于 Chan 的全局最小化主动轮廓边缘检测模型（GMAC）

在图像的边缘检测过程中，运用偏微分方程方法来实现边缘检测已成为当前的一个研究热点，偏微分方程方法中第一步就是根据图像信息及一些特殊要求建立一个能量函数模型，而方法最关键的一步是运用变分法求取使能量函数最小化的解（谢强军，2009）。但是现存的许多变分图像处理模型面临着一个共同的难题，那就是能量函数在最小化的过程中易陷入局部极小值（非全局极小值）（Chan，2004），如之前提到的 Mumford-Shah 模型、Chan-Vese 模型以及 RSF 模型，这些变分模型的能量函数都是非凸的，由优化理论可知非凸函数的变分问题容易出现局部极小值，而该极小值通常不一定是全局最小的解。也就是说，在图像处理的轮廓曲线演化过程中，因为能量函数可能出现局部极小值而导致曲线停止，不再向目标轮廓演化发展，对应于边缘检测就是在检测的过程中停止，最终无法获得理想的边缘检测结果。

对于大多数的非凸能量函数来说，从正面讨论其全局极小解的问题是比较困难的，如果能将问题转化从而证明这个能量函数存在全局极小解，那么就可以顺利稳定地实现曲线的演化。针对此问题，Chan（2004）提出了如何将非凸性最小化问题重述为凸性最小化问题，从理论上证明了与 Chan-Vese 模型等价的凸函数模型的极小解就是 Chan-Vese 模型的全局极小解，并描述了求解 Chan-Vese 模型的全局最小解的方法。下面对其进行详细介绍。

4.4.1 Chan-Vese 能量模型求全局极小解问题的转化

Chan 和 Vese（2001）在文献中提出了一种基于水平集方法的简化 Mumford-Shah 模型，即 Chan-Vese 模型。Chan-Vese 模型基于水平集方法的曲线演化方程如式（4.6）所示。其中，$\delta_\varepsilon(\phi)$ 是 Heaviside 函数正则化后的导数，在正则化的过程中，Chan 和 Vese 选择了一个非紧支撑的严格单调的平滑函数式（4.5）来实现 Heaviside 函数的近似。之后，Chan（2004）指出了 Chan-Vese 模型的曲线演化方程具有和下面方程相同的稳态解，即

$$\phi_t = \operatorname{div}\frac{\nabla\phi}{|\nabla\phi|} - \lambda\left\{[c_1 - I(x)]^2 - [c_2 - I(x)]^2\right\} \tag{4.18}$$

式中，为了简化式（4.6），省略了 Heaviside 函数的近似。而式（4.18）就是下面方程的梯度下降流，即

$$F^{\mathrm{GCV}}(\phi, c_1, c_2) = \int_\Omega |\nabla\phi| + \lambda\int_\Omega \left\{[c_1 - I(x)]^2 - [c_2 - I(x)]^2\right\}\phi\mathrm{d}x \tag{4.19}$$

则 F^{CV} 模型求全局极小解的问题就可以转化为求 $F^{\mathrm{GCV}}(\phi, c_1, c_2)$ 的全局极小解的问题。而 Chan（2004）在文献中已经提出理论并证明了凸函数 $F^{\mathrm{GCV}}(\phi, c_1, c_2)$ 全局极小解的存在性，以及 F^{CV} 模型的全局极小解可以通过对 $F^{\mathrm{GCV}}(\phi, c_1, c_2)$ 函数实施凸集最小化来实现。另外，由优化理论知识可知，F^{GCV} 为 ϕ 的一次齐次函数，所以要想得到 F^{GCV} 方程的稳态解 ϕ，必须使 $0 \leqslant \phi \leqslant 1$，则 F^{CV} 模型的最小化问题可转化成基于约束的 $F^{\mathrm{GCV}}(\phi, c_1, c_2)$ 模型的最小化问题，即

$$\min_{0\leqslant\phi\leqslant1}\left\{F^{\mathrm{GCV}}(\phi, c_1, c_2) = \int_\Omega |\nabla\phi| + \lambda\int_\Omega \left\{[c_1 - I(x)]^2 - [c_2 - I(x)]^2\right\}\phi\mathrm{d}x\right\} \tag{4.20}$$

式中，等号右侧第一项为全变差范数（TV-norm）；第二项为数据拟合项。

Chan 又引入一个惩罚项 $v(\xi)$，将约束最小化问题式（4.20）转化成下面的无约束最小化问题，即

$$\min\{F^{\mathrm{GCV}}(\phi, c_1, c_2) = \int_\Omega |\nabla\phi| + \int_\Omega \lambda s(x) + \alpha v(\phi)\phi\mathrm{d}x\} \tag{4.21}$$

式中，$s(x)=[c_1-I(x)]^2-[c_2-I(x)]^2$；$\nu(\xi):=\max\left\{0,2\left|\xi-\frac{1}{2}\right|-1\right\}$；$\alpha>\frac{\lambda}{2}\|\boldsymbol{s}(\boldsymbol{x})\|_{L^\infty(\Omega)}$。

根据 Chan 提出的定理，总结出求 Chan-Vese 模型全局最小解的方法：首先寻找凸函数 $F^{\mathrm{GCV}}(\phi,c_1,c_2)$ 的任意一个极小解，记为 $u(x)$，然后取一个 $\mu\in(0,1)$ 的值，构造集合 $\sum=\{x\in\mathfrak{R}^2: u(x)\geqslant\mu\}$，令 $u(x)$ 为 $\sum=\{x\in\mathfrak{R}^2: u(x)\geqslant\mu\}$ 的特征函数，即 $u(x)=1_{\sum(x)}$ 为 Chan-Vese 模型的全局极小解。

4.4.2 Chan-Vese 能量模型的全局极小解的数字化实现

根据 4.4.1 小节所述，Chan-Vese 能量模型的全局极小解可以通过求凸集模型式（4.21）的最小解来实现。当 c_1 和 c_2 确定时，凸集模型式（4.21）的最小化问题通过变分法可以得到下面的欧拉-拉格朗日方程，即

$$\operatorname{div}\frac{\nabla\phi}{|\nabla\phi|}-\lambda s(x)-\alpha'\nu(\phi)=0 \tag{4.22}$$

由于隐式差分的格式稳定性比较好，Chan 采用了基于隐式梯度下降的数字迭代方法来求解式（4.22），即

$$\begin{aligned}\frac{\phi^{n+1}-\phi^n}{\delta t}=&D_{\mathrm{x}}^-\left[\frac{D_{\mathrm{x}}^+\phi^n}{\sqrt{(D_{\mathrm{x}}^+\phi^n)^2+(D_{\mathrm{y}}^+\phi^n)^2+\varepsilon_1}}\right]\\&+D_{\mathrm{y}}^-\left[\frac{D_{\mathrm{y}}^+\phi^n}{\sqrt{(D_{\mathrm{x}}^+\phi^n)^2+(D_{\mathrm{y}}^+\phi^n)^2+\varepsilon_1}}\right]-\lambda s(x)-\alpha\nu_{\varepsilon_2}'(\phi^n)\end{aligned} \tag{4.23}$$

式中，$\varepsilon_1>0$；$\varepsilon_2>0$；$\nu_{\varepsilon_2}(\xi)$ 是 $\nu(\xi)$ 的正则化，使得 $0\leqslant\nu_{\varepsilon_2}(\xi)\leqslant 1$。

4.4.3 MATLAB 仿真实验结果与分析

如图 4.8 所示，取图像大小为 166 像素×166 像素的溢油红外遥感图像作为测试图像。其中，图 4.8（a）和图 4.8（c）为溢油红外遥感图像和基于 Li 等的 RSF 边缘检测模型的初始轮廓，图 4.8（b）和图 4.8（d）是分别以图 4.8（a）和图 4.8（c）作为初始轮廓的 RSF 模型的边缘检测结果，其参数均选择 $\Delta t=0.1$，$\lambda_1=\lambda_2=1$，$\mu=1$，$\nu=0.003\times255^2$，$\sigma=15$。图 4.8（e）为基于 Chan 的 GMAC 模型的边缘检测结果。从实验结果可以看到，RSF 模型在不同的初始轮廓下得到不同的边缘检测结果，其中图 4.8（b）较为理想，检测出大部分真实溢油区域的边缘，而图 4.8（d）中曲线最终没有演化到溢油区域的真正边界处，即曲线的演化陷入了局部极小值。由此证明了 RSF 模型在曲线演化过程中的不稳定性，初始轮廓选择的好坏最终决定边缘检测的成功与否，所以 RSF 模型不能很好的应用到

实际问题中。而在基于 Chan 的 GMAC 模型的能量函数最小化过程中不需要设置初始轮廓，因此该方法能使曲线最终稳定的收敛，并且可以通过参数的预设置实现理想的边缘检测结果，图 4.8（e）是在参数为 $\Delta t = 0.1, \lambda = 0.0001, \alpha = 1$ 条件下理想的边缘检测结果。

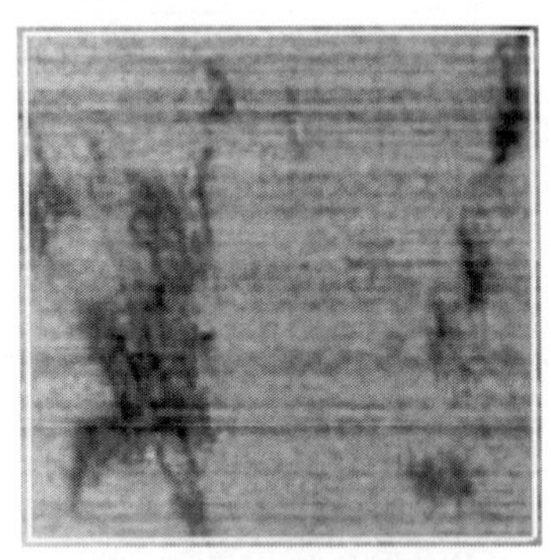

（a）溢油红外图像和初始轮廓

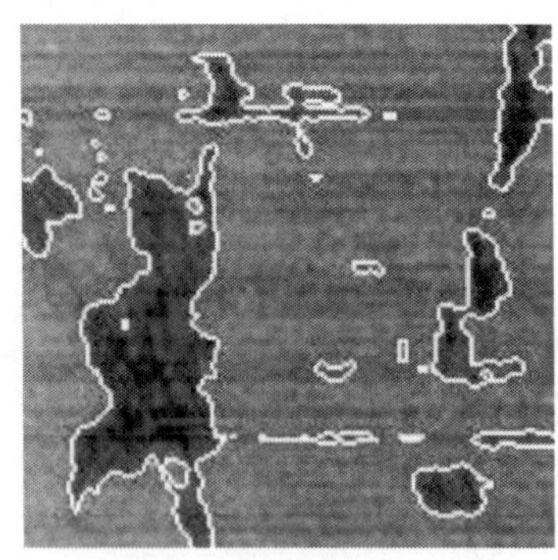

（b）运行时间为 454s

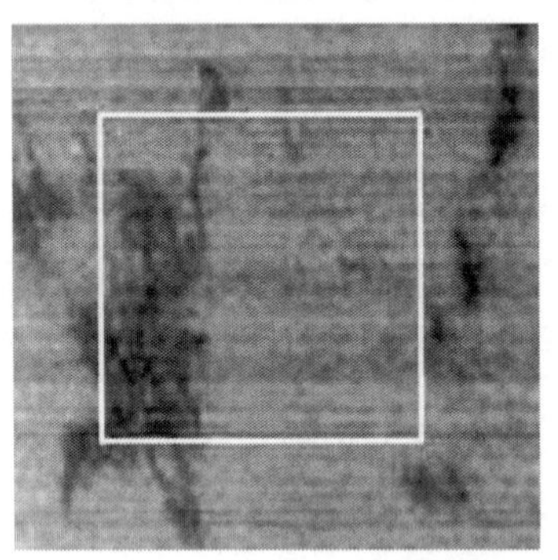

（c）溢油红外图像和初始轮廓

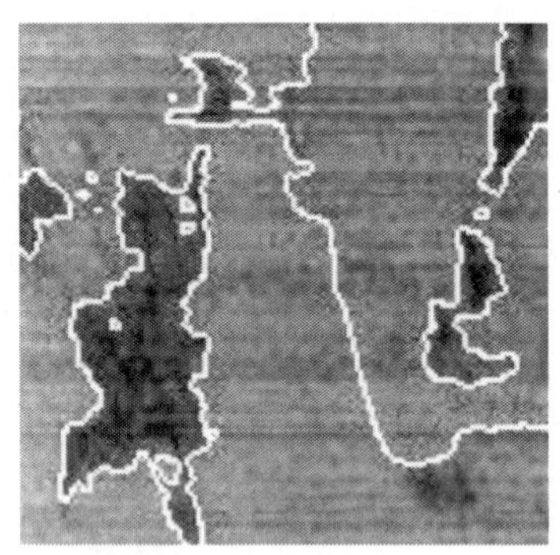

（d）运行时间为 595.2s

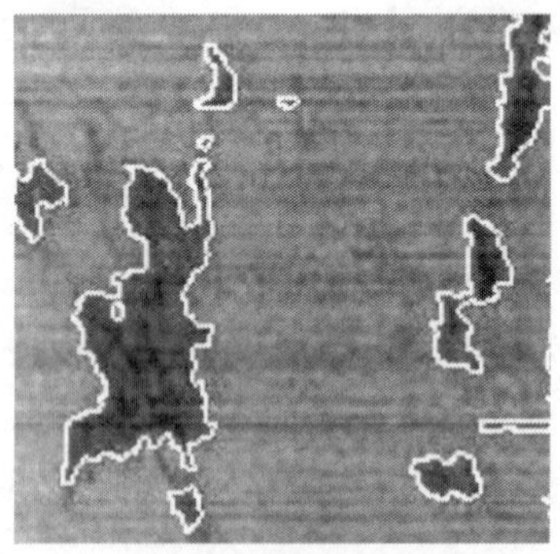

（e）运行时间为 264s

图 4.8　Li 等的 RSF 模型和 Chan 的 GMAC 模型在红外溢油图像中的边缘检测结果

如图 4.9 所示，取图像大小为 261 像素×221 像素的 SAR 溢油图像作为测试图像。实验中的参数选择为 $\Delta t = 0.1$，$\lambda = 0.0001$，$\alpha = 1$。从原始 SAR 溢油图像图 4.9（a）中可以看到，在图像的右半区域存在一定的灰度不均匀性，而基于 Chan 的 GMAC 模型的边缘检测结果并不理想，如图 4.9（b）所示，在图像右半区域中的轮廓并没有演化到真正的溢油边界处，造成不精确的分割，这是由于 Chan 的 GMAC 模型中的数据拟合项仅利用了全局的灰度信息，且对轮廓内外区域的灰度值做常量处理。所以，该模型无法处理具有灰度不均匀问题的图像，在实际应用中也受到了一定的限制。

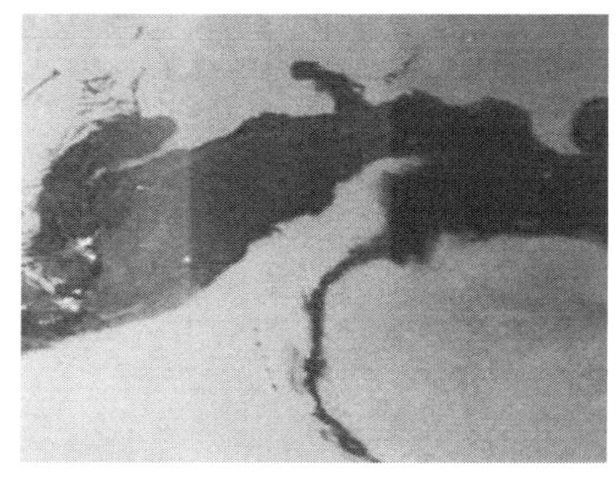

（a）SAR 溢油原始图像

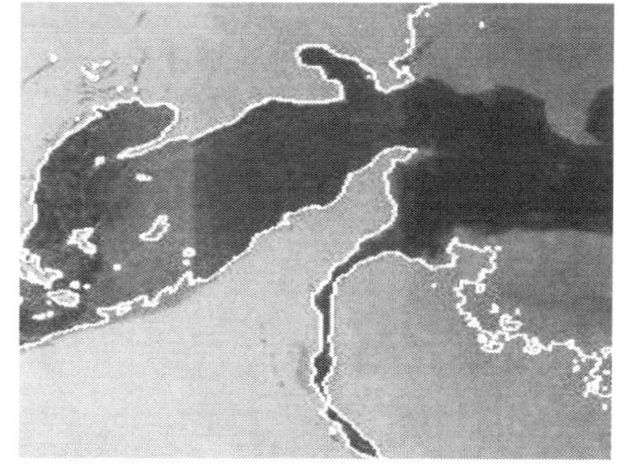

（b）运行时间为 326.4s

图 4.9　Chan 的 GMAC 模型在 SAR 溢油遥感图像中的边缘检测结果

此外，Bresson 和 Chan（2008）在实现 GMAC 边缘检测模型的全局数字最小化过程中采用了基于欧拉-拉格朗日方程和隐式梯度下降的方法，而事实上基于此方法的数字化求解过程会导致全变差范数项的规则化过程变慢，从而提高了算法的复杂度，如图 4.8 中大小仅为 166 像素×166 像素的溢油红外图像 CPU 的响应时间就需要 264s，这并不能够满足遥感图像的实时处理需求，因此，研究人员需要提出更简单、更快速、更稳定、更准确的数字最小化方法。

4.4.4　Chan-Vese 模型、RSF 模型和 GMAC 模型这三种基于区域的主动轮廓模型的性能分析

前面的内容详细介绍了 Chan-Vese 模型、Li 等的 RSF 模型以及 Chan 的 GMAC 模型这三种重要的基于区域的主动轮廓模型的原理及其特点，并讨论了这三种模型在溢油遥感图像中的应用，通过实验证明了这三种区域主动轮廓模型在处理遥感图像时的优点和局限，总结如表 4.1 所示。

表 4.1　三种主动轮廓模型的性能

性能	Chan-Vese 模型	RSF 模型	GMAC 模型
是否能处理边界模糊、边界断裂甚至无边界的情况	是	是	是
是否能自适应的改变拓扑结构	是	是	是
是否能抑制噪声	是	是	是
是否能解决灰度不均匀的问题	否	是	否
检测结果是否受初始轮廓的影响	是	是	否
是否存在局部极小解	是	是	否
是否需要重新初始化水平集函数	是	否	否
时间复杂度	高	高	较高
实时性	差	差	较差

4.5　基于变分对偶规则和区域可扩展拟合的全局最小化主动轮廓边缘检测模型

基于变分和偏微分方程方法的主动轮廓模型是边缘检测中较成功的变分模型之一，其成功建立在数学理论和有效的水平集数字化方法的基础之上，尤其是基于区域的主动轮廓模型，如 Chan-Vese 模型、Li 等的 RSF 模型以及 Chan 的 GMAC 模型这三种边缘检测模型，每种模型都有自己的优势和局限性，而局限性通常使其很难应用到实际问题中。在溢油遥感图像的边缘检测中，噪声、低对比度、模糊边界以及灰度不均匀性通常使现存算法难以获得令人满意的边缘检测结果，且溢油图像的实时处理也为算法提出了另一个难题，因此针对溢油图像的特点以及现存算法所存在的问题有必要提出一个高效、精确、控制参数少且实时的边缘检测算法。

本节充分利用 RSF 模型以及 GMAC 模型的优势，提出了一种新的基于区域可扩展的全局主动轮廓边缘检测模型（RSF-GAC）。该模型在全局最小化框架下引入了图像的边缘信息和局部区域信息，既能够避免能量函数的演化陷入局部极小值，又能够抑制图像中存在的噪声、灰度不均匀性和低对比度等问题。在曲线演化和数字最小化的过程中，引入了基于加权全变分的对偶规则，与传统的基于水平集和梯度下降的曲线演化算法相比，基于加权全变分的对偶规则的最小化算法不需要定义初始轮廓，算法实现更简单，曲线收敛更快、更准确。

4.5.1 全局主动轮廓框架下的区域可扩展边缘检测模型 RSF-GAC 的定义

对于给定的灰度图像$I\colon \Omega \to \Re$，$\Omega \subseteq \Re^2$表示图像的定义域，曲线C是Ω中的一个闭合轮廓，并将Ω分割为目标区域$\Omega_1 = \text{inside}(C)$和背景区域$\Omega_2 = \text{outside}(C)$。对于给定的$\Omega$空间中的一点$x$，本书将 Li 等（2008）的区域可扩展拟合能量项引入 Chan（2004）的全局最小化主动轮廓框架中，充分利用两者的优势，提出了一种新的 RSF-GAC 边缘检测模型，如凸集函数所定义，即

$$
\begin{aligned}
E^{\text{RSF-GAC}}(u, f_1, f_2) &= \int_\Omega g(x)\left|\nabla u\right| \mathrm{d}x \\
&\quad + \int_\Omega \lambda \sum_{i=1}^{2} (-1)^i \int_{\Omega_i} k_\sigma(x-y)\left|I(y) - f_i(x)\right|^2 u(y)\mathrm{d}y\mathrm{d}x \\
&= \int_\Omega \lambda \varepsilon_{\mathrm{x}}^{\text{RSF}}(x, f_1, f_2) u\mathrm{d}x
\end{aligned}
\tag{4.24}
$$

式中，变量u为 RSF-GAC 边缘检测模型在能量函数$E^{\text{RSF-GAC}}(u, f_1, f_2)$达到最小化时的最优解；等号右侧第一项为加权全变分能量项，主要用来保持轮廓的光滑性和连续性以及约束轮廓的形状等，其中，$g(x)$为基于边缘检测函数的加权系数，能够更好的保持边界的几何特征，$g(x) = \dfrac{1}{1+\left|\nabla I(x)\right|^2}$（$0 < g(x) \leqslant 1$），从而使提出的 RSF-GAC 模型能够充分利用边界信息；等号右侧第二项为基于区域可扩展（RSF）的图像数据拟合项，主要用来驱使轮廓移向图像内对象的边界或图像内所期望的特征处，f_1和f_2分别是目标区域Ω_1和背景区域Ω_2中对应点灰度值的拟合值，$I(y)$是以点x为中心的局部区域内点的灰度值，局部区域的大小由高斯核函数$K_\sigma(u) = \dfrac{1}{\sqrt{2\pi}\sigma}\mathrm{e}^{-\frac{|u|^2}{2\sigma^2}}$（尺度参数$\sigma > 0$）来确定，尺度参数$\sigma$的变化控制着局部区域的大小，从而使局部灰度拟合能量$\varepsilon_{\mathrm{x}}^{\text{RSF}}$具有区域可扩展性，$\varepsilon_{\mathrm{x}}^{\text{RSF}}$能量项的引入使提出的 RSF-GAC 模型可以充分利用局部区域的灰度信息，从而更好地解决图像中存在的低对比度、模糊边界以及灰度不均匀的问题，$\lambda > 0$，为数据拟合项的权重系数，两者作用的最终结果是将轮廓锁定在感兴趣的图像特征的附近，准确地提取需要的边界信息。

4.5.2 能量模型求全局极小解问题的转化

由优化理论知识可知，$E^{\text{RSF-GAC}}$为u的一次齐次函数，所以要想得到$E^{\text{RSF-GAC}}$函数的稳态解u，必须使$0 \leqslant u \leqslant 1$，则$E^{\text{RSF-GAC}}$凸集函数的最小化问题可转化成下面的基于约束的最小化问题，即

$$\min_{0\leqslant u\leqslant 1}\left\{E^{\text{RSF-GAC}}(u,f_1,f_2)=\int_\Omega g(x)\left|\nabla u\right|\mathrm{d}x+\int_\Omega \lambda\varepsilon_{\mathrm{x}}^{\text{RSF}}(x,f_1,f_2)u\mathrm{d}x\right\} \quad (4.25)$$

根据 Chan（2004）的全局最优化理论，对于 $f_1,f_2\in\mathfrak{R}$，RSF-GAC 模型的全局最优解 $u(x)$ 可以通过下面三个步骤来实现。

（1）首先，寻找凸函数 $E^{\text{RSF-GAC}}(u,f_1,f_2)$ 的任意一个极小解，记为 $u(x)$；

（2）取一个 $\mu\in(0,1)$ 的值，构造集合 $\sum=\{x\in\mathfrak{R}^2 : u(x)\geqslant\mu\}$；

（3）令 $u(x)$ 为 $\sum=\{x\in\mathfrak{R}^2 : u(x)\geqslant\mu\}$ 的特征函数，即 $u(x)=1_{\sum(x)}$ 则为 RSF-GAC 模型的全局极小解。

通过变分计算，当变量 u 固定时，求使能量函数 $E^{\text{RSF-GAC}}(u,f_1,f_2)$ 达到极小值时的拟合函数 f_1 和 f_2 需要满足下面的欧拉-拉格朗日方程，即

$$\int K_\sigma(x-y)\left[I(y)-f_i(x)\right]H_i\mathrm{d}y=0 \quad (i=1,2) \quad (4.26)$$

式中，$H_1=u(y),H_2=1-u(y)$。由式（4.26）可解得

$$\left.\begin{aligned} f_1(x)&=\frac{K_\sigma(x)*[u(x)I(x)]}{K_\sigma(x)*u(x)} \\ f_2(x)&=\frac{K_\sigma(x)*\{[1-u(x)]I(x)\}}{K_\sigma(x)*[1-u(x)]} \end{aligned}\right\} \quad (4.27)$$

4.5.3 基于加权全变分对偶规则的快速能量最小化

在能量函数数字最小化的过程中，Li 等（2008）和 Chan（2004）在文献中都使用了常用的基于欧拉-拉格朗日和梯度下降法的方法。然而，基于此方法的数字化求解过程会导致加权全变分范数项的规则化过程变慢，从而提高了算法的计算复杂度和时间复杂度。基于此，本书采用了基于加权全变分的对偶规则的数字最小化算法，使提出的 RSF-GAC 模型不再受初始轮廓的影响，算法实现更简单，曲线收敛更快速和稳定，边缘检测结果更准确。

根据文献 Aujol 等（2006）、Aujol 和 Chambolle（2005）、Chambolle（2004）、Carter（2001）、Chan 等（1999），对于变分问题式（4.25），本书提出下面的基于对偶规则的最小化能量变分问题，即

$$\min_{0\leqslant u,v\leqslant 1}\left\{E_1^{\text{RSF-GAC}}(u,v,f_1,f_2)=\int_\Omega g(x)\left|\nabla u\right|\mathrm{d}x+\frac{1}{2}\left\|u-v\right\|_{L^2}^2+\int_\Omega \lambda\varepsilon_{\mathrm{x}}^{\text{RSF}}(x,f_1,f_2)v\mathrm{d}x\right\} \quad (4.28)$$

RSF-GAC 边缘检测模型的最小化问题可以转化成分别对变量 u 和变量 v 的迭代求解过程，即

（1）固定 v，寻找下面变分问题的最小解 u，即

$$\min_{0\leqslant u\leqslant 1}\left\{\int_\Omega g(x)\left|\nabla u\right|\mathrm{d}x+\frac{1}{2}\left\|u-v\right\|_{L^2}^2\right\} \quad (4.29)$$

根据文献 Chan 等（1999）、Chambolle（2004），最小化问题式（4.29）可以用对偶变量 $p=(p_1,p_2)$ 重新表示为

$$\min_{0\leqslant u\leqslant 1}\max_{|p|\leqslant g}\int_{\Omega} u\,\mathrm{div}\,p+\frac{1}{2}(u-v)^2\,\mathrm{d}x \tag{4.30}$$

交换 min 和 max 可得式（4.30）的等价式，即

$$\max_{|p|\leqslant g}\min_{0\leqslant u\leqslant 1}\int_{\Omega} u\,\mathrm{div}\,p+\frac{1}{2}(u-v)^2\,\mathrm{d}x \tag{4.31}$$

由于式（4.31）中的内层 min 是关于 u 变量来求的，可以推导出

$$\mathrm{div}\,p+\frac{1}{2}(u-v)=0 \tag{4.32}$$

即

$$u=v-\mathrm{div}\,p \tag{4.33}$$

将式（4.33）中最小解 u 代入式（4.31）中可得

$$\max_{|p|\leqslant g}\int_{\Omega} v\,\mathrm{div}\,p-\frac{1}{2}\mathrm{div}\,p^2\mathrm{d}x \tag{4.34}$$

则式（4.34）中关于向量场 p 的能量变分可表示为

$$\int_{\Omega}(-\nabla v+\nabla\mathrm{div}\,p)\cdot\delta p\mathrm{d}x \tag{4.35}$$

根据约束条件 $|p|^2-g^2\leqslant 0$，引入拉格朗日乘子 λ 可以得到下面的优化条件表达式，即

$$-\nabla(\mathrm{div}\,p-v)+\lambda(x)p=0 \tag{4.36}$$

Chambolle（2004）在文献中已经证明：当 $|p|^2-g^2<0$ 时，$\lambda(x)=0$；当 $|p|^2-g^2=0$ 时，有

$$|\nabla(\mathrm{div}\,p-v)|^2-\lambda^2 g(x)^2-0 \tag{4.37}$$

即

$$\lambda=\frac{|\nabla(\mathrm{div}\,p-v)|}{g(x)} \tag{4.38}$$

将式（4.38）代入式（4.36）中，并使用由 Chambolle 在文献中提出的半隐式梯度下降算法可以解得

$$p_{n+1}=\frac{p_n+\tau\left[\nabla(\mathrm{div}\,p_n-v_n)\right]}{1+\dfrac{\tau}{g(x)}\left|\nabla(\mathrm{div}\,p_n-v_n)\right|} \tag{4.39}$$

（2）固定 u，寻找下面变分问题的最小解 v，有

$$\min_{0\leqslant v\leqslant 1}\left\{\frac{1}{2}\|u-v\|_{L^2}^2+\int_{\Omega}\lambda\varepsilon_{\mathrm{x}}^{\mathrm{RSF}}(x,f_1,f_2)v\mathrm{d}x\right\} \tag{4.40}$$

当式（4.40）达到最小解时，则 v 需满足下面等式，即

$$\lambda\varepsilon_{\mathrm{x}}^{\mathrm{RSF}}(v,f_1,f_2)+(v-u)=0 \tag{4.41}$$

即

$$v=u-\lambda\varepsilon_{\mathrm{x}}^{\mathrm{RSF}}(x,f_1,f_2) \tag{4.42}$$

根据式（4.33）和式（4.42），对 RSF-GAC 模型的基于对偶规则的数字最小化迭代算法作如下描述。

首先定义待处理的灰度图像 I 的大小为 $M\times N$ ，$I(x,y)$ 为 $\varOmega$ 空间内点 (x,y) 的灰度值，δt 为时间步长，ε 为迭代终止阈值，离散的 div p 可参考文献等 Aujol（2006）中定义，即

$$(\operatorname{div}\boldsymbol{p})_{i,j}=\begin{cases}p_{i,j}-p_{i-1,j} & (1<i<M)\\ p_{i,j} & (i=1)\\ -p_{i-1,j} & (i=M)\end{cases}+\begin{cases}p_{i,j}-p_{i,j-1} & (1<j<N)\\ p_{i,j} & (j=1)\\ -p_{i,j-1} & (j=N)\end{cases} \tag{4.43}$$

则最小化数字迭代过程可简单描述为以下步骤。

第一步，初始化，即

$$u_0=v_0=\frac{I(x,y)}{\max I(x,y)} \tag{4.44}$$

$$p_0=\frac{-\tau g(x)\nabla v_0}{g(x)+\tau\left|\nabla v_0\right|} \tag{4.45}$$

第二步，迭代，即

$$\left.\begin{aligned}&u_n=\mathrm{NeumannBoundCondition}(u_n)\\&u_{n+1}=v_n-\operatorname{div}p_n\\&v_{n+1}=u_{n+1}-\lambda\varepsilon_{\mathrm{x}}^{\mathrm{RSF}}(x,f_1,f_2)\\&p_{n+1}=\frac{g(x)\left\{p_n+\tau\left[\nabla(\operatorname{div}p_n-v_n)\right]\right\}}{g(x)+\tau\left|\nabla(\operatorname{div}p_n-v_n)\right|}\end{aligned}\right\} \tag{4.46}$$

迭代终止条件：$\left|u_{n+1}-u_n\right|\leqslant\varepsilon$ 。

4.5.4 MATLAB 仿真实验结果与分析

1. 实验环境和数据集

本小节使用 MATLAB7.0 对提出的 RSF-GAC 边缘检测模型进行了仿真实验。实验所用计算机的配置为 Pentium 4 处理器（3.2GHz），1G 内存以及 Windows XP 系统。实验过程中测试不同算法所用的测试数据和测试环境都是相同的。

为了验证提出的 RSF-GAC 边缘检测模型的性能，本小节采用 60 幅海上溢油遥感图像作为测试图像，图像的大小为 59 像素×150 像素到 432 像素×871 像素。其中包括 1998 年 12 月胜利油田在海上的一个平台（CB6A）倒覆后发生的大规模

海上溢油红外扫描图像、2009 年 9 月巴拿马籍集装箱船“圣狄”号在中国珠海高栏岗搁浅的红外溢油图像、2010 年 5 月发生在墨西哥湾的海上溢油 SAR 图像以及 2010 年 7 月中国大连新港输油管道爆炸后海上溢油 SAR 图像。这些溢油遥感图像都有着单一的背景（海水），溢油区域与海水区域的对比度较低，且受到大量条纹噪声或斑点噪声的污染，通常含有不同程度的灰度不均匀问题。

2. 实验参数设置

本小节的所有实验均采用以下相同的参数：时间步长 $\Delta t = 0.1$；迭代终止阈值 $\varepsilon = 0.01$；通常情况下 $\lambda = 0.0001$，但当图像中含有较弱边界时，如图 4.10 所示，$\lambda = 0.001$。在提出的 RSF-GAC 边缘检测模型中，尺度参数 σ 的选择对于最终边缘检测结果的好坏起着决定性的作用。小尺度可以使目标边界的定位更加精确且能更好地处理图像中存在的灰度不均匀问题，但是对噪声很敏感。然而，溢油遥感图像中通常含有大量的条纹噪声或斑点噪声，所以需要选择较大的尺度参数，才能更好地协调噪声和灰度不一致之间的矛盾。大量的溢油遥感图像的实验表明，尺度参数 σ 通常选择图像大小的 1/16。

综上所述，RSF-GAC 边缘检测模型在实验中只有两个参数需要根据具体情况进行调整，即 λ 和 σ，且通过对溢油遥感图像的实验已经给出了选择的经验值。

3. 低对比度和模糊边界的红外溢油遥感图像的实验

如图 4.10 所示，取图像大小为 213 像素×117 像素左右的红外溢油遥感图像作为测试图像来验证 RSF-GAC 边缘检测模型的性能。从图 4.10 中可以看出，所有红外溢油原始图像均含有模糊的边界，且溢油区域与海水区域的对比度较低，但是从相应的边缘检测结果可以看到，对于这些特殊的溢油遥感图像，使用 RSF-GAC 边缘检测模型仍然能够获得让人满意的边缘检测结果。该实验说明 RSF-GAC 边缘检测模型具有处理弱边界和模糊边界的能力。

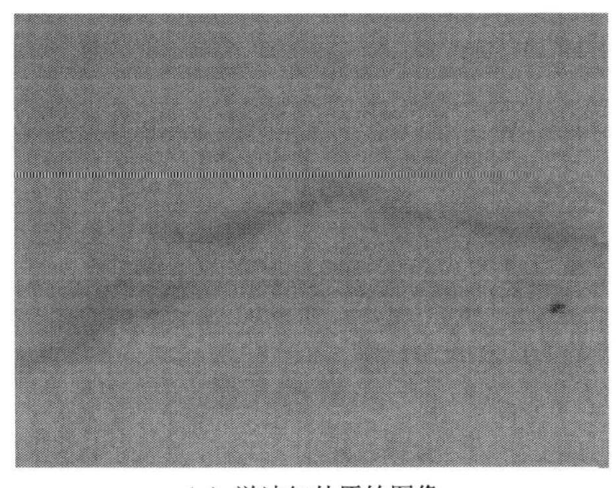

（a）溢油红外原始图像

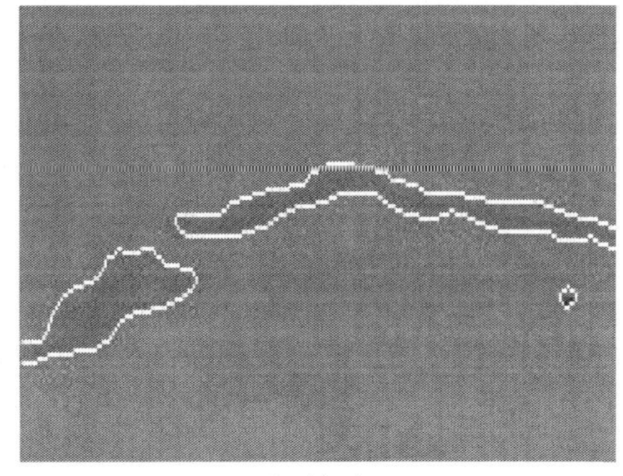

（b）运行时间为 26.5s

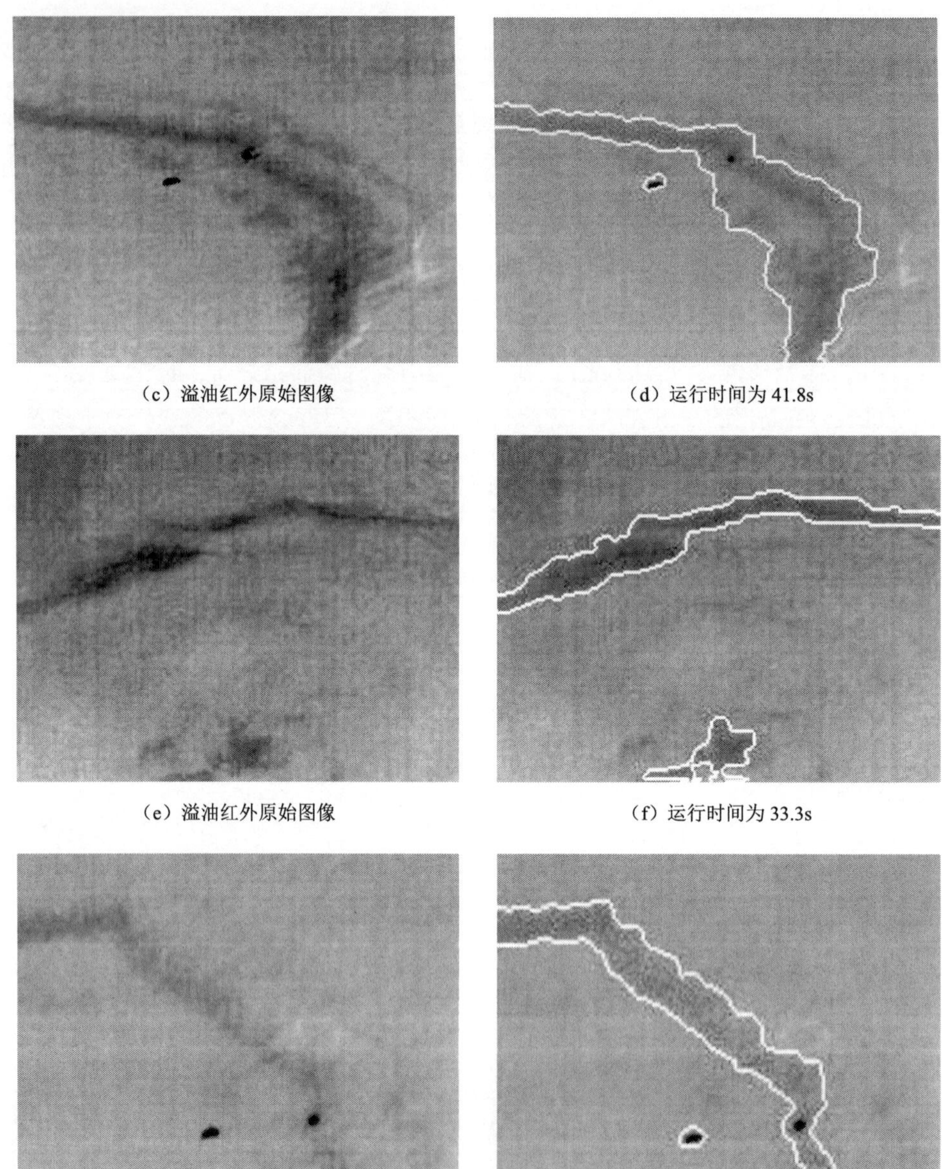

（c）溢油红外原始图像

（d）运行时间为 41.8s

（e）溢油红外原始图像

（f）运行时间为 33.3s

（g）溢油红外原始图像

（h）运行时间为 26.4s

图 4.10 RSF-GAC 模型在溢油红外遥感图像中的边缘检测结果

4. 受噪声污染且灰度不均匀的红外溢油遥感图像的实验

四幅红外溢油遥感图像使用 RSF-GAC 模型的边缘检测结果如图 4.11 所示。其中，图 4.11（a）和图 4.11（c）的大小分别为 165 像素×165 像素和 256 像素×

256 像素，在这两幅红外溢油图像中，都受到一定的条纹噪声的污染，但是使用 RSF-GAC 算法仍然获得了光滑、连续、准确的边缘检测结果。图 4.11（e）和图 4.11（g）的大小分别为 256 像素×256 像素和 158 像素×359 像素，在这两幅红外溢油图像中，不仅受到严重的噪声污染，而且还存在弱灰度不均匀问题，但是从相应的边缘检测结果来看，RSF-GAC 边缘检测模型仍然成功提取出了溢油区域的边界信息。

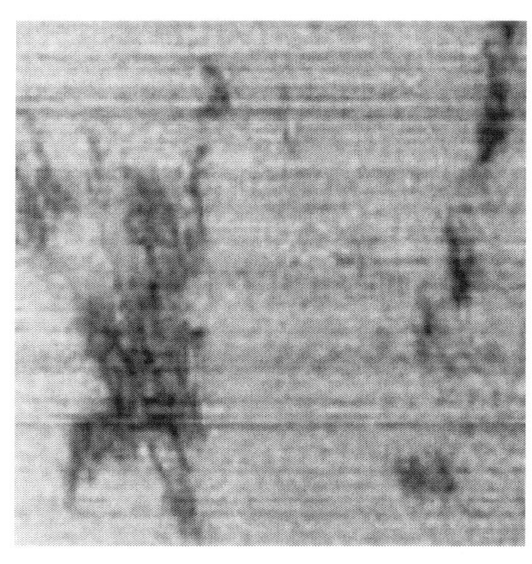

（a）溢油红外原始图像

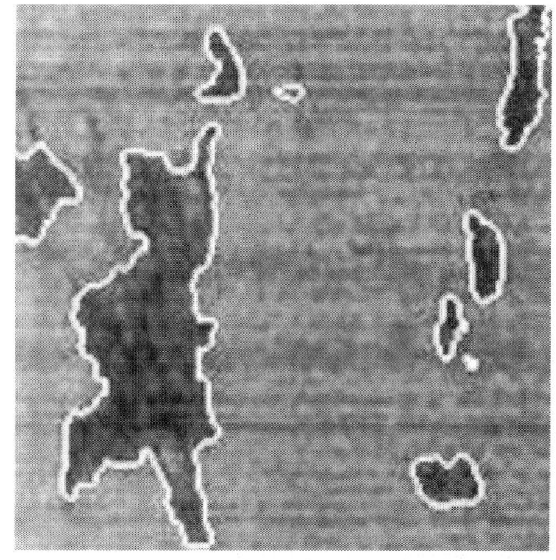

（b）运行时间为 19s

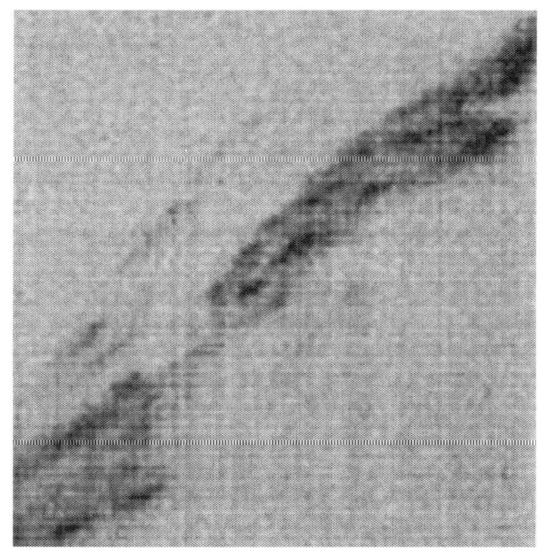

（c）溢油红外原始图像

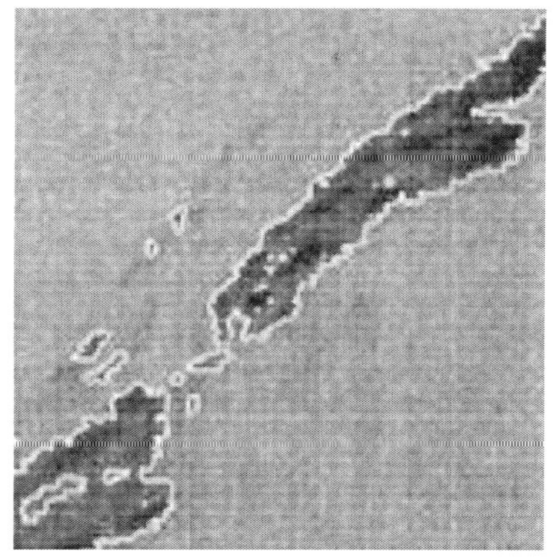

（d）运行时间为 68s

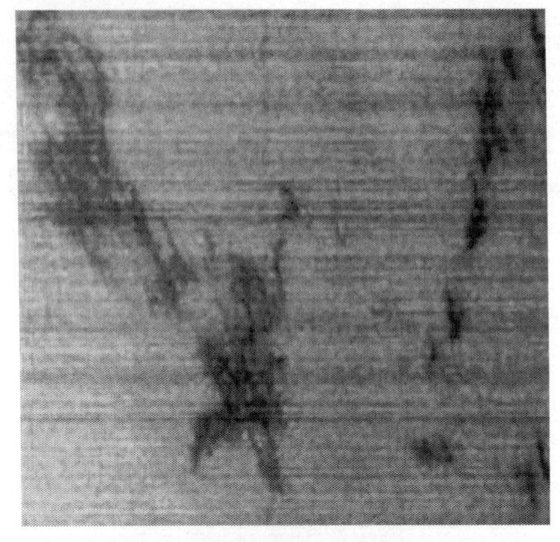

（e）溢油红外原始图像

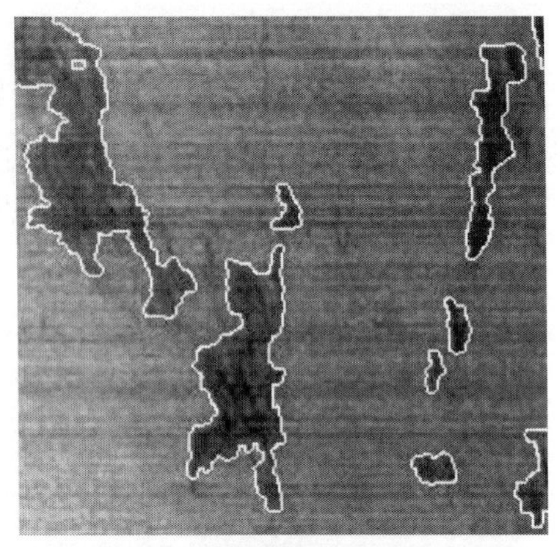

（f）运行时间为43.4s

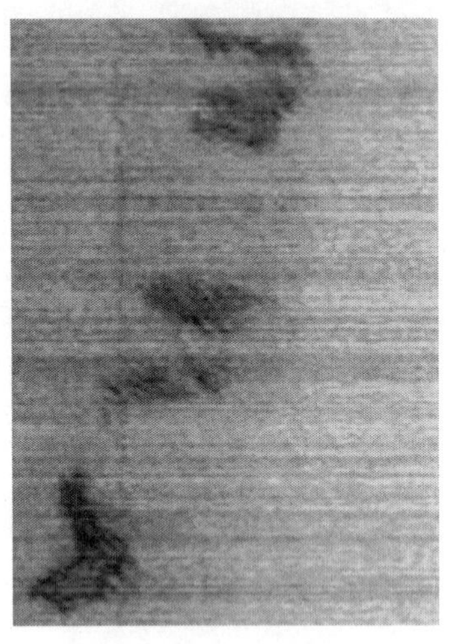

（g）溢油红外原始图

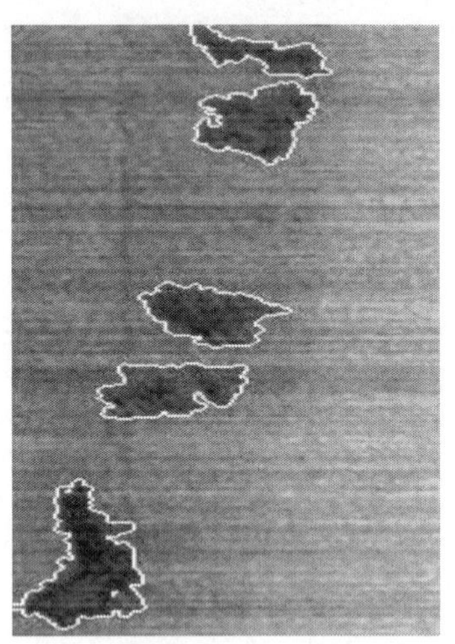

（h）运行时间为47.4s

图4.11 RSF-GAC模型在溢油红外遥感图像中的边缘检测结果

5. SAR溢油遥感图像的实验

如图4.12和图4.13所示，取图像大小为354像素×195像素到432像素×871像素的SAR溢油遥感图像作为测试图像来验证RSF-GAC边缘检测模型的性能。从图4.12中可以看到，SAR溢油原始图像受到斑点噪声的污染，且溢油区域和海水区域的对比度较低，边界很模糊，但是使用RSF-GAC边缘检测模型成功的提取出了溢油区域的边界信息。从图4.13中可以看到，SAR溢油原始图像存在弱灰度不均匀问题，但是RSF-GAC边缘检测模型能够很好地抑制弱灰度不均匀问题，使轮廓越过弱灰度不均匀区域，最终演化停止在溢油的真正边界处。

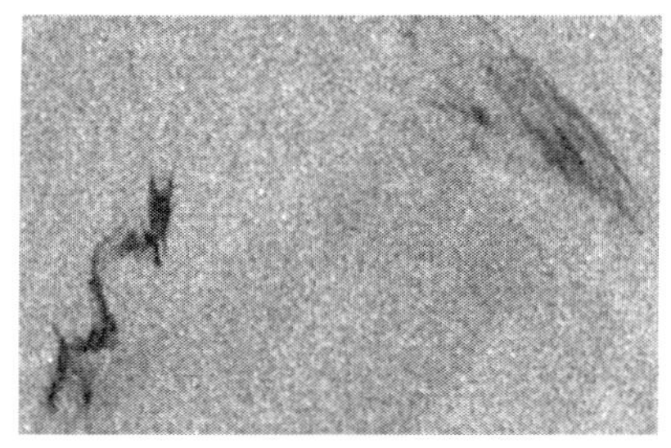
（a）溢油 SAR 原始图像

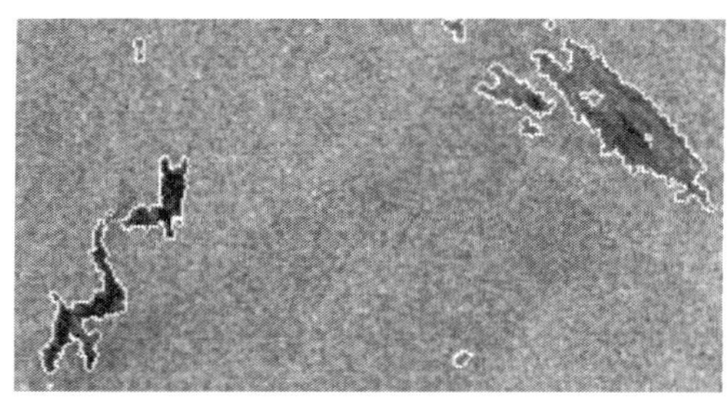
（b）运行时间为 108.4s

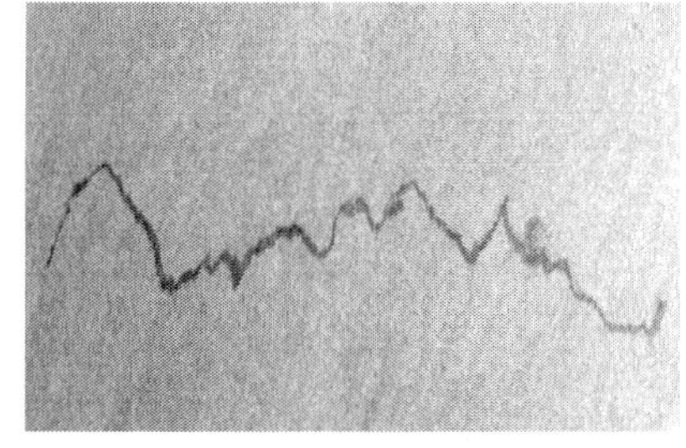
（c）溢油 SAR 原始图像

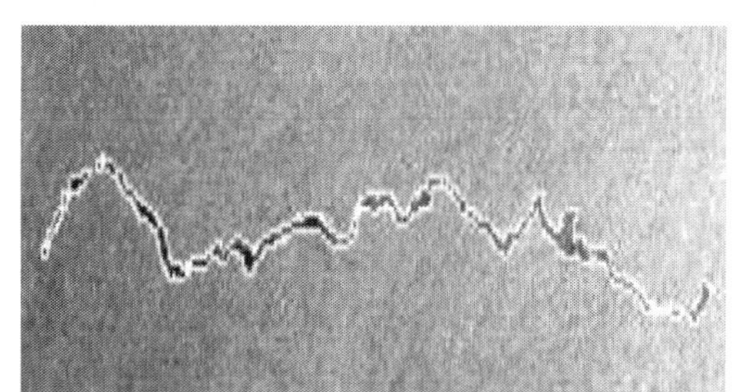
（d）运行时间为 118.6s

图 4.12 RSF-GAC 模型在 SAR 溢油遥感图像中的边缘检测结果

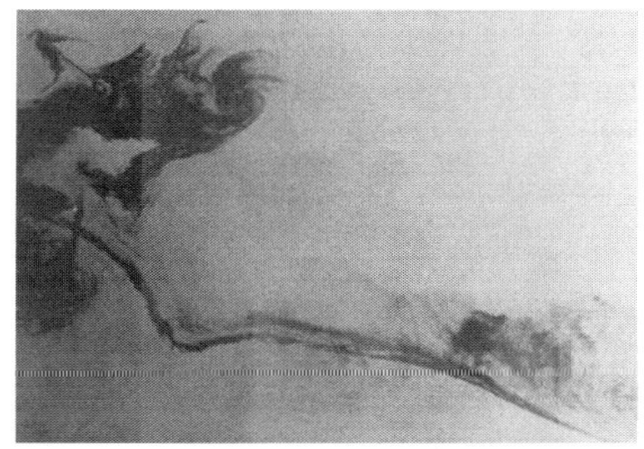
（a）溢油 SAR 原始图像

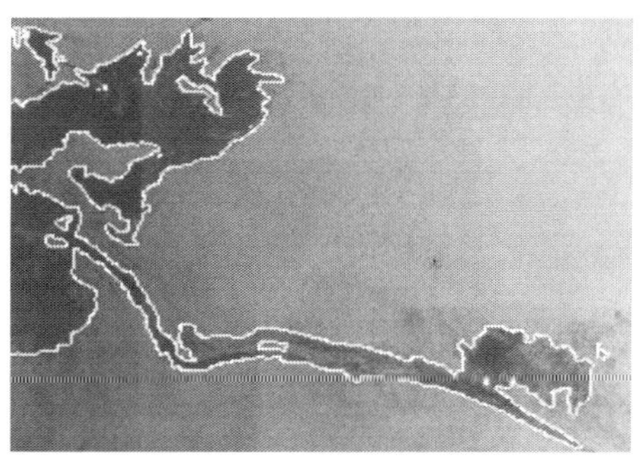
（b）运行时间为 97.7s

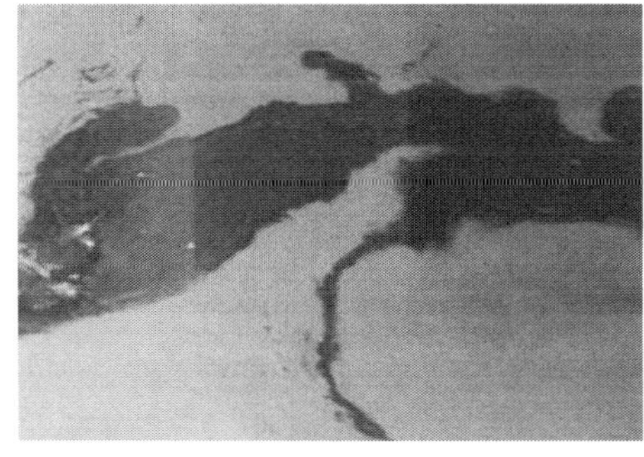
（c）溢油 SAR 原始图像

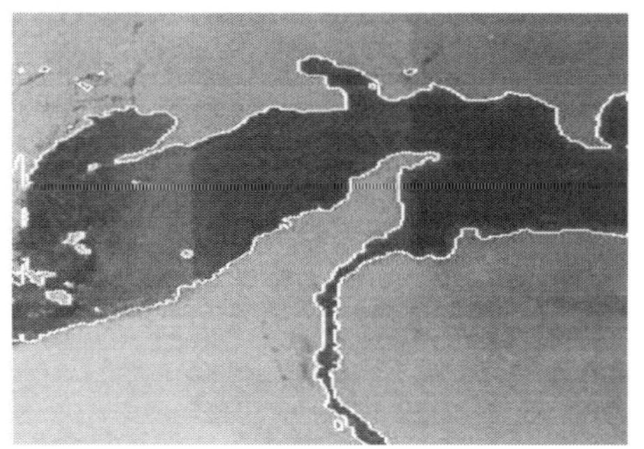
（d）运行时间为 76.8s

图 4.13 RSF-GAC 模型在 SAR 溢油遥感图像中的边缘检测结果

6. 与 Li 等的 RSF 模型和 Chan 的 GMAC 模型的比较

将 RSF-GAC 边缘检测模型与 Li 等的 RSF 模型和 Chan 的 GMAC 模型进行比较，比较结果和各自的曲线收敛所需时间如图 4.14 所示。其中，图 4.14（a）、图 4.14（e）和图 4.14（i）为原始溢油遥感图像和使用 RSF 模型时的初始轮廓，图像大小分别为 233 像素×111 像素、256 像素×256 像素和 373 像素×255 像素；图 4.14（b）、图 4.14（f）和图 4.14（j）为 RSF-GAC 模型的边缘检测结果；图 4.14（c）、图 4.14（g）和图 4.14（k）为 Li 等的 RSF 模型的边缘检测结果；图 4.14（d）、图 4.14（h）和图 4.14（l）为 Chan 的 GMAC 模型的边缘检测结果。从图 4.14 中可以看到：图 4.14（a）中溢油遥感图像的边界很模糊，溢油区域和海水区域的对比度非常低；图 4.14（e）中溢油遥感图像受条纹噪声污染比较严重，并且在图像的右半区域内存在一定的弱灰度不均匀问题；图 4.14（i）中溢油遥感图像由于成像设备和溢油密度的影响也存在着一定的弱灰度不均匀问题。从边缘检测的结果来看，三种方法都可以较好地处理对比度较低、边缘较模糊的溢油图像，如图 4.14（b）～图 4.14（d）所示。Li 等的 RSF 模型和 RSF-GAC 边缘检测模型都可以很好地抑制溢油图像中强噪声和弱灰度不均匀问题，但是 Li 等的 RSF 模型在曲线演化过程中容易陷入局部极小值，从而使边缘定位不准确，如图 4.14（g）所示。图 4.14（h）和图 4.14（l）表明 Chan 的 GMAC 模型虽然能够较好地抑制溢油图像中的强噪声，但是，其数据拟合项中仅考虑了全局的灰度信息，所以无法解决灰度不均匀的问题。而且，从算法的执行效率上来看，RSF-GAC 边缘检测模型的曲线收敛速度最快，所用时间最短，其次为 Chan 的 GMAC 模型，最后为 Li 等的 RSF 模型。综上所述，RSF-GAC 边缘检测模型无论从边缘检测精度还是算法的运行效率上都明显优于其他两种主动轮廓模型，因此具有更好的应用前景。

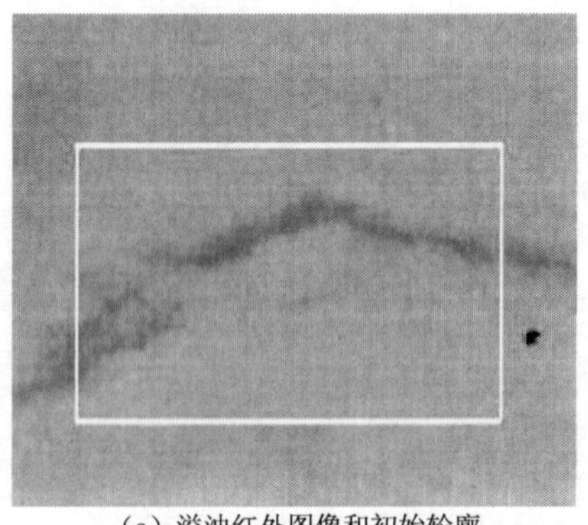

（a）溢油红外图像和初始轮廓

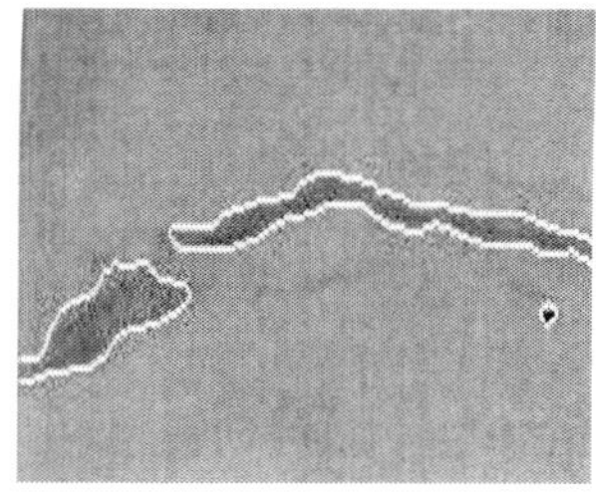
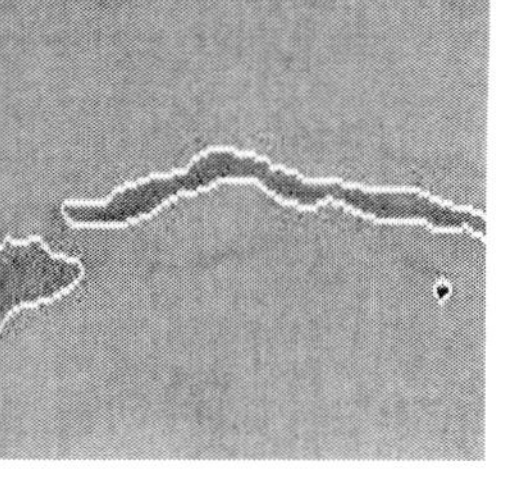

（b）运行时间为 26.5s

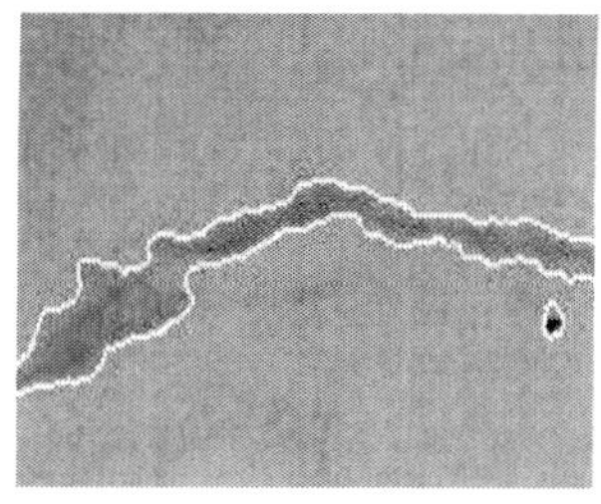

（c）运行时间为 773.9s

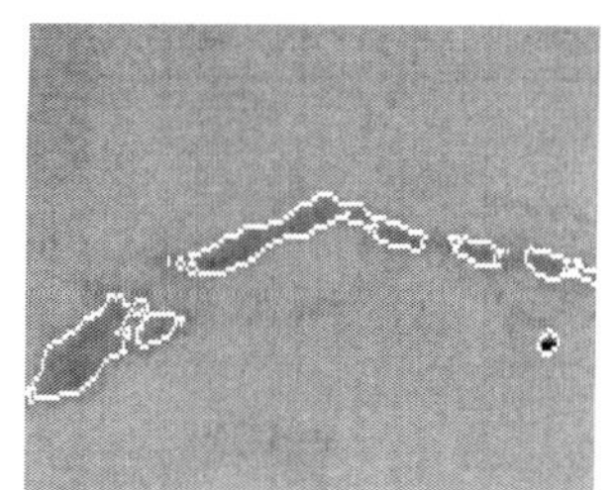

（d）运行时间为 272.2s

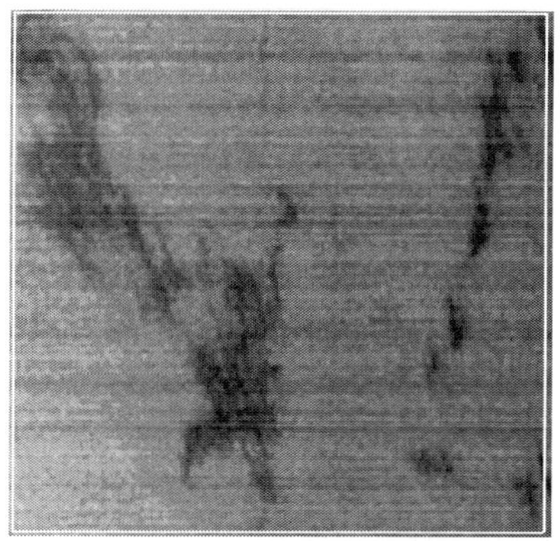

（e）溢油红外图像和初始轮廓

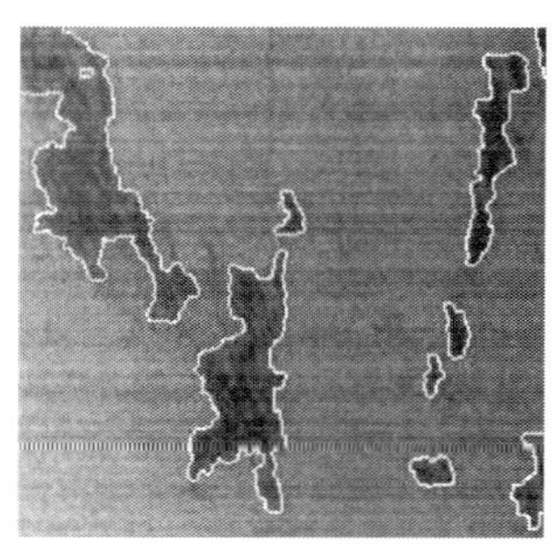

（f）运行时间为 19s

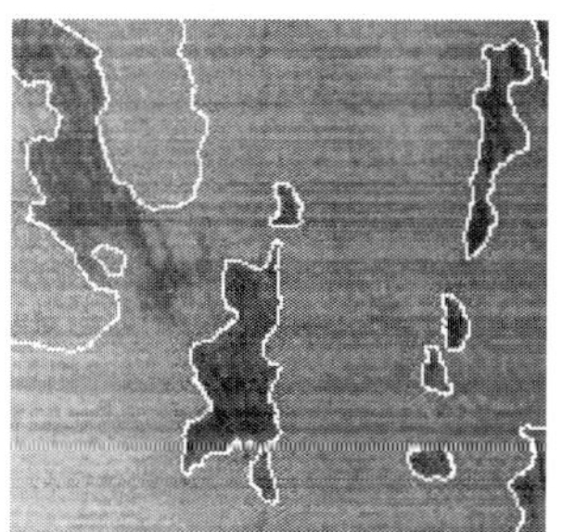

（g）运行时间为 480.6s

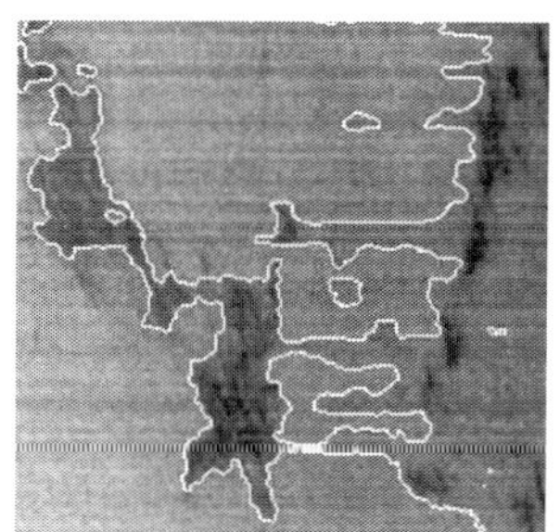

（h）运行时间为 218.5s

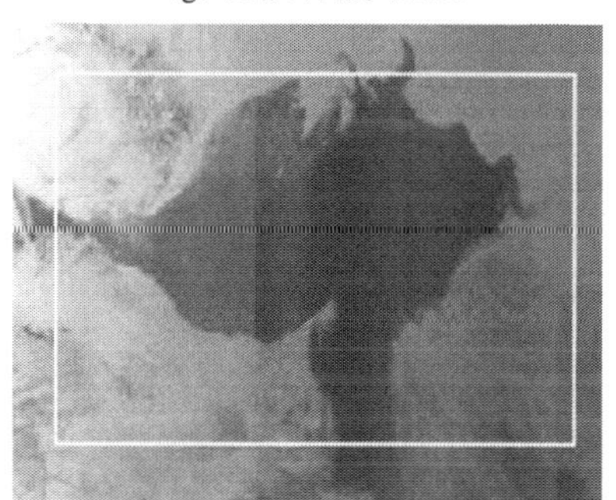

（i）溢油 SAR 图像和初始轮廓

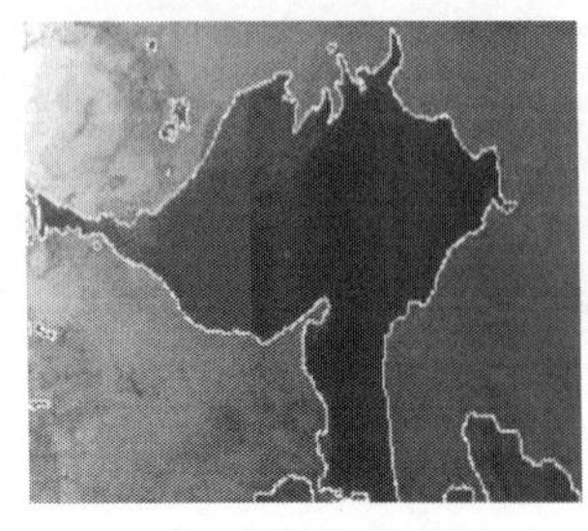
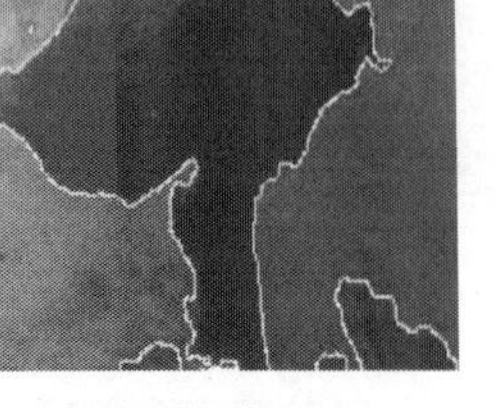
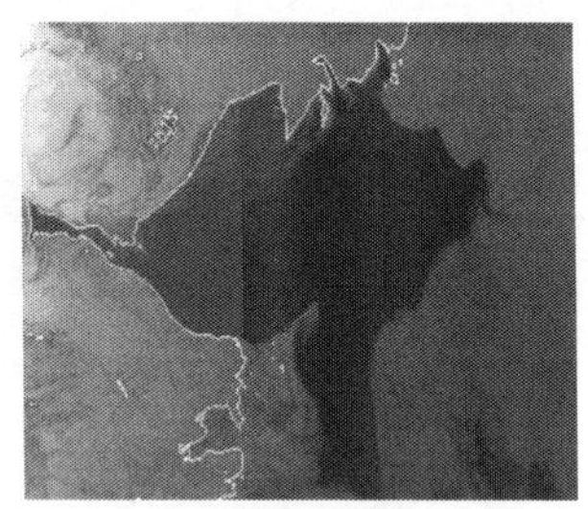

（j）运行时间为 91.4s　　（k）运行时间为 1228.5s　　（l）运行时间为 766.3s

图 4.14　RSF-GAC 模型与 RSF 模型和 GMAC 模型的边缘检测结果的比较

7. 与 FCM 算法、HT 算法以及 SMS 算法的比较

为了进一步验证 RSF-GAC 模型的有效性，将其与其他三种流行的溢油遥感图像的边缘检测算法进行对比分析。三种算法分别为模糊 C 均值（FCM）算法（Wu et al.，2004）、双阈值（HT）算法（Kanaa et al.，2003）和简化的 Mumford-Shah（SMS）算法（Karantzalos and Argialas，2008）。选用 8 幅具有代表性的溢油遥感图像作为测试图像，比较的结果如图 4.15 所示。同时，为了比较这几种方法检测溢油区域的连续性和准确性，借鉴文献 Karantzalos 和 Argialas（2008）中的方法，并在表 4.2 中列出了这几种方法实际检测溢油区域的个数、误分割的情况以及运行时间，进行质量评估。在溢油图像质量相对较好的情况下，如图 4.15（a）中的前三幅图像，使用 SMS 算法和 RSF-GAC 算法均能够获得光滑、连续的溢油边界，且从表 4.2 中可以看到这两种算法检测的溢油区域个数较少，有利于进一步进行溢油的识别和溢油量的估算，而 FCM 算法和 HT 算法检测到的溢油区域太分散，不够连续，抑制噪声的能力较差。对于溢油区域和海水区域对比度较低、边界模糊的图像，如图 4.15（a）中的后两幅溢油图像，FCM 算法和 SMS 算法则显得无能为力，HT 算法检测到的溢油区域不够光滑和连续。然而，使用 RSF-GAC 边缘检测模型能够得到理想的溢油区域的边界信息。对于强噪声污染和弱灰度不均匀性的溢油遥感图像，如图 4.15（f）中的溢油红外图像，FCM 算法、HT 算法以及 SMS 算法都不能够获得理想的溢油区域的边界，而使用 RSF-GAC 边缘检测模型仍然能够得到连续、光滑、闭合且准确的溢油区域的边界，为今后溢油识别工作打下了良好的基础。综上所述，虽然基于 RSF-GAC 模型的边缘检测算法的运行时间高于 FCM 算法、HT 算法，但是 RSF-GAC 边缘检测模型无论是在溢油区域分割的个数还是在分割精度上都明显优于其他几种流行的溢油边缘检测算法。通过实验也进一步证明了 RSF-GAC 边缘检测模型对于溢油遥感图像中的模糊边界、低对比度、强噪声以及弱灰度不均匀问题都有一定的抑制能力。

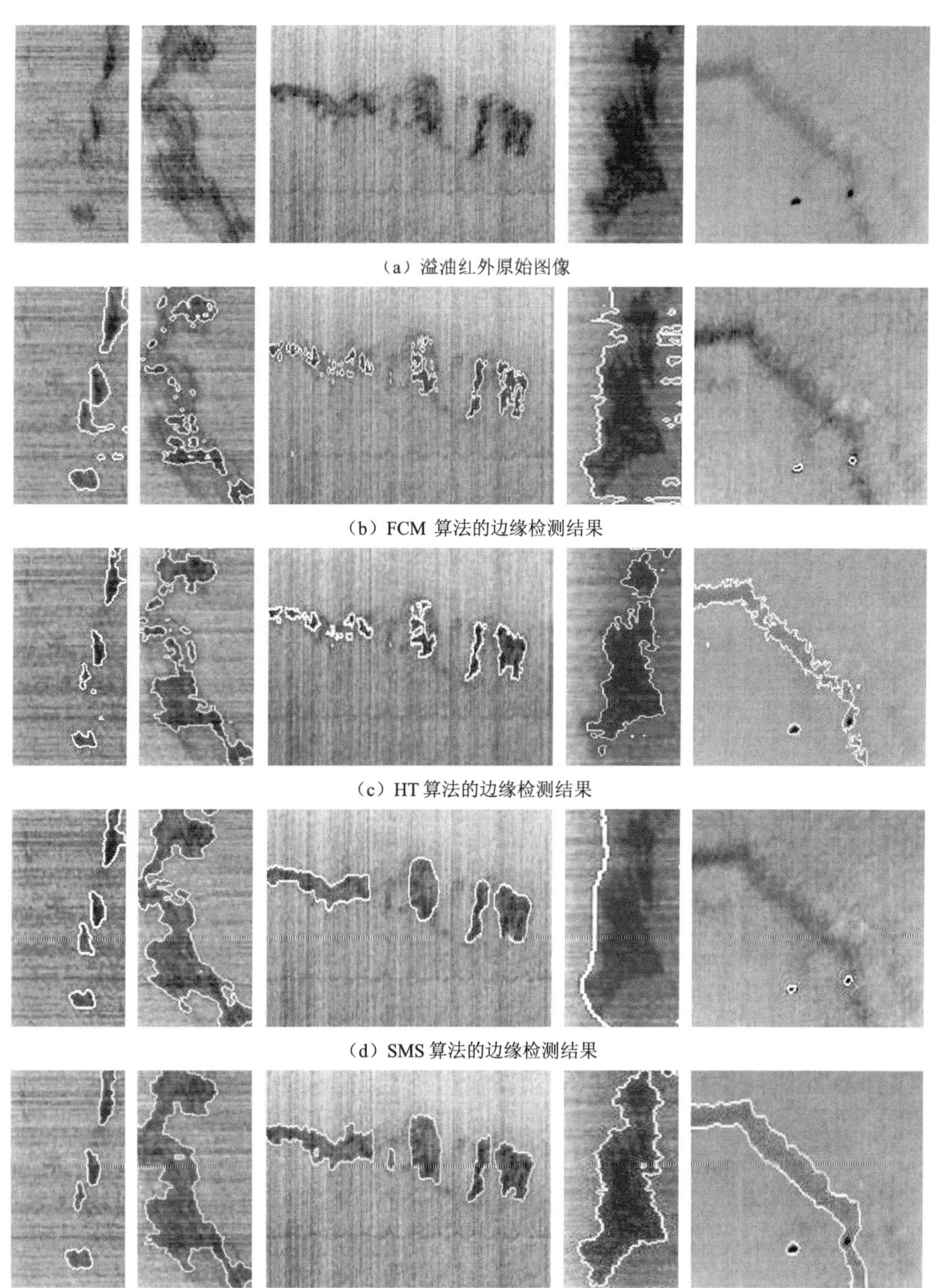

（a）溢油红外原始图像

（b）FCM 算法的边缘检测结果

（c）HT 算法的边缘检测结果

（d）SMS 算法的边缘检测结果

（e）RSF-GAC 算法的边缘检测结果

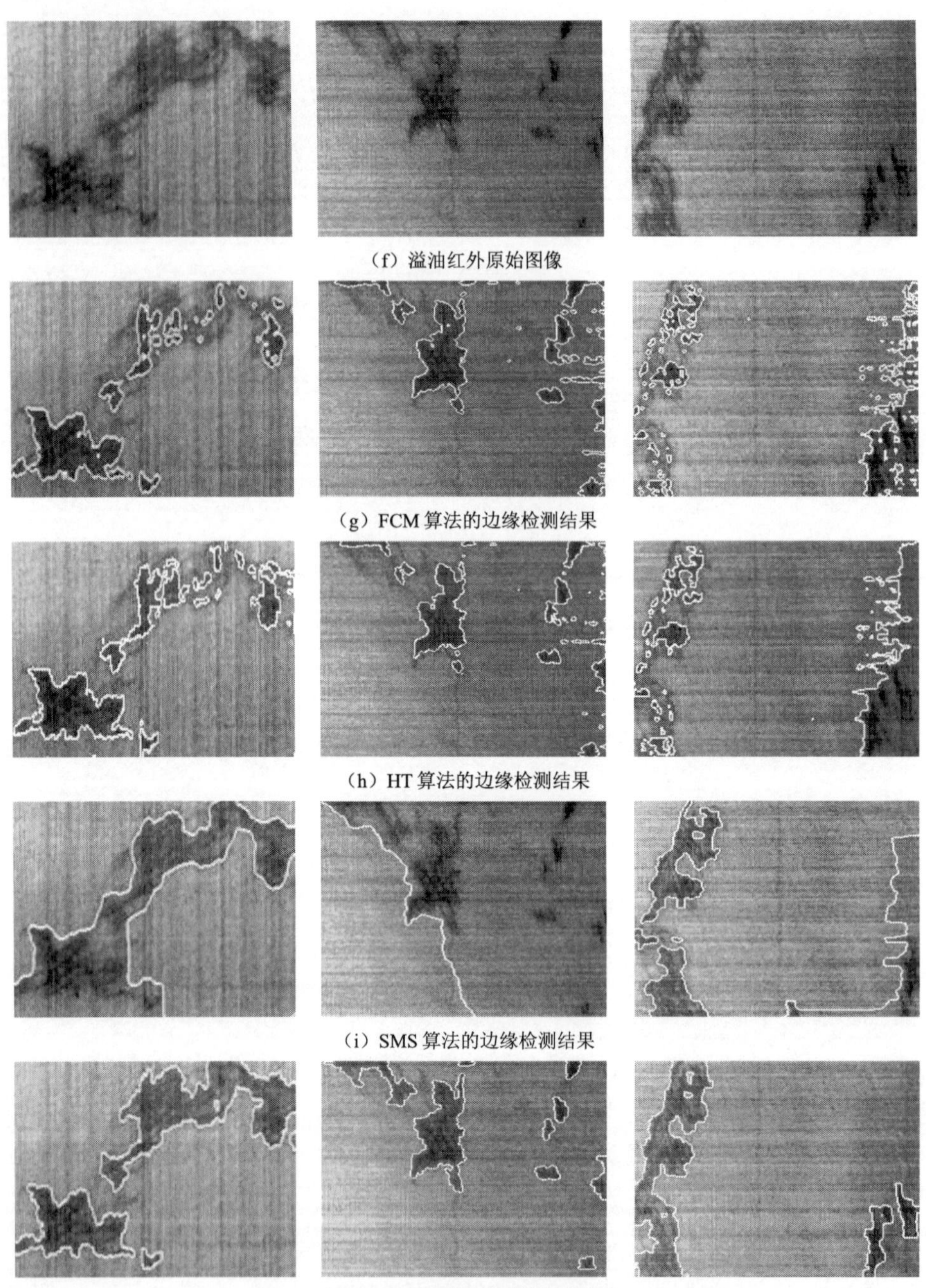

（f）溢油红外原始图像

（g）FCM 算法的边缘检测结果

（h）HT 算法的边缘检测结果

（i）SMS 算法的边缘检测结果

（j）RSF-GAC 算法的边缘检测结果

图 4.15　不同方法提取溢油图像边缘的结果

表 4.2　不同方法分割溢油区域个数以及运行时间的比较

图像大小/像素		FCM 算法		HY 算法		SMS 算法		RSF-GAC 算法	
		分割区域/个	运行时间/s	分割区域/个	运行时间/s	分割区域/个	运行时间/s	分割区域/个	运行时间/s
图 4.15（a）	97×163	7	2.8	6	3.0	4	180.6	4	12.7
图 4.15（a）	90×199	16	2.6	8	2.9	2	445.1	2	29.1
图 4.15（a）	336×158	36	3.2	11	3.1	4	883.8	5	46.5
图 4.15（a）	150×59	F	2.9	9	2.9	F	102.0	2	8.3
图 4.15（a）	172×114	F	3.0	7	2.8	F	396.4	2	26.4
图 4.15（f）	300×146	23	2.8	18	3.2	F	691.7	4	34.8
图 4.15（f）	252×231	28	3.1	36	3.3	F	403.9	9	28.0
图 4.15（f）	271×205	F	2.9	F	3.1	F	740.5	3	42.1

注：F 表示错误的边缘提取。

5 基于灰度不均匀性特征的航空遥感图像封闭边缘检测技术

5.1 引言

由于成像设备、图像传输方式以及自然环境的影响，航空遥感图像中经常会存在不同程度的灰度不均匀性，从而无法真实地反映目标情况。航空遥感图像的许多分析算法如边缘检测、图像分割和图像配准等对于这种灰度的虚假变化通常具有高度的敏感性，这正是近年来灰度不均匀性的纠正算法成为图像处理领域中研究热点的原因所在。本章将详细介绍航空遥感图像的基于灰度不均匀性特征的主动轮廓模型封闭边缘检测技术。

5.2 灰度不匀均性特征纠正的边缘检测算法

现存的灰度不均匀性纠正算法有很多，如滤波算法（Lewis et al.，2004；Tomazevic et al.，2002；Brinkmann et al.，1998；Russ，1995）、曲面拟合算法（Vemuri et al.，2005；Hernandez et al.，2004；Zhuge et al.，2002；Vokurka et al.，2001）、直方图的算法（Learned and Ahammad，2004；Vovk et al.，2004；Likar et al.，2001；Solanas and Thiran，2001）以及融合在配准（Studholme et al.，2004）、图像分割和边缘检测中的纠正算法（Zhang et al.，2010c；Li et al.，2008a，2008b；Vovk et al.，2007；Van Leemput et al.，1999；Wells et al.，1996）。

基于灰度不均匀性纠正的边缘检测算法实际上是一个对灰度不均匀区域的估计和对真实信号的恢复过程，从而在消除灰度不均匀性的同时实现对图像边缘的获得。基于主动轮廓的灰度不均匀性纠正的边缘检测算法是近年来比较流行的算法，然而大多数算法都是基于变分水平集的曲线演化过程，如 Li 等和 Zhang 等分别提出了基于统计模型和变分水平集的灰度不均匀性纠正的边缘检测算法，并在医学图像中得到了较好的应用（Li et al.，2008b；Zhang et al.，2010c），但是基于变分水平集的主动轮廓边缘检测算法对于初始轮廓的选择非常敏感、能量函数的最小化容易陷入局部极小值且计算复杂度高、执行效率低，这些都将影响边缘检测算法的精度和效率，针对此问题本章提出一种健壮的基于局部高斯拟合和灰度不均匀性纠正的主动轮廓边缘检测算法。首先，用数学方法来描述灰度不均匀性的图像，并尝试建立一个基于局部高斯分布和灰度不均匀性纠正的区域能量拟合模型，然后结合测地线主动轮廓模型的边缘梯度信息构造一个新颖、健壮的主动轮廓边缘检测能量模型，称为 LGF-IHC 模型。在求 LGF-IHC 能量模型的最小解时，从理论上借用了 Chan 的全局最小化优化思想来求得与 LGF-IHC 模型等价的凸函数模型，进而得到 LGF-IHC 模型的全局极小解。在数字最小化迭代和曲线演化过程中，运用了基于加权全变分的对偶规则，避免了对初始轮廓的设置，且快速、稳定地实现了 LGF-IHC 模型的全局最小化迭代过程。

5.3 基于灰度不均匀性特征纠正的边缘检测新模型的构造

5.3.1 基于局部高斯拟合和灰度不均匀性纠正的边缘检测数学模型

对于溢油一类的航空遥感图像的边缘检测，主要是希望能将遥感图像中溢油等目标区域的轮廓准确的勾勒出来，在图像中溢油目标区域与海水区域的不同主要表现在灰度值的差异，所以首先利用图像的灰度信息建立一个基于高斯分布的区域能量拟合模型。

这里定义 $\Omega \subseteq R^2$ 为图像的定义域，$I(x)\colon \Omega \to R$ 表示原始溢油遥感灰度图像，x 是 Ω 空间中的任一点，则受一定噪声和灰度不均匀性污染的溢油遥感图像可以通过使用下面的通用数学模型来表示（Vovk et al.，2007），即

$$I(x) = b(x)J(x) + n(x),\ x \in \Omega \tag{5.1}$$

式中，$b(x)\colon \Omega \to R$ 是描述灰度不均匀性的空间变化量；$J(x)\colon \Omega \to R$ 是经过灰度不均匀性纠正的理想溢油遥感图像，且假定图像 $I(x)$ 由目标 Ω_1（溢油区域）和背景 Ω_2（海水区域）两个常量区域所组成，即 $J(x) = c_i (i = 1,2)$；噪声 $n(x)$ 被假定符合零均值、σ^2 方差的高斯分布，则图像 $I(x)$ 的灰度可以用均值为 $b \times J$，方差为 σ^2 的高斯分布来拟合。

然而，如果对溢油遥感图像中的目标和背景都使用同一个高斯模型来拟合，并不能准确地描述图像中各个区域灰度的统计特征，所以为了更加准确地模拟图像的灰度分布，使用不同的高斯拟合模型对目标和背景分别进行描述，即

$$p_{i,x}\left[I(y)\middle|\alpha_i\right]=\frac{1}{\sqrt{2\pi}\sigma_i}\exp\left\{-\frac{\left[I(y)-b(x)c_i\right]^2}{2\sigma_i^{\ 2}}\right\},\quad y\in\Omega_{i=1,2} \tag{5.2}$$

式中，$\alpha_i=\{b,c_i,\sigma_i\}$；$\sigma_i$和$b(x)c_i$分别为$\Omega_i$区域的标准差和局部均值，$\sigma_i$是一个常量，而$b(x)c_i$是一个空间变化量。

对于空间Ω中的任一点x，假设以x为中心，ρ为半径的邻域表示为$O_{\mathrm{x}}=\{y\|y-x|\leqslant\rho\}$，如图 5.1 所示，则按照下面的规则定义一个从原始图像域$\mathfrak{I}(T)$到另一个域$R(T)$的映射为$T:I(x|\alpha_i)\to\overline{I}(x|\alpha_i)$，即

$$\overline{I}(x|\alpha_i)=\frac{1}{m_i(x)}\sum_{y\in\Omega_i\cap O_{\mathrm{x}}}I(y|\alpha_i) \tag{5.3}$$

式中，$m_i(x)$表示Ω_i与O_{x}相交的区域个数。假设像素点y的灰度值是独立的，则$\overline{I}(x|\alpha_i)$符合具有bc_i均值、σ_i^2/m方差的高斯分布。

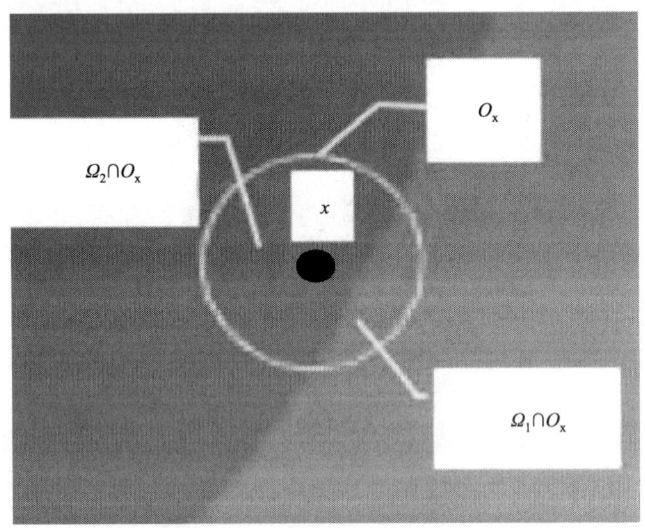

图 5.1　$\Omega_i\cap O_{\mathrm{x}}$的图示

圆形表示以x为中心ρ为半径的邻域

由于灰度不均匀性在整个图像定义域中的变化是平滑的，可以近似地让$I(y|\alpha_i)\approx I(x|\alpha_i)\left(\forall y\in\Omega_i\cap O_{\mathrm{x}}\right)$。多个独立的高斯概率密度函数的乘积仍然符合高斯分布，所以可得

$$\prod_{y\in\Omega_i\cap O_{\mathrm{x}}}p\left[I(y|\alpha_i)\right]\approx p\left[I(x|\alpha_i)\right]^m\propto N\left(bc_i,\frac{\sigma_i^2}{m}\right) \tag{5.4}$$

令$D=\left\{\overline{I}(x|\alpha_i),i=1,2\right\}$，则得到下面的似然函数，即

$$p\left(D\middle|\alpha\right)=\prod_{i=1,2}p\left[\bar{I}\left(x\middle|\alpha_i\right)\right]\propto\prod_{i=1,2}\prod_{y\in\Omega_i\cap O_x}p\left[I\left(y\middle|\alpha_i\right)\right] \tag{5.5}$$

则基于高斯拟合和灰度不均匀性纠正的区域能量模型可通过将函数 $p\left(D\middle|\alpha\right)$ 在整个图像的定义域中做积分来得到，即

$$\begin{aligned}\varepsilon^{\mathrm{GF}}(\alpha)&:=-\int_{\Omega}\log p\left(D\middle|\alpha\right)\mathrm{d}x\\&=\text{constant}-\sum_{i=1}^{2}\int_{\Omega}\int_{\Omega_i\cap O_x}\log\left\{p\left[I\left(y\middle|\alpha_i\right)\right]\right\}\mathrm{d}y\mathrm{d}x\end{aligned} \tag{5.6}$$

通过式（5.2）和式（5.6），去掉不重要的常数项，同时引进一个具有局部区域定位作用的核函数 $K_{\rho}(x-y)$，半径 ρ 的大小控制着局部区域的大小，则基于局部高斯拟合和灰度不均匀性纠正的区域能量模型可表示为

$$\varepsilon^{\mathrm{LGF}}(\alpha)=\sum_{i=1}^{2}\int_{\Omega}\int_{\Omega_i}K_{\rho}(x-y)\left\{\log\left(\sqrt{2\pi}\sigma_i\right)+\frac{\left[I(y)-b(x)c_i\right]^2}{2\sigma_i^2}\right\}\mathrm{d}y\mathrm{d}x \tag{5.7}$$

式中， $\alpha_i=\left\{b,c_i,\sigma_i\right\}$；核函数 $K_{\rho}(x-y)$ 定义为

$$K_{\rho}(x-y)=\begin{cases}1 & \left(|x-y|\leqslant\rho\right)\\0 & 其他\end{cases} \tag{5.8}$$

根据文献 Osher 和 Sethian（1988）中的水平集思想，$\varepsilon^{\mathrm{LGF}}(\alpha)$ 区域能量模型可用水平集方法重新表示成

$$\varepsilon^{\mathrm{LGF}}(\phi,\alpha)=\sum_{i=1}^{2}\int_{\Omega}\int_{\Omega_i}K_{\rho}(x-y)\left\{\log\left(\sqrt{2\pi}\sigma_i\right)+\frac{\left[I(y)-b(x)c_i\right]^2}{2\sigma_i^2}\right\}M_i\left[\phi(y)\right]\mathrm{d}y\mathrm{d}x \tag{5.9}$$

式中，$M_1(\phi)=H(\phi);M_2(\phi)=1-H(\phi)$。通常情况下，$H$ 取正则化的 Heaviside 函数，即 $H(\phi)=\dfrac{1}{2}\left[1+\dfrac{2}{\pi}\arctan\left(\dfrac{\phi}{\varepsilon}\right)\right]$。

通过变分计算，最小化能量函数 $\varepsilon^{\mathrm{LGF}}(\phi,\alpha)$ 时，变量 $\alpha=\left\{b,c_i,\sigma_i\right\}$ 分别需要满足下面的欧拉-拉格朗日方程，即

$$\left.\begin{aligned}&\int K_{\rho}(x-y)\left[I(y)\left(\frac{c_i}{\sigma_i^2}\right)-\left(\frac{c_i}{\sigma_i^2}\right)b(x)\right]M_i\left[\phi(y)\right]\mathrm{d}y=0\\&\int K_{\rho}(x-y)\left[I(y)b(x)-b(x)^2c_i\right]M_i\left[\phi(y)\right]\mathrm{d}y=0\\&\int K_{\rho}(x-y)\left\{\sigma_i^2-\left[I(y)-b(x)c_i\right]^2\right\}M_i\left[\phi(y)\right]\mathrm{d}y=0\end{aligned}\right\} \tag{5.10}$$

则通过式（5.10）可得变量 $\alpha=\{b,c_i,\sigma_i\}$ 的最小解分别为

$$
\left.\begin{aligned}
b &= \frac{\sum_{i=1}^{2} K_\rho * (IM_i)\cdot \frac{c_i}{\sigma_i^2}}{\sum_{i=1}^{2} K_\rho * M_i \cdot \frac{c_i^2}{\sigma_i^2}} \qquad (i=1,2) \\
c_i &= \frac{\int (K_\rho * b) IM_i \mathrm{d}y}{\int (K_\rho * b^2) M_i \mathrm{d}y} \\
\sigma_i^2 &= \frac{\int K_\rho [I(y)-b(x)c_i]^2 M_i \mathrm{d}y}{\int K_\rho M_i \mathrm{d}y} \qquad (i=1,2)
\end{aligned}\right\} \tag{5.11}
$$

基于局部高斯拟合的区域能量模型 $\varepsilon^{\mathrm{LGF}}$ 的构造不仅考虑了图像中区域之间灰度值的差异，也考虑了区域之间方差的不同，因此，能够更精确地对图像的数据区域进行拟合，且在一定程度上抑制了灰度不均匀性。

5.3.2 引入边缘梯度特征构造的边缘检测新模型 LGF-IHC

Caselles 等（1997）在基于能量最小化的 snake 模型和基于曲线演化理论的几何活动轮廓模型的基础上提出了一个经典的测地线主动轮廓（geodesic active contour，GAC）模型。该模型的提出被认为是 PDE 方法在图像分割应用中的重大突破。测地线主动轮廓模型就是最小化如下泛函，即

$$\varepsilon^{\mathrm{GAC}}(C)=\int_0^{L(C)} g\{|\nabla I_0[C(s)]|\}\mathrm{d}s \tag{5.12}$$

由微分知识可知，$g\mathrm{d}s$ 为加权 Euclidean 弧长微元。其中，$g\{|\nabla I_0[C(s)]|\}$ 耦合了图像信息的停止速度，称为边缘检测函数。边缘函数是一个大于零的递减函数，依赖于图像的梯度信息，其具体形式为

$$g\{|\nabla I_0[C(s)]|\}=\frac{1}{1+|\nabla G_\sigma(x,y)*I(x,y)|^2} \tag{5.13}$$

式中，$\nabla G_\sigma(x,y)*I(x,y)$ 是标准差为 σ 的高斯滤波器与图像 $I(x,y)$ 的卷积，在边缘梯度较大处，g 趋于 0。

运用基于水平集的曲线演化方法并借用正则化的 Heaviside 函数，则能量泛函式（5.12）可表示为

$$\varepsilon^{\mathrm{GAC}}(\phi)=\int_\Omega g(x)|\nabla H(\phi)|\mathrm{d}x \tag{5.14}$$

综合式（5.9）的基于局部高斯拟合和灰度不均匀性纠正的区域信息和式（5.14）的边缘梯度信息构造了一种边缘检测新模型（LGF-IHC 模型），即

$$E(\phi,\alpha)=\varepsilon^{\mathrm{GAC}}(\phi)+\varepsilon^{\mathrm{LGF}}(\phi,\alpha)$$
$$=\int_{\Omega}g(x)\left|\nabla H(\phi)\right|\mathrm{d}x$$
$$+\lambda\sum_{i=1}^{2}\int_{\Omega}\int_{\Omega_i}K_{\rho}(x-y)\left\{\log\left(\sqrt{2\pi}\sigma_i\right)+\frac{\left[I(y)-b(x)c_i\right]^2}{2\sigma_i^2}\right\}$$
$$\cdot M_i\left[\phi(y)\right]\mathrm{d}y\mathrm{d}x \tag{5.15}$$

运用变分水平集和梯度下降法可以求得最小化能量函数式(5.15)所满足的曲线演化方程，即

$$\frac{\partial\phi}{\partial t}=H'(\phi)\left\{\mathrm{div}\left(g\frac{\nabla\phi}{|\nabla\phi|}\right)-\lambda K_{\rho}\left[f_1(x)-f_2(x)\right]\right\} \tag{5.16}$$

式中， $f_i(x)=\log(\sqrt{2\pi}\sigma_i)+\dfrac{\left[I(y)-b(x)c_i\right]^2}{2\sigma_i^2}$ ， $i=1,2$ 。

演化方程式(5.16)的离散数字最小化迭代可以使用隐式的有限差分方案来实现，在曲线演化达到收敛后，就可以得到零水平集函数的近似解，从而获得图像中目标的边界信息。但是基于水平集和梯度下降法的曲线演化算法的收敛速度很慢，尤其是当式（5.15）引入了边界的梯度信息后，更加降低了曲线的演化速度。而且,LGF-IHC 模型并不是凸函数,在曲线演化的过程中很容易陷入局部极小解，从而造成失败的边缘检测结果。因此，下面将对 LFG-IHC 模型进行凸性转化，使其能够获得全局最小解，从而提高边缘检测的精度。

5.3.3 LGF-IHC 模型的凸性转化

由于在 5.3.2 节中构造的 LGF-IHC 模型并不是凸函数能量模型，需要采用一定的全局最优化方法对其进行凸性转化。本小节从理论上借用 Chan（2004）的全局最小化优化思想来求得与 LGF-IHC 模型等价的凸函数模型,进而得到 LGF-IHC 模型的全局极小解。

式（5.16）中的 $H'(\phi)$ 为 Heaviside 函数正则化后的导数，该正则化过程是通过选取一个非紧支撑的严格单调的光滑函数来作为 Heaviside 函数的近似,所以根据文献 Chan（2004）所述，LGF-IHC 模型的曲线演化方程的稳态解也是下面方程的稳态解，即

$$\frac{\partial\phi}{\partial t}=\mathrm{div}\left(g\frac{\nabla\phi}{|\nabla\phi|}\right)-\lambda K_{\rho}\left[f_1(x)-f_2(x)\right] \tag{5.17}$$

式（5.17）是下面函数的梯度下降流，即

$$E_1(\phi,\alpha)=\int_\Omega g(x)|\nabla\phi|\mathrm{d}x+\int_\Omega \lambda K_\rho\left[f_1(x)-f_2(x)\right]\phi\mathrm{d}x \tag{5.18}$$

根据 Chan（2004）的全局最优化理论，LGF-IHC 模型的全局最小解可以通过求下面的凸集最小化过程来求得，即

$$\min_{0\leqslant u\leqslant 1}\left\{E_1(u,\alpha)=\int_\Omega g(x)|\nabla u|\mathrm{d}x+\int_\Omega \lambda K_\rho\left[f_1(x)-f_2(x)\right]u\mathrm{d}x\right\} \tag{5.19}$$

则式（5.19）中变量 u 的值为 LGF-IHC 模型的全局最小解。通常，称式（5.19）中等号右侧的第一项为加权全变分能量项，主要作用是保持轮廓的光滑性和连续性以及约束轮廓的形状，可以在一定程度上抑制噪声；等号右侧第二项为基于局部高斯拟合和灰度不均匀性纠正的数据区域能量项，主要用来驱使轮廓移向图像内对象的边界或图像内所期望的特征处，可以处理图像中存在的各种程度的灰度不均匀性。

5.3.4 基于加权全变分对偶规则的快速能量最小化

常用的基于欧拉-拉格朗日和梯度下降法的数字最小化迭代过程会导致加权全变分能量项的规则化过程变慢，从而提高了算法的计算复杂度和时间复杂度（Bresson and Chan，2008）。所以本小节仍然采用基于加权全变分的对偶规则的数字最小化方法，可以快速、稳定的实现曲线的收敛。引入对偶规则，则凸集最小化过程式（5.19）可重新定义成下面的最小化过程，即

$$\min_{0\leqslant u,v\leqslant 1}\left\{E_2(u,v,\alpha)=\int_\Omega g(x)|\nabla u|\mathrm{d}x+\frac{1}{2}\|u-v\|_{L^2}^2+\int_\Omega \lambda K_\rho\left[f_1(x)-f_2(x)\right]v\mathrm{d}x\right\} \tag{5.20}$$

由于 LGF-IHC 边缘检测模型的全局最小解可以通过凸集最小化过程式(5.19)来求得，等价于通过式（5.20）的凸集最小化过程来求得，而式（5.20）的凸集最小化过程通过分别对 u 和 v 的迭代来求得，求解过程简单描述如下：

固定 v，则使能量函数 E_2 达到最小化时的最小解 u 为

$$u=v-\operatorname{div}p \tag{5.21}$$

固定 u，则使能量函数 E_2 达到最小化时的最小解 v 为

$$v=u-\lambda K_\rho\left[f_1(x)-f_2(x)\right] \tag{5.22}$$

则 LGF-IHC 边缘检测模型基于对偶规则的数字最小化迭代算法描述如下：

第一步，初始化，即

$$u_0=v_0=\frac{I(x,y)}{\max\left[I(x,y)\right]} \tag{5.23}$$

$$p_0=\frac{-\tau g(x)\nabla v_0}{g(x)+\tau|\nabla v_0|} \tag{5.24}$$

第二步，迭代，即

$$\left.\begin{aligned}&u_n=\text{NeumannBoundCondition}(u_n)\\&u_{n+1}=v_n-\operatorname{div}p_n\\&v_{n+1}=u_{n+1}-\lambda K_{\rho}\left[f_1(x)-f_2(x)\right]\\&p_{n+1}=\frac{g(x)\left\{p_n+\tau\left[\nabla(\operatorname{div}p_n-v_n)\right]\right\}}{g(x)+\tau\left|\nabla(\operatorname{div}p_n-v_n)\right|}\end{aligned}\right\}\tag{5.25}$$

迭代终止条件：$|u_{n+1}-u_n|\leqslant\varepsilon$。

5.3.5 MATLAB 仿真实验结果与分析

1. 实验环境、数据集和实验参数的设置

使用 MATLAB7.0 对本章提出的 LGF-IHC 边缘检测模型进行仿真实验。实验所用计算机的配置为 Pentium 4 处理器（3.2GHz）、1G 内存以及 Windows XP 系统。实验过程中测试不同算法所用的测试数据和测试环境都是相同的。

为了验证提出的 LGF-IHC 边缘检测模型的性能，采用 60 幅海上溢油遥感图像作为测试图像，图像的大小为 59 像素×150 像素到 432 像素×871 像素。溢油遥感图像来源于 1998 年 12 月胜利油田在海上的一个平台（CB6A）倒覆后发生的大规模海上溢油红外扫描图像、2009 年 9 月巴拿马籍集装箱船“圣狄”号在中国珠海高栏岗搁浅的红外溢油图像、2010 年 5 月发生在墨西哥湾的海上溢油 SAR 图像以及 2010 年 7 月中国大连新港输油管道爆炸后海上溢油 SAR 图像，这些溢油遥感图像都有着单一的背景（海水），溢油区域与海水区域的对比度较低，且受到大量条纹噪声或斑点噪声的污染，通常含有不同程度的灰度不均匀问题。

在实验中，时间步长 $\Delta t=0.1$，迭代终止阈值 $\varepsilon=0.01$，$\lambda=0.0001$。为了更好地协调噪声和灰度不均匀性之间的矛盾，局部区域大小的控制参数 ρ 根据图像的质量和图像的大小进行不同的选择。因此，LGF-IHC 边缘检测模型在数字最小化实现中只有一个参数 ρ 需要根据具体情况进行调整。

2. 溢油遥感图像的边缘检测实验

如图 5.2 所示，使用 9 幅具有代表性的溢油遥感图像作为测试图像来验证 LGF-IHC 边缘检测模型的性能，并且从边缘检测精度和算法的运行效率上与第 3 章提出的基于动态分块阈值和改进 GDNI 边缘连接的边缘检测算法以及第 4 章提出的 RSF-GAC 边缘检测算法进行对比。图 5.2（a）和图 5.2（b）中溢油区域和海水区域的对比度较低，边界模糊且含有一定的弱噪声，对这两幅溢油图像使用三种边缘检测算法都可以得到理想的边缘检测结果。图 5.2（c）和图 5.2（d）受到强噪声的污染且对比度较低，边界模糊，图 5.2（h）是受到强噪声污染和弱灰度不均匀性的溢油图像，对这三幅图像使用基于动态分块阈值去噪和改进 GDNI 边缘连接的边缘检测算法无法得到理想的溢油边界，进一步证明了该算法只能较好地处理具有低对比度和弱噪声的溢油图像，而基于 RSF-GAC 和 LGF-IHC 模型的边缘算法均获得了理想的溢油边界，证明了这两种算法都能够较好地处理具有低对比度、强噪声和弱灰度不均匀问题的溢油遥感图像，但是通过对图 5.2（h）右下角溢油区域的边缘检测结果的细微观察，可以发现 LGF-IHC 模型得到的边缘检测结果更接近于真实的溢油区域的边界，因此具有更好的检测精度和抑制噪声的能力。图 5.2（i）、图 5.3（j）、图 5.3（k）、图 5.3（l）都是受到强噪声污染和强灰度不均匀性的溢油图像，此时使用基于动态分块阈值去噪和改进 GDNI 边缘连接的边缘检测算法得到的边缘检测结果图像中仍含有一定的噪声，且出现了误连接的情况。由于基于 RSF-GAC 模型的边缘检测算法仅利用了局部灰度均值来拟合区域信息，不能够越过图像中的强灰度不均匀性区域，从而曲线最终不能演化到溢油目标的真正边界处。基于 LGF-IHC 模型的边缘检测算法专门针对图像中的灰度不均匀问题构造了数学模型，且使用具有不同灰度均值和不同方差的局部高斯统计模型来对图像进行数据拟合，所以基于 LGF-IHC 模型的边缘检测算法具有更好的解决各种程度的灰度不均匀问题的能力，可以得到连续、闭合、光滑且准确的溢油边界。表 5.1 给出了图 5.3 中的图像分别在这三种边缘检测算法下的处理运行时间，通过比较，基于动态分块阈值去噪和改进 GDNI 边缘连接的边缘检测算法的运行时间最短，其次为 RSF-GAC 模型，LGF-IHC 模型运行时间最长，但 LGF-IHC 模型在溢油遥感图像边缘检测的精度和算法的健壮性方面要优于另外两种方法。

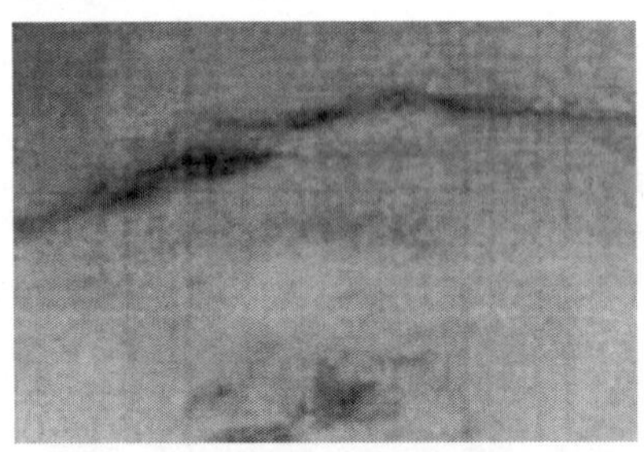
（a）低对比度的溢油图像

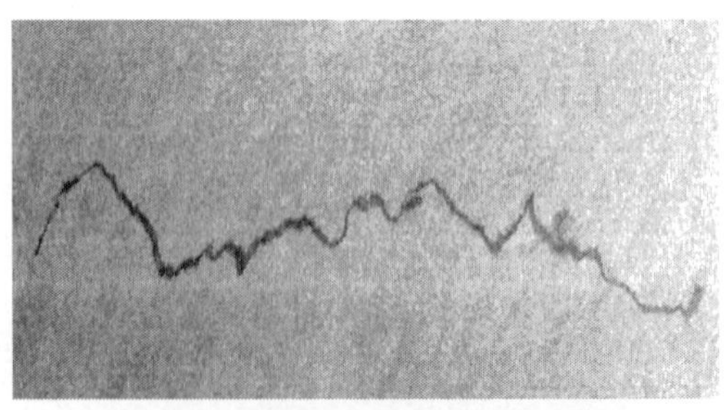
（b）含有弱噪声的低对比度溢油图像

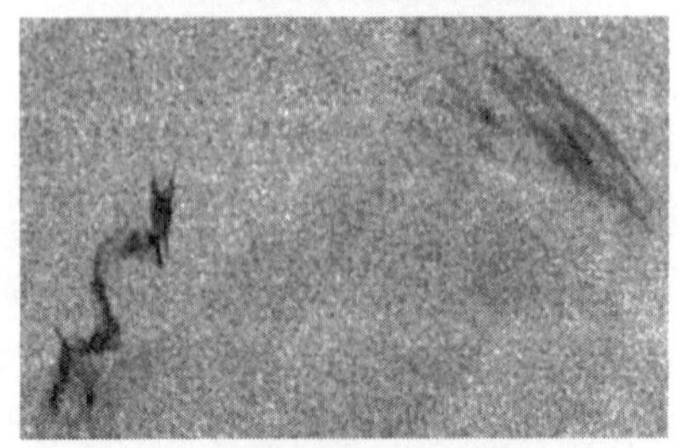
（c）含有强噪声的低对比度溢油图像

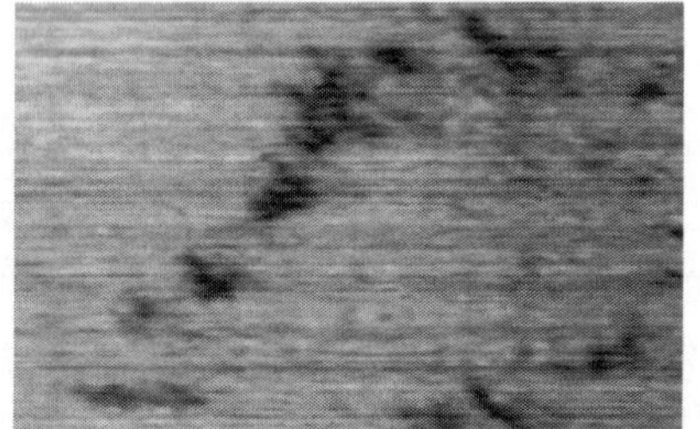
（d）含有强噪声的溢油图像

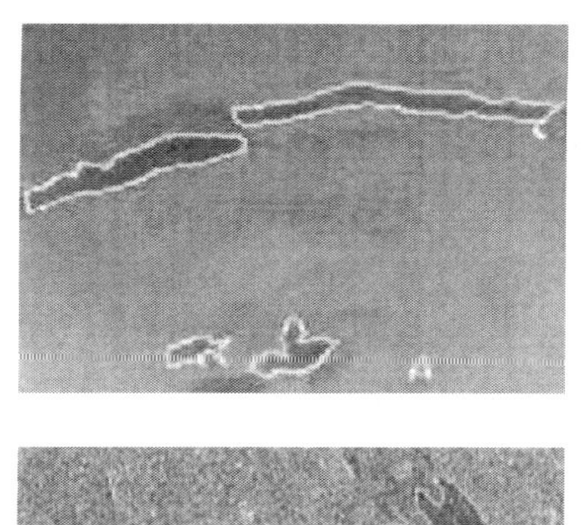
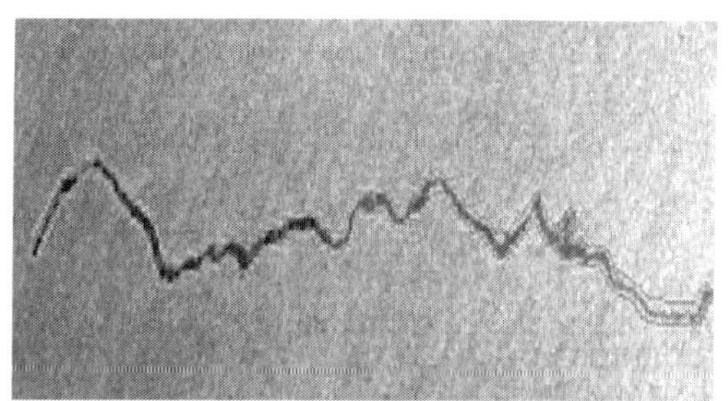
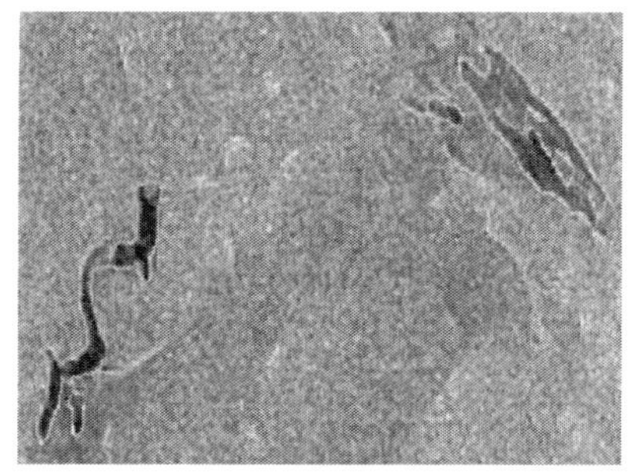
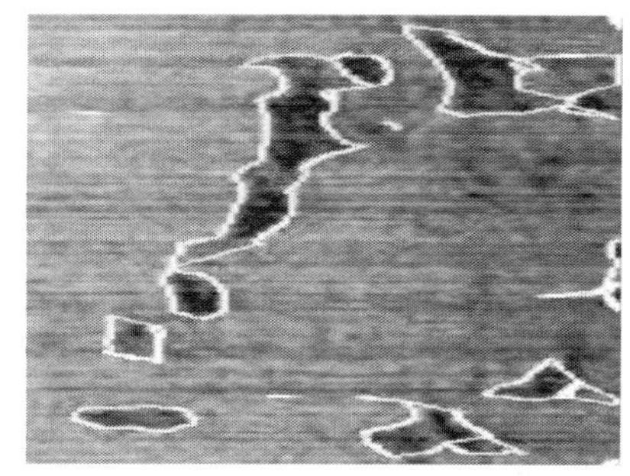

（e）基于动态分块阈值去噪和改进的 GDNI 边缘连接算法的边缘检测结果

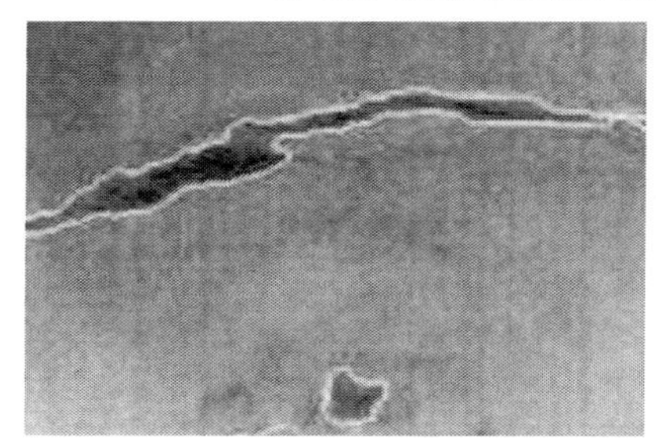
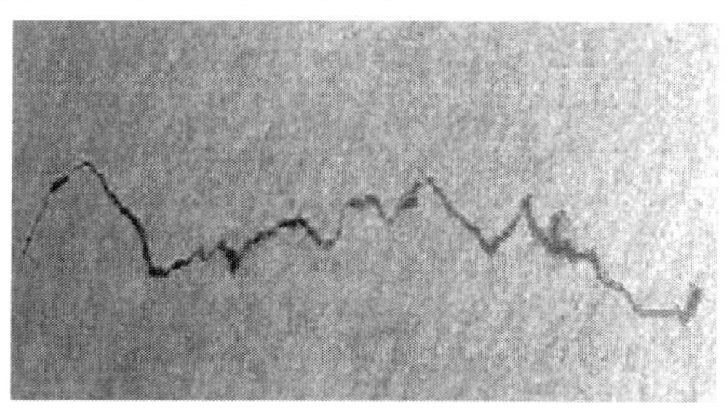
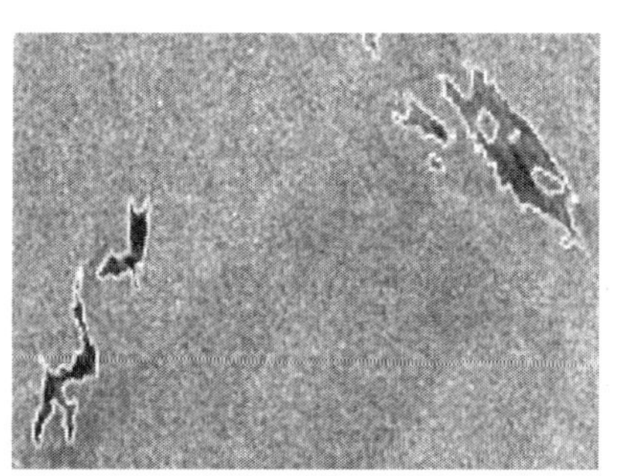
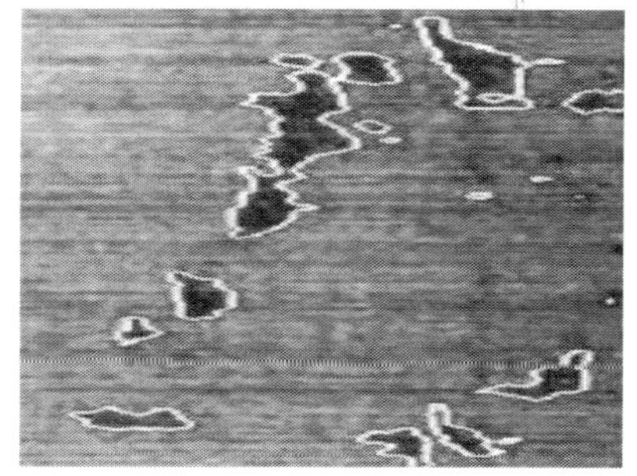

（f）RSF-GAC 模型的边缘检测结果

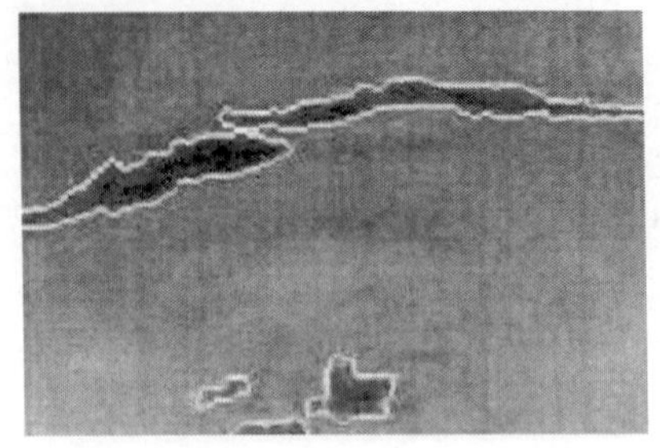
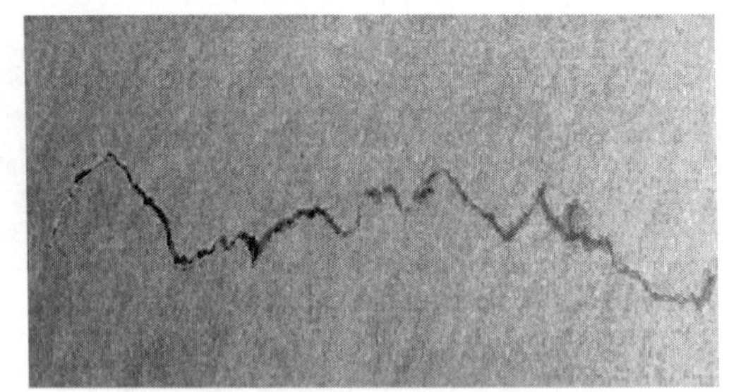
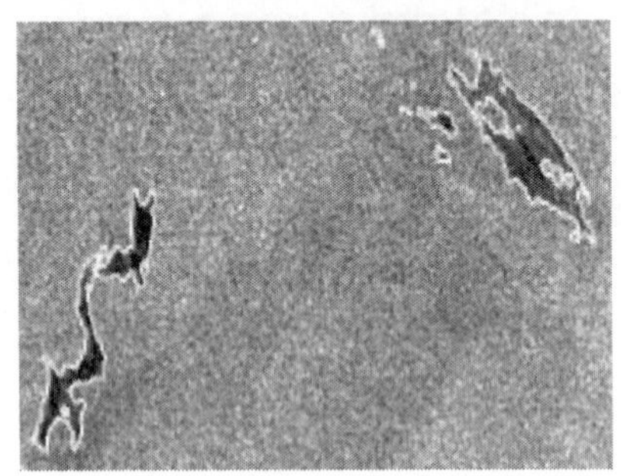

（g）LGF-IHC 模型的边缘检测结果

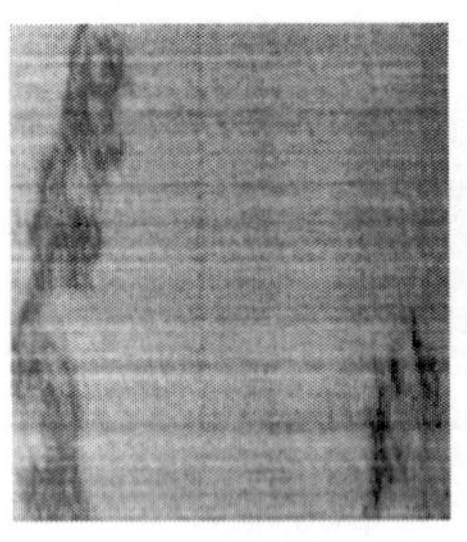

（h）含有强噪声和弱灰度不均匀性的溢油图像

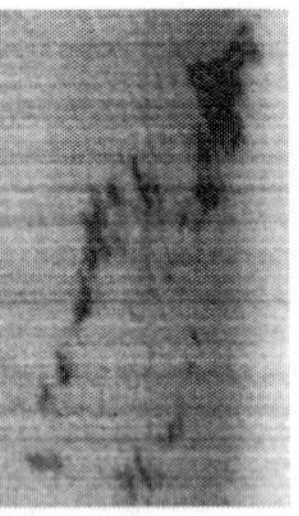

（i）含有强噪声和强灰度不均匀性的溢油图像

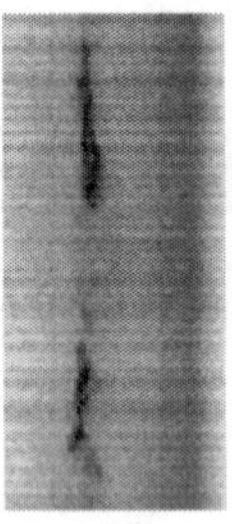

（j）含有强噪声和强灰度不均匀性的溢油图像

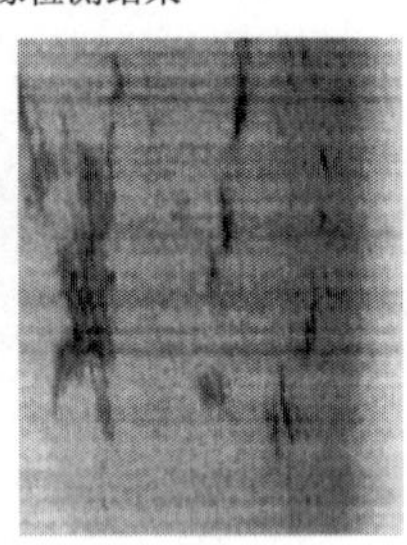

（k）含有强噪声和强灰度不均匀性的溢油图像

（l）含有强噪声和强灰度不均匀性的溢油图像

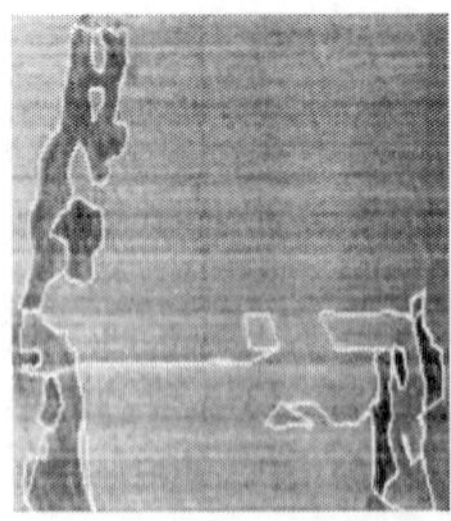
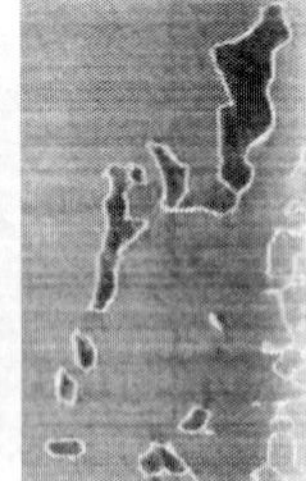
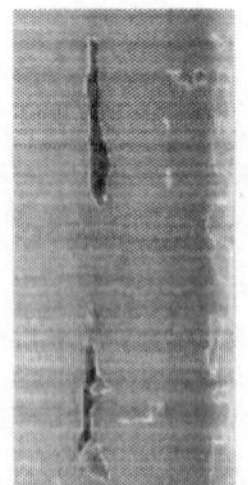
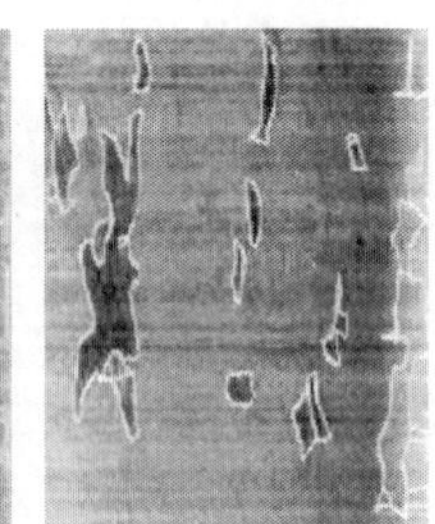
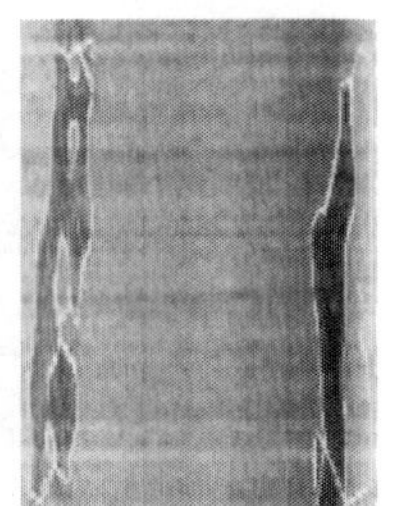

（m）基于动态分块阈值去噪和改进的 GDNI 边缘连接算法的边缘检测结果

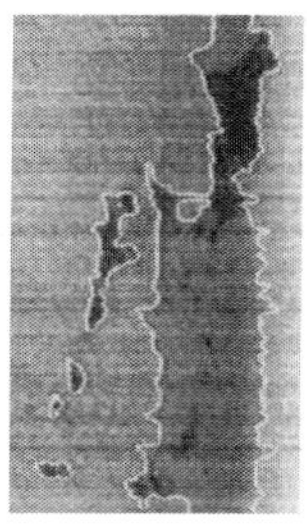
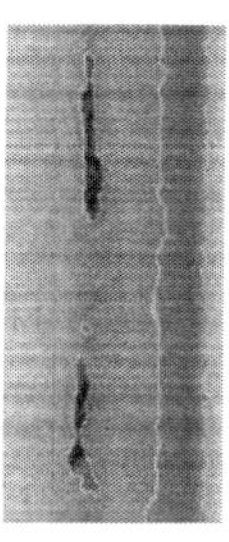
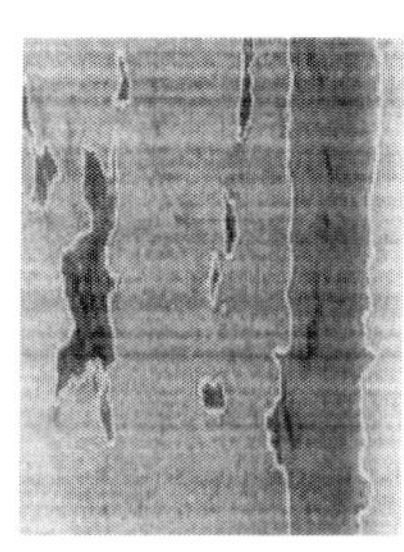
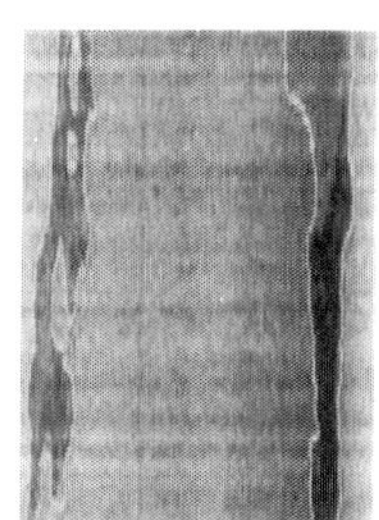

（n）RSF-GAC 模型的边缘检测结果

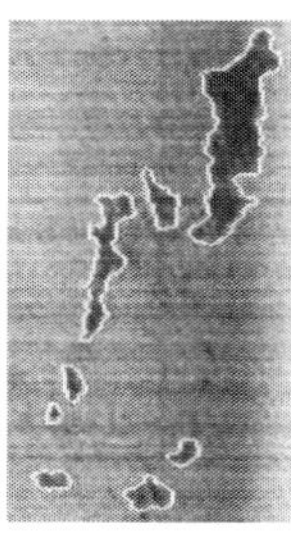

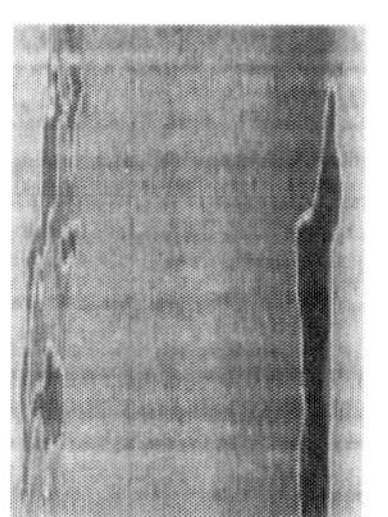

（o）LGF-IHC 模型的边缘检测结果

图 5.2 溢油遥感图像的边缘检测实验结果

表 5.1 三种边缘检测算法处理图 5.2 中图像的运行时间比较

图像序号	图像大小/像素	ρ	运行时间/s		
			动态分块阈值和改进的 GDNI	RSF-GAC 模型	LGF-IHC 模型
图 5.2（a）	218×158	4	1.8	33.3	69.6
图 5.2（b）	613×152	5	5.9	118.6	213.5
图 5.2（c）	354×195	5	4.4	108.4	197.2
图 5.2（d）	119×292	5	2.1	62.1	116.9
图 5.2（h）	271×205	5	2.3	63.9	118.0
图 5.2（i）	164×360	4	2.8	40.2	84.7
图 5.2（j）	289×404	4	3.9	97.4	185.4
图 5.2（k）	341×196	4	3.1	66.5	135.4
图 5.2（l）	398×108	4	3.2	14.9	39.8

3. 灰度不均匀性特征纠正实验

LGF-IHC 边缘检测模型专门针对图像中的灰度不均匀问题构造了数学模型，且使用具有不同灰度均值和方差的局部高斯统计模型来对图像进行数据拟合，所以 LGF-IHC 模型具有解决各种程度的灰度不均匀问题的能力，在图像的边缘检测过程中使用 LGF-IHC 模型最终可以获得精确的边缘检测结果。LGF-IHC 边缘检测模型除了能够准确地检测图像的边界，还能够纠正图像中存在的灰度不均匀性，即将灰度不均匀区域从原始图像中去除，从而获得理想的高质量的恢复图像，在改善人们视觉效果的同时，也可以更好的进一步分析和解译图像。

在下面的实验中，首先使用一幅含有一个 T 型目标的灰度不均匀性图像作为测试图像来验证 LGF-IHC 边缘检测模型纠正灰度不均匀问题的能力。为了更清晰的表示图像中的灰度不均匀区域，使用 Chan-Vese 模型的边缘检测结果来进行对比。如图 5.3 所示，图 5.3（a）为具有一定的灰度不均匀问题的图像，图 5.3（b）为 LGF-IHC 模型的边缘检测结果（局部区域大小的控制参数 $\rho=5$），图 5.3（c）为 Chan-Vese 模型的边缘检测结果，图 5.3（d）为去除灰度不均匀区域后的理想恢复图像。从实验结果可以看到，LGF-IHC 边缘检测模型成功地越过灰度不均匀区域，得到了精确的 T 型目标的轮廓的同时也得到了灰度不均匀区域纠正后的理想恢复图像。为了验证 LGF-IHC 边缘检测模型在噪声存在的情况下纠正灰度不均匀问题的能力，向图 5.3（a）中加入均值为 0、方差分别为 0.001 和 0.01 的高斯噪声，得到图 5.3（e）和图 5.3（h），实验结果表明，在有大量噪声干扰的情况下，使用 LGF-GAC 边缘检测模型仍然可以得到精确的边界信息和理想的恢复图像，如图 5.3（f）、图 5.3（g）、图 5.3（i）和图 5.3（j）所示。

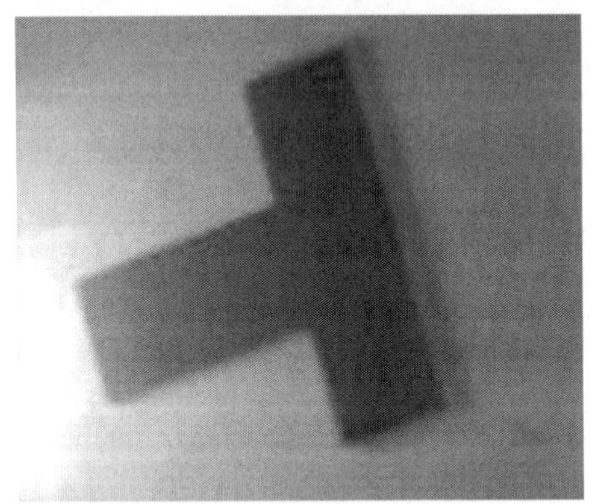

（a）灰度不均匀性无噪声图像

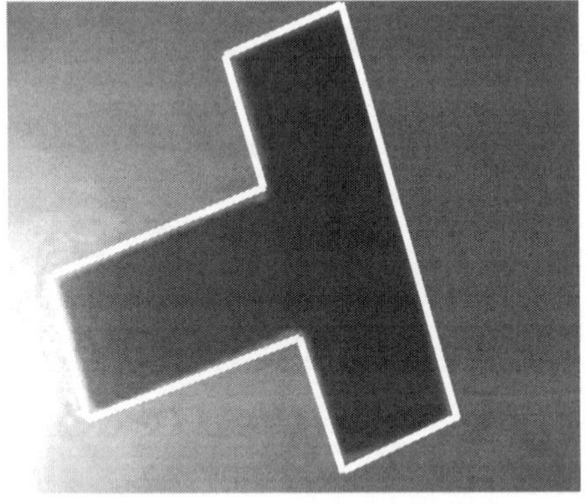

（b）LGF-IHC 模型的边缘检测结果

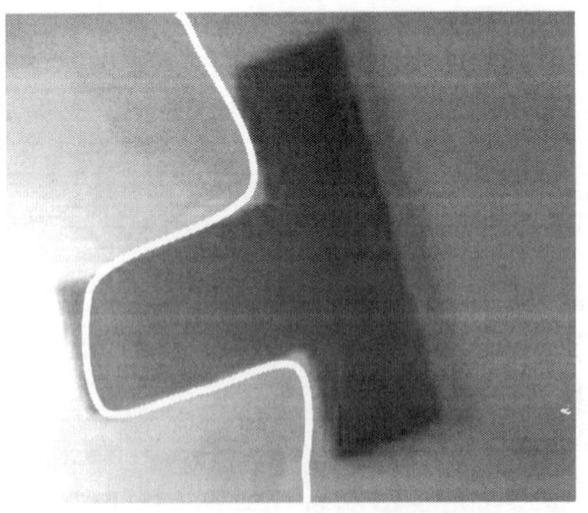

（c）Chan-Vese 模型的边缘检测结果

（d）灰度不均匀纠正图像

（e）灰度不均匀性有噪声图像（$\sigma=0.001$）

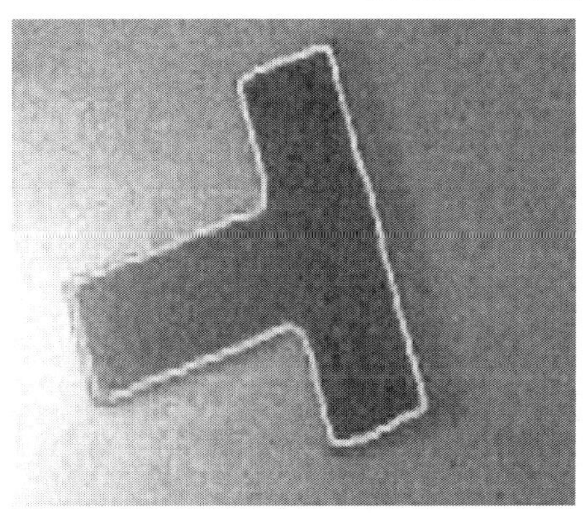

（f）LGF-IHC 模型的边缘检测结果

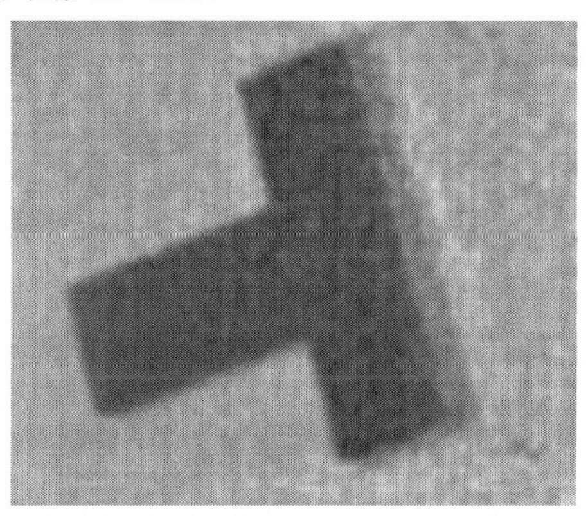

（g）灰度不均匀纠正图像

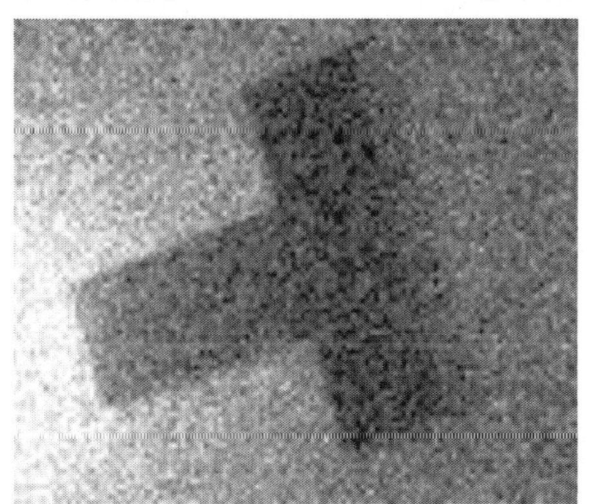

（h）灰度不均匀性有噪声图像（$\sigma=0.01$）

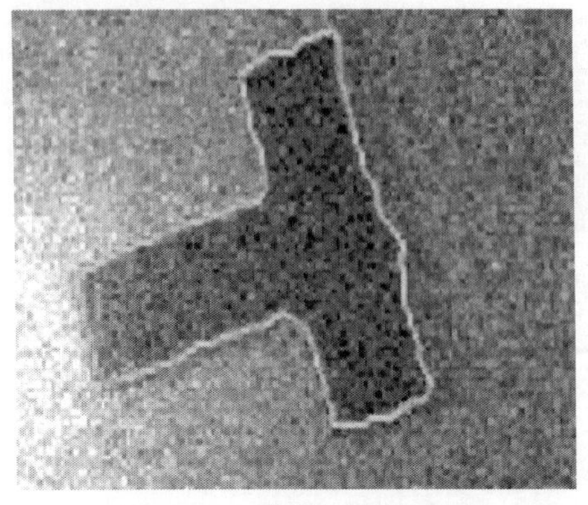
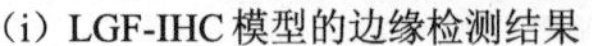
（i）LGF-IHC 模型的边缘检测结果

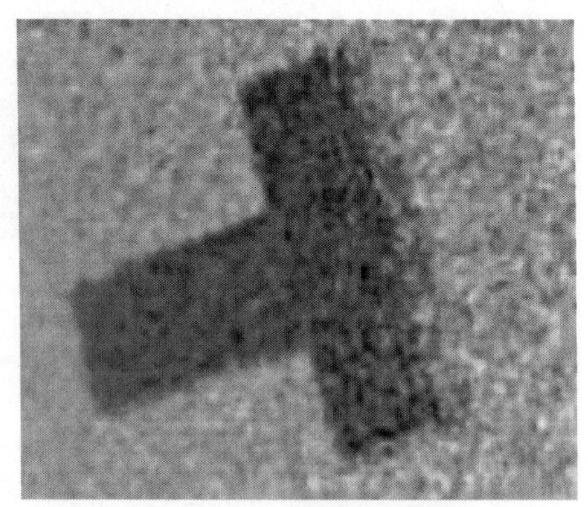
（j）灰度不均匀纠正图像

图 5.3 灰度不均匀性纠正实验结果

使用 3 幅具有灰度不均匀问题的溢油遥感图像来进一步验证 LGF-IHC 边缘检测模型处理灰度不均匀问题的能力，如图 5.4 所示。其中，图 5.4（a）为原始溢油遥感图像，图 5.4（b）为 LGF-IHC 模型的边缘检测结果（局部区域大小的控制参数 ρ 分别为 5、10、15），图 5.4（c）为 Chan-Vese 模型的边缘检测结果，图 5.4（d）为灰度不均匀性纠正后理想的溢油遥感图像。从实验结果可以看到，在准确得到溢油区域边界的同时得到了理想的灰度不均匀纠正图像，不仅提高了视觉观察效果，也为溢油遥感图像的进一步分析和解译提供了良好的基础和保障。

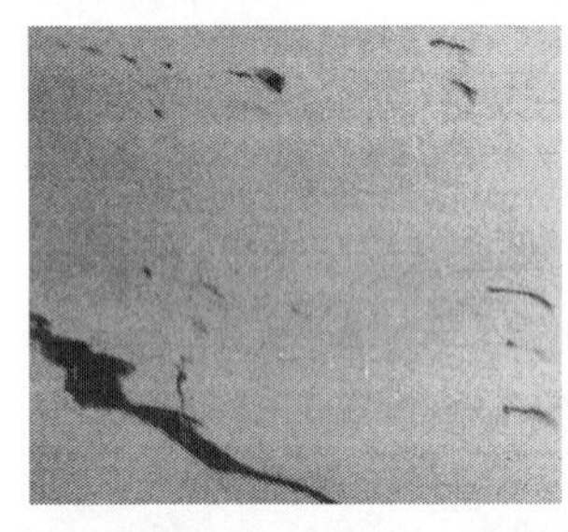
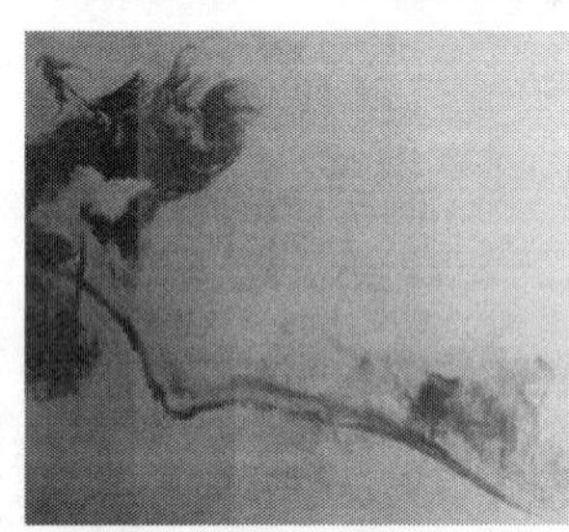

（a）溢油遥感原始图像

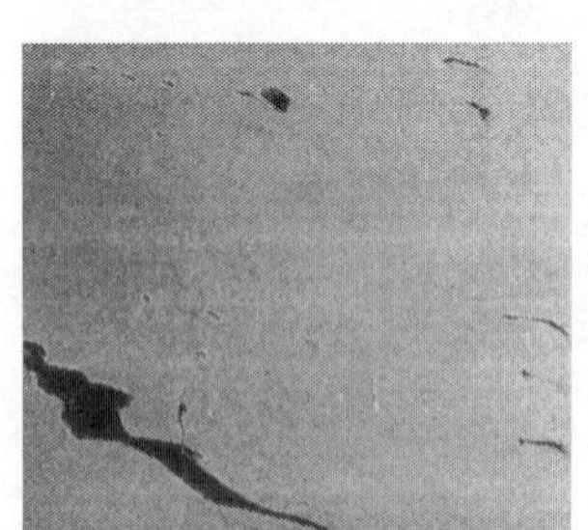
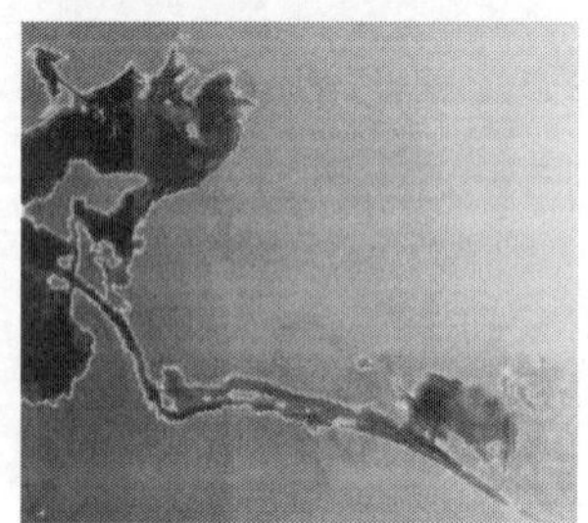

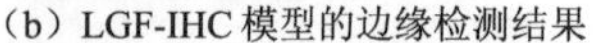

（b）LGF-IHC 模型的边缘检测结果

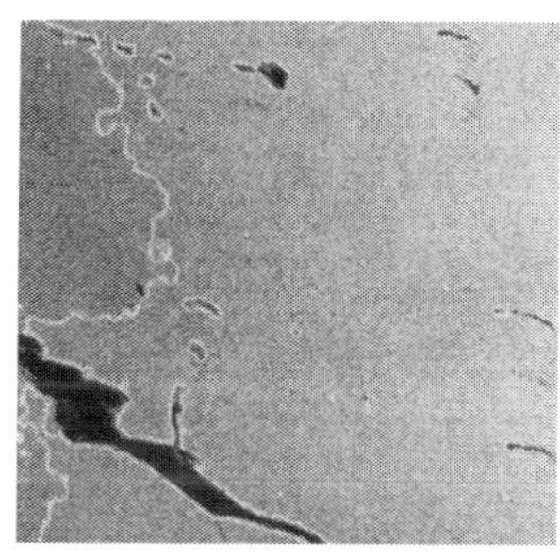
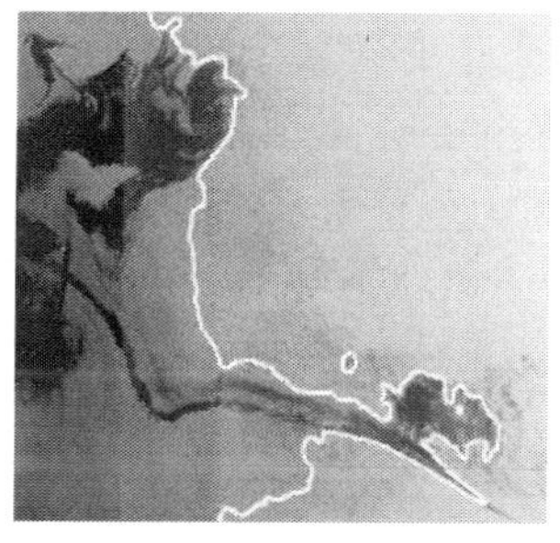
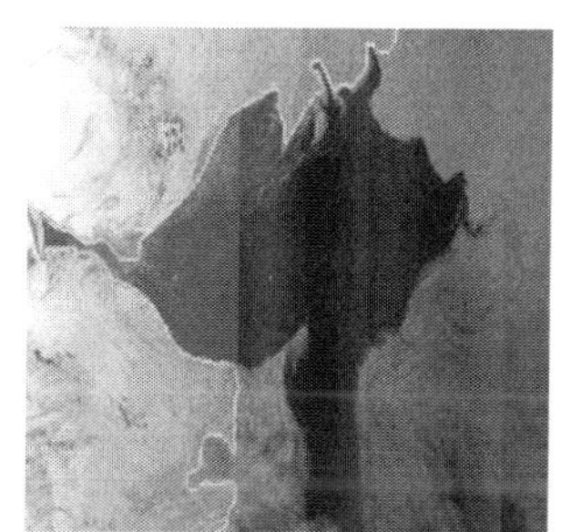

（c）Chan-Vese 模型的边缘检测结果

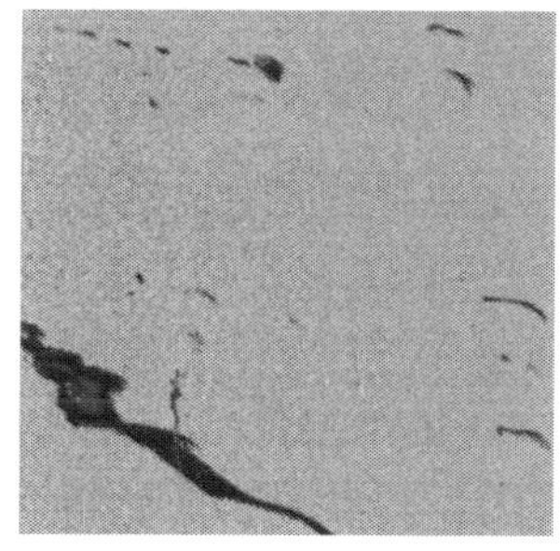
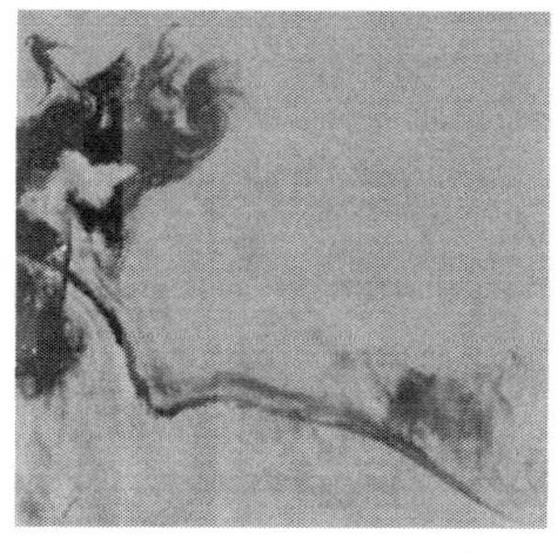

（d）灰度不均匀纠正图像

图 5.4 溢油遥感图像的灰度不均匀性纠正实验结果

4. 算法的扩展

首先，使用一幅特殊的人工合成图像来检验 LGF-IHC 边缘检测模型的扩展性，如图 5.5 所示。图 5.5（a）为一幅含有一个环形目标且目标和背景具有相同均值但不同方差的人工合成灰度图像，图像大小为 127 像素×127 像素。图 5.5（b）为在图 5.5（a）中加入灰度不均匀性后的灰度图，从图 5.5（b）中可以明显地看出，图像从左至右逐渐由亮变暗。图 5.5（c）为本书第 3 章中提出的基于动态分块阈值去噪和改进的 GDNI 边缘连接算法的边缘检测结果。图 5.5（d）为本书第 4 章中的 Chan-Vese 模型的边缘检测结果。图 5.5（e）为本书第 4 章中提出的 RSF-GAC 模型的边缘检测结果。图 5.5（f）则为本章中提出的 LGF-IHC 模型的边缘检测结果（局部区域大小的控制参数 $\rho=6$）。通过边缘检测结果的对比可以看到，基于动态分块阈值去噪和改进的 GDNI 边缘连接算法由于在候选边缘点的确定中仅利用了局部变化最大的像素点的梯度信息，对于目标内具有较大特征变化的图像不能得到理想的边缘检测结果。Chan-Vese 模型由于数据拟合项仅利用了全局灰度信息，无法处理灰度不均匀问题，曲线最终无法越过灰度不均匀性区域。而 RSF-GAC 边缘检测模型和 LGF-IHC 边缘检测模型均能够越过灰度不均匀性区域，将曲线演化在环形目标周围，但是由于 RSF-GAC 边缘检测模型中的数据拟合项仅利用了局部灰度的均值信息，对目标和背景采用相同的方差来拟合，结果将环形目标中的一部分错误地标记成背景，从而在环形目标中形成多个目标轮廓。而 LGF-IHC 边缘检测模型中采用了具有不同均值和方差的局部高斯统计模型来分别对目标和背景进行数据拟合，最终使曲线演化到环形目标的真正边界处。通过该实验证明，LGF-IHC 边缘检测模型能够利用更多的统计信息处理目标和背景具有相同均值但不同方差的一类特殊图像，与基于动态分块阈值去噪和改进的 GDNI 边缘连接算法、Chan-Vese 模型以及 RSF-GAC 模型相比具有更强的鲁棒性。

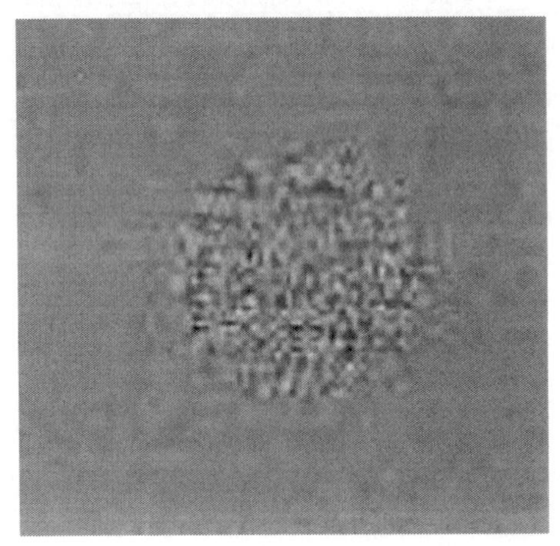

（a）人工合成图像

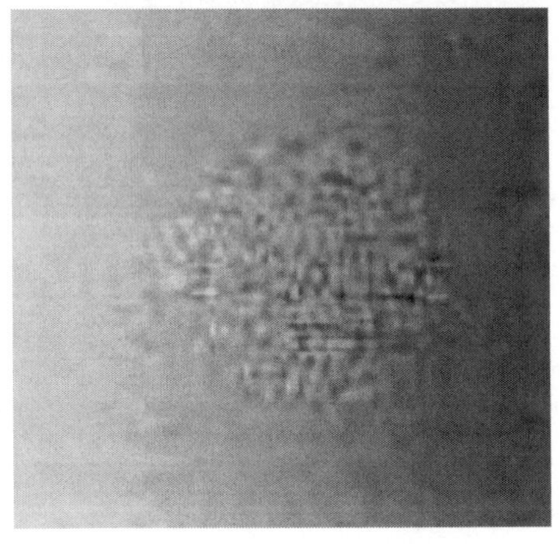

（b）加入灰度不均匀性后的图像

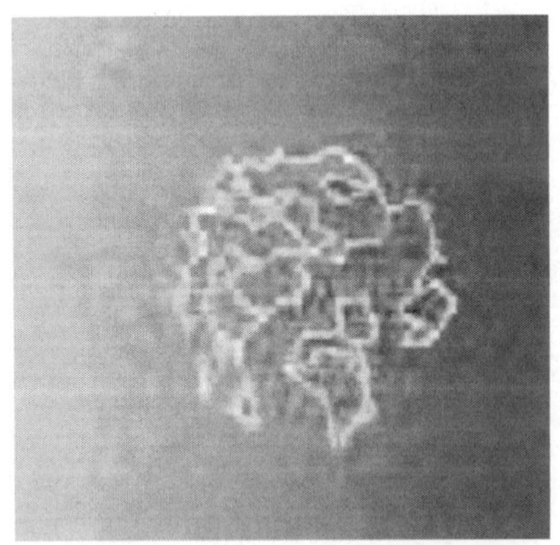

（c）动态分块阈值去噪和改进的 GDNI 边缘连接算法

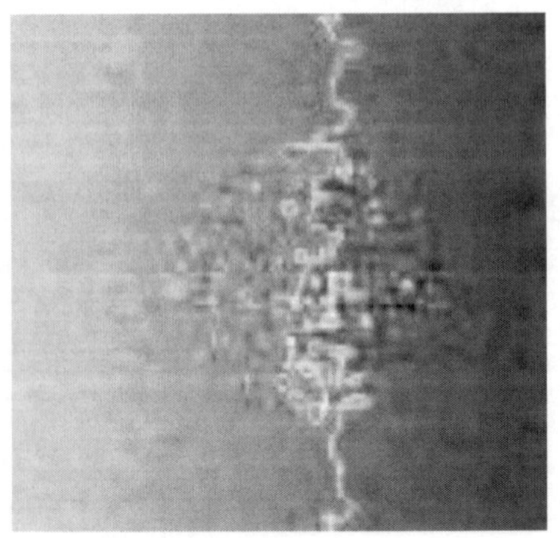

（d）Chan-Vese 模型

（e）RSF-GAC 模型

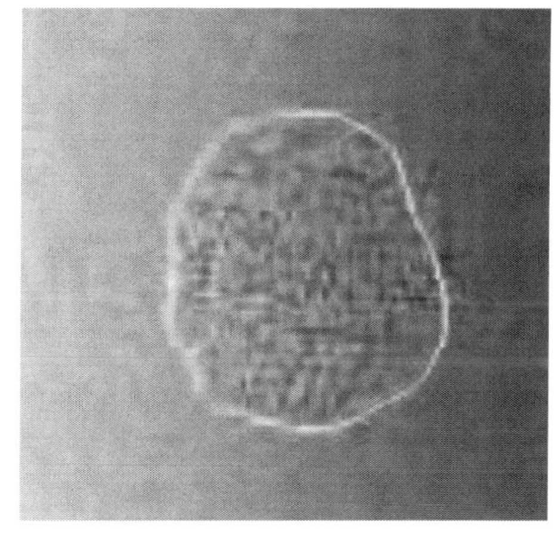

（f）LGF-IHC 模型

图 5.5　人工合成图像的边缘检测实验结果

为了进一步评价 LGF-IHC 边缘检测模型的鲁棒性能，使用其他非溢油遥感图像作为测试图像进行实验，两组具有代表性的军事图像和医学图像的实验结果如图 5.6 所示，其中图 5.6（a）～图 5.6（c）和图 5.6（e）～图 5.6（g）为原始图像，图 5.6（d）和图 5.6（h）为 LGF-IHC 模型的边缘检测结果（局部区域大小的控制参数 $\rho=5$），每幅图像的大小和运行时间如表 5.2 所示。第一组实验的军事图像包括战斗机的可见光图像、舰船的红外图像以及坦克的高分辨率 SAR 图像。从图 5.6（a）～图 5.6（c）中可以清楚地观察到，战斗机的可见光图像由于天空中云彩的影响含有一定的灰度不均匀问题，舰船的红外图像受条纹噪声污染，且对比度很低，坦克的 SAR 图像受斑点噪声污染很严重，坦克底部与斑点噪声很相似。使用 LGF-IHC 边缘检测模型，3 幅军事图像均获得了理想的边界轮廓。第二组实验的医学图像包括两幅受灰度不均匀性影响的低对比度血管图像和一幅受斑点噪声严重污染的超声波图像。从边缘检测结果来看，这 3 幅医学图像均获得了较好的目标轮廓。两组实验的结果表明 LGF-IHC 边缘检测模型不仅能够较好的应用在溢油遥感图像中，还能够处理其他具有不同程度灰度不均匀问题、噪声问题以及低对比度问题的图像，如军事图像和医学图像，从而为军事领域中的目标识别和医学领域中的智能诊断提供了良好的基础和保障，具有较好的扩展性。

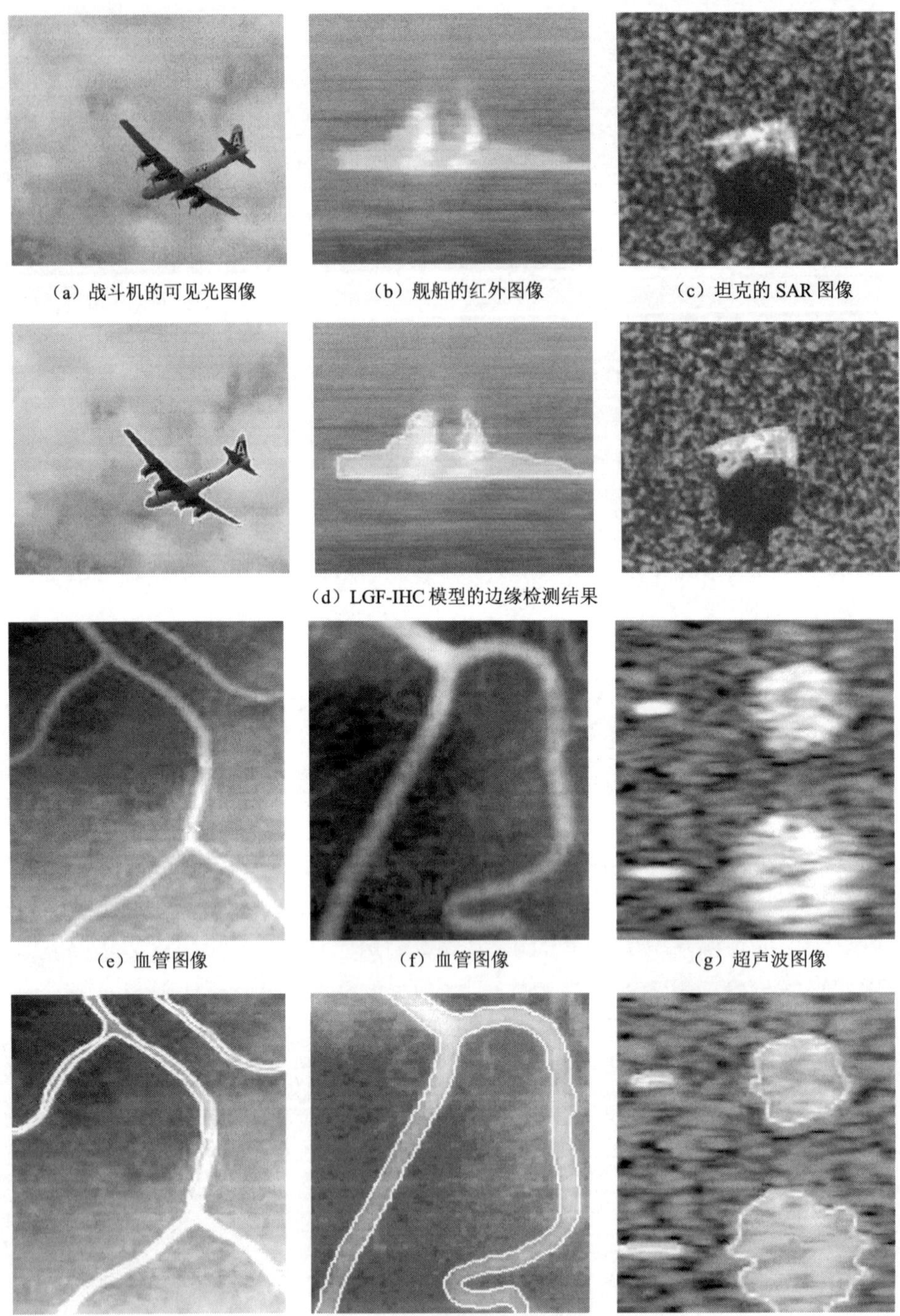

（a）战斗机的可见光图像　（b）舰船的红外图像　（c）坦克的 SAR 图像

（d）LGF-IHC 模型的边缘检测结果

（e）血管图像　（f）血管图像　（g）超声波图像

（h）LGF-IHC 模型的边缘检测结果

图 5.6　LGF-IHC 边缘检测模型在其他非溢油遥感图像中的应用扩展

表 5.2　LGF-IHC 模型处理图 5.6 中图像的运行时间

图像序号	图像大小/像素	运行时间/s
图 5.6（a）	481×321	205.4
图 5.6（b）	168×168	56.1
图 5.6（c）	142×138	31.2
图 5.6（e）	162×239	108.6
图 5.6（f）	103×131	23.8
图 5.6（g）	136×138	29.1

6 基于 PCA 优化纹理特征的航空遥感图像封闭边缘检测技术

6.1 引言

图像的纹理特征有多种描述，但是至今未得到一个精确的定义。图像的纹理区域可以理解为由若干被称作纹理基元（texton）的元素按照某种规律排列而成，这种规律可以是周期性的，也可以是随机性的。而这些纹理基元可以由不同的小波基、原子或线条组成。纹理特征提取在各种具体的遥感图像处理任务中起着至关重要的作用，是遥感图像处理中的一个研究热点。纹理特征提取的目标是提取的纹理特征维数不大、鉴别能力强、稳健性好并能够指导实际应用。图像纹理特征提取可以分为四大类：基于统计的纹理特征提取、基于结构的纹理特征提取、基于信号的纹理特征提取和基于模型的纹理特征提取。

6.2 图像纹理特征提取的分类

6.2.1 基于统计的纹理特征提取

基于统计的纹理特征提取是基于像元及其邻域的灰度属性，研究纹理区域中的统计特性，或像元及其邻域内的灰度的一阶、二阶或高阶统计特性。统计算法简单，易于实现。该类方法的典型代表包括灰度共生矩阵（gray-level co-occurrence matrices，GLCM）算法和半方差图算法（semivariogram）。

GLCM 算法建立在图像的二阶组合条件概率密度基础之上，描述在 θ 方向、相隔 δ 的一对像元分别具有灰度层 i 和 j 的出现概率。

$$p(i,j)=\#\left\{(x_1,y_1),(x_2,y_2)\in\left[M\times N\middle|f(x_1,y_1)=i,f(x_2,y_2)=j\right]\right\} \tag{6.1}$$

显然 GLCM 是一个对称矩阵，是距离和方向的函数，其阶数由图像中的灰度级 q 决定，由 GLCM 能够导出 14 种纹理特征。GLCM 方法提取的纹理特征具有较好的鉴别能力，但其计算代价比较昂贵，尤其是对于像素级的纹理分类更是应用受限。

半方差图算法是一种基于变差函数的算法，由于变差函数反映图像数据的随机性和结构性，能很好地表达纹理图像的特征。Miranda 比较了半方差图算法和 GLCM 算法用于遥感图像分类，发现 GLCM 算法对于光学图像分类效果较好，而半方差图算法较适用于雷达图像。同时得出结论，GLCM 算法在统计中应用最多，其次是半方差图算法。

6.2.2 基于结构的纹理特征提取

基于结构的纹理特征提取是基于“纹理基元”来分析纹理特征，并着力找出纹理基元。这种算法认为纹理是由许多纹理基元构成的，不同类型的纹理基元、不同的方向及数目等因素决定了纹理的表现形式。确定并抽取基本的纹理基元以及研究存在于纹理基元之间的“重复性”结构关系是这种算法要解决的问题。结构算法强调纹理的规律性，较适用于分析人造纹理，而真实世界的大量自然纹理通常是不规则的，且结构的变化是频繁的，因此，该类算法的应用受到很大程度的限制。具有代表性的结构算法包括句法纹理描述算法和数学形态学算法等。

6.2.3 基于信号的纹理特征提取

基于信号处理的纹理特征提取是建立在时域分析、频域分析与多尺度分析基础之上的，对纹理图像中某个区域实行某种变换后，再提取保持相对平稳的特征值，以此特征值来表示区域内的一致性以及区域间的相异性。大多数信号处理算法基于这样一个假设：频域的能量分布能够鉴别纹理。信号处理算法可以分为一般图像变换算法和小波变换算法。该类算法具有多种优点：能在更精细的尺度上分析纹理，进而对纹理进行多分辨表示；符合人类视觉特征，由此提取的特征也是有利于纹理图像分割的；能够结合空域和频域分析纹理特征。正交小波变换的多分辨分解只是将低频部分进一步分解，而对高频部分不予考虑，而真实图像的纹理信息也存在于高频部分，小波分析技术虽然克服了这一缺点，但对非规则纹理又似乎无能为力，小波多应用于标准或规则纹理图像，而对于背景复杂的自然图像，由于存在噪声干扰，或者某一纹理区域内的像素并非处处相似，往往效果不佳。

6.2.4 基于模型的纹理特征提取

基于模型的纹理特征提取假设纹理是由某种参数控制的分布模型方式形成的，从纹理图像的实现来估计模型参数，以参数为特征或采用某种分类策略进行图像分割，因此模型参数的估计是该类算法的核心问题。该类算法的典型代表有随机场算法和分形算法等。随机场算法试图以概率模型来描述纹理的随机过程，对随机数据或随机特征进行统计来估计纹理模型的参数，然后对一系列的模型参数进行聚类，形成和纹理类型数一致的模型参数。随机场模型实际上是描述图像中像素对其邻域像素的统计依赖关系，其中最重要、应用最广泛的是马尔科夫场（Markov random field，MRF）模型。分形算法采用分数维作为分形的重要特征和度量，把图像的空间信息和灰度信息简单而又有机地结合起来，在图像处理中备受人们的关注。

目前，纹理特征提取主要发展趋势：①继续引入新的理论或者数学工具分析纹理（分形理论和小波理论等）；②结合生理学领域相关研究成果，模拟人类视觉感知特性，在此基础上进行纹理图像分割，将大大提高分割性能；③研究各种特征提取方法的融合也是一个重要的研究方向。大多数遥感图像纹理是规则纹理和随机纹理的复杂组合，单纯用某种单一的数学模型来表征纹理可能非常困难。

6.3 基于 PCA 的纹理特征优化

基于灰度共生矩阵的纹理特征（Haralick，1973）是一种基于统计的纹理分析算法，和基于模型的纹理分析算法、基于信号的纹理分析算法相比，展示出很强的优越性（Bharati，2004；Clausi，2000；Clausi and Bing，2004；Baraldi and Parmiggiani，1995；Ohanian and Dubes，1992）。常用的 GLCM 纹理特征包括如下 5 个：能量（energy）、熵（entropy）、非相似性（dissimilarity）、一致性（homogeneity）和均值（mean）。

一般来说，纹理目标分割结果的好坏由纹理特征的性能和分割算法的性能共同决定。Materka 和 Strzelecki、刘丽和匡纲要分别在 1998 年和 2009 年对现有各种纹理特征提取技术进行了综述（Materka and Strzelecki，1998；刘丽和匡纲要，2009），典型的纹理特征描述方法包括 GLCM（Haralick et al.，1973）、Semivariogram（Carr and Miranda，1998）、Gabor 和 MRF（Hansen and Elliot，1982）等，还比较了各种纹理特征提取算法的优劣。文献 Bharati（2004）、Clausi（2000）、Clausi 和 Bing（2004）、Baraldi 和 Parmiggiani（1995）、Ohanian 和 Dubes（1992）通过大量分析和实验比较了多种纹理提取算法的优缺点，证明了 GLCM 纹理具有更强的区分不同目标特征的能力。Walker 等在 2003 年研究了 GLCM 的多尺度属性，说明了 GLCM 纹理可以描述不同尺度下目标的特征（Walker et al.，2003）。GLCM 最大的缺点是计算复杂度高，这极大地限制了其应用的范围，而 Clausi 和 Zhao（2002）综合利用线性表、队列、Hash 表等多数据结构，提出了一种灰度共生集成算法（grey level co-occurrence integrated algorithm，GLCIA）用于快速计算 GLCM，这为基于 GLCM 纹理特征的广泛应用提供了可能。此外，Clausi（2002）年还对 GLCM 的量化水平对纹理特征值的影响进行了探讨。本节将采用 GLCM 纹理提取绝缘子的特征，其计算方法采用 GLCIA 快速算法。不同纹理特征提取算法提取的绝缘子纹理特征是不同的，这里不关注何种纹理更适合于刻画绝缘子的特征，而关注如何更好地区分具有低对比度的纹理目标，这在复杂背景的航空绝缘子图像中是一个常见的问题。

一般来说，在航空绝缘子图像中，绝缘子和背景的纹理特征具有明显的差异。采用的 10 个纹理特征描述符都是以 GLCM 为基础的，包括 8 个常用的纹理特征算子（Haralick et al.，1973）：相关性（correlation，Cor）、对比度（contrast，Con）、非相似性（dissimilarity，Dis）、熵（entropy，Ent）、不一致性（inhomogeneity，Inh）、逆差矩（inverse difference，Inv）、最大概率（max probability，Max）、不均匀性（uniformity，Uni）。还包括两个不常用纹理特征描述符（Starovoikov et al.，1998）：周期性（recursivity，Rec）和方差（variance，Var）。之所以引入后两个不常用的纹理特征描述符来刻画绝缘子的特征，是考虑到绝缘子呈现明显的周期性。在计算 GLCM 时，有 4 个参数需要确定：窗口大小 d 、像素间距离 δ 、像素间方向 θ 和灰度量化水平 q 。由于绝缘子在航空图像中没有固定的方向，取 4 个可能的像素间的方向： 0、$\pi/4$、$\pi/2$、$3\pi/4$ 。上述 10 个纹理特征量和 4 个方向相结合，产生一个 40 维的特征空间，记为 $I_i\left(i=1,2,\cdots,40\right)$ 。考虑到航空巡线对实时性有较高的要求，采用 Clausi 和 Zhao（2003）提出的 GLCIA 算法快速计算基于 GLCM 的绝缘子纹理特征，他们只给出了前 8 个纹理特征量的 GLCIA 实现，没有讨论后两个纹理特征的 GLCIA 实现问题。本节按照 GLCIA 的思路，给出后两个纹理特征的 GLCIA 实现方式。

实验中，对于背景较简单的纹理特征图像，绝缘子和背景之间的纹理差异比较大，上述 40 维的纹理特征中，大多数纹理特征具有较强的区分能力。纹理特征区分不同目标的能力，采用绝缘子和其他目标间的距离归一化后的值来度量。在简单的航空绝缘子图像上，直接利用上述 40 维纹理特征就能够获得理想的分割效果。然而，对于复杂背景下具有低对比度的航空绝缘子图像，绝缘子和背景（水和铁塔等）之间的纹理差异比较小，大多数纹理特征具有较弱的区分能力，直接利用上述 40 维纹理特征很难获得理想的分割效果，这给航空绝缘子图像的分割带来很大的困难。成功分割复杂低对比度航空绝缘子图像是本节的主要目标之一。

通过仔细观察 40 维纹理特征发现，根据区分不同纹理目标能力的差异，可以将其分成两类，一类具有较强的区分能力，另一类具有较弱的区分能力。一方面，第一类纹理特征区分不同纹理目标的能力比较强（约量化为 0.8），但其数量在 40 维纹理特征中所占的比例较小（约 14%），以至于很难获得理想的分割结果；另一方面，第二类纹理特征区分不同纹理目标的能力比较弱（约量化为 0.3），但这些纹理特征本身还包含着大量潜在的纹理信息，这些信息对区分低对比度区域是很有价值的。

PCA 作为一种正交变换技术，在图像处理领域有着广泛的应用，如图像增强和降维（Yang et al.，2011；Du and Fowler，2007；Farrell and Mersereau，2005），图像复原（Zubko et al.，2007；Li et al.，2007）和图像分类（Chamundeeswari et al.，2009；Jimenez et al.，2007）。PCA 技术可以从统计的角度对上述问题进行分析，其目标是通过寻找数量尽可能少的主成分来解释原始数据中尽可能多的信息以实现数据的降维。为了能够准确稳定地分割复杂背景下具有低对比度的航空绝缘子图像，采用一种新的方式使用 PCA 来优化纹理特征。首先，PCA 只用来优化弱纹理特征，选出优化结果中的前几个主成分，一般也具有较强的区分能力（约量化为 0.85）。然后，将 PCA 优化后的前几个主成分和第一类纹理特征组合起来得到最终的纹理特征向量，共同刻画绝缘子和低对比度目标的纹理特征。这样，既保证了纹理特征的数量，也保证了纹理特征的质量，使得最终的纹理特征向量具有较强的区分能力。假设这种组合后最终的纹理特征具有 n 维，记为 $\tilde{I}_i\left(i=1,2,\cdots,n;\ n<40\right)$。至于有多少个主成分会被选中，由累积贡献率（ccr）确定。很显然，这里 PCA 的使用方法具有部分使用的特点。

PCA 的用法不同于其他常见用法，Jimenez 等（2007）为了提高无监督分类 SAR 图像的准确率，首先优化并集成了多个单独的纹理特征。然后在整个纹理特征集上直接应用 PCA，获得了较高的分类精度。然而，这里的 PCA 只是应用在弱纹理特征集上，再将 PCA 优化后的前几个主成分和第一类纹理特征组合起来得到最终的纹理特征向量。这种应用方式既可以确保每个纹理特征有足够多的数量优势，也可以确保纹理特征都具有较强的区分能力。这种组合的纹理特征无论应用在复杂航空绝缘子图像上，还是应用在包含低对比度伪目标的航空绝缘子图像上，都可以获得理想的分割结果。

6.4 基于PCA-GMTD模型的航空遥感图像边缘检测模型

6.4.1 PCA-GMTD 边缘检测模型的来源

为了分割纹理图像，Lianantonakis 和 Petillot（2007）将 Haralick 纹理特征引入向量版 ACWE 模型中，提出了带纹理特征描述符的主动轮廓模型，称为 TDAC 模型，即

$$
\begin{aligned}
E^{\mathrm{TDAC}}\left[C,m_i^{\mathrm{in}}(C),m_i^{\mathrm{out}}(C)\right] = {} & \mu\int_C \mathrm{d}s \\
& +\frac{1}{n}\sum_{i=1}^{n}\lambda_i^{\mathrm{in}}\int_{\Omega_{\mathrm{in}}}\left|I_i(x,y)-m_i^{\mathrm{in}}(C)\right|^2\mathrm{d}x\mathrm{d}y \\
& +\frac{1}{n}\sum_{i=1}^{n}\lambda_i^{\mathrm{out}}\int_{\Omega_{\mathrm{out}}}\left|I_i(x,y)-m_i^{\mathrm{out}}(C)\right|^2\mathrm{d}x\mathrm{d}y
\end{aligned}
\tag{6.2}
$$

式中，$\mu>0$，为长度项；$\lambda_i^{\text{in}}>0,\lambda_i^{\text{out}}>0(i=1,2,\cdots,N)$ 分别为第 i 个通道在轮廓线 C 演化过程中的权重系数；$m_i^{\text{in}}(C)$ 和 $m_i^{\text{out}}(C)$ 分别表示轮廓线 C 内部和外部各个通道图像特征的均值向量。采用梯度下降流求解方法，式（6.2）所对应的曲线演化方程为

$$\frac{\partial\phi}{\partial t}=\left\{\mu\nabla\cdot\left(\frac{\nabla\phi}{|\nabla\phi|}\right)+\frac{1}{n}\sum_{i=1}^{n}\left[\lambda_i^{\text{in}}\left(I_i-m_i^{\text{in}}\right)^2-\lambda_i^{\text{out}}\left(I_i-m_i^{\text{out}}\right)^2\right]\right\}|\nabla\phi| \tag{6.3}$$

式(6.2)在用来分割侧扫声呐图像时，获得了较理想的分割结果，表明 Haralick 纹理特征和基于区域的 ACWE 模型结合是可行的。但是，文献 Lianantonakis 和 Petillot（2007）所采用的声呐图像比较简单，直接将式（6.2）用于分割航空绝缘子图像，不能获得理想的结果。式（6.2）表示的模型还存在如下缺点：易陷入局部极小值；缺少纹理特征优化；不能分割纹理图像中的低对比度目标；计算 Haralick 纹理特征和重新初始化水平集函数使得 TDAC 模型非常耗时等。为了提高式(6.2)分割复杂背景下纹理目标的能力，通过在 TDAC 模型中引入边缘停止项 $g(x,y)$，然后利用和文献 Xie（2010）类似的能量凸化技术对 TDAC 模型进行凸化，构建出新的 GMTD 模型，下面进行详细介绍。

6.4.2 PCA-GMTD 边缘检测模型的定义

令 $\Omega\subseteq R^2$ 表示图像域，$I:\Omega\to R$ 表示一个给定的图像，$\tilde{I}_i\,(i=1,2,\cdots,n;\,n<40)$ 表示组合强纹理特征和经 PCA 优化后前几个主成分得到的最终纹理特征图像，C 表示图像域 Ω 内一个封闭的轮廓。本书定义如下带约束的凸能量泛函，即

$$\min_{0\leqslant\phi\leqslant1}\left\{\begin{aligned}&E_1^{\text{GMTD}}(\phi)=\text{TV}_{\text{g}}(\phi)\\&\qquad+\mu\int_\Omega\underbrace{\left[\frac{1}{n}\sum_{i=1}^{n}\lambda_i^{\text{in}}\left(I_i-m_i^{\text{in}}\right)^2-\frac{1}{n}\sum_{i=1}^{n}\lambda_i^{\text{out}}\left(I_i-m_i^{\text{out}}\right)^2\right]}_{=:R^{\text{GMTD}}\left(\{\tilde{I}_1,\tilde{I}_2,\cdots,\tilde{I}_n\}\right)}\phi\,\mathrm{d}x\mathrm{d}y\end{aligned}\right\} \tag{6.4}$$

式中，等号右侧第一项是加权全变分能量项，$\text{TV}_{\text{g}}(\phi)=\int_\Omega g(x,y)|\nabla\phi|\mathrm{d}x\mathrm{d}y$。引入的停止项 $g(x,y)$ 为定义在 $\tilde{I}_i$ 上的边缘指示停止项 $g_i(x,y)$ 的平均值，即

$$g(x,y)=\frac{1}{n}\sum_{i=1}^{n}g_i(x,y) \tag{6.5}$$

$$g_i(x,y)=\frac{1}{1+\left|\nabla\tilde{I}_i(x,y)\right|^2}\quad(0<g_i(x,y)<1) \tag{6.6}$$

边缘停止函数 $g(x,y)$ 将轮廓曲线吸引到纹理特征图像中具有较大梯度的目标轮廓上，是 PCA 优化后的纹理特征图像的平均，而文献 Bresson 等（2007）中

的 $g(x,y)$ 则定义在单层灰度特征上。

式（6.4）等号右侧第二项是区域信息项，$\{\tilde{I}_1,\tilde{I}_2,\cdots,\tilde{I}_n\}$ 是优化后的前几个主成分和第一类纹理特征组合后的最终纹理特征图像。m_i^{in} 和 m_i^{out} 分别是 PCA 优化后的纹理特征图像 $\tilde{I}_i$ 在轮廓 C 内和轮廓 C 外的平均值。需要指出的是，上述参数 m_i^{in}、m_i^{out} 和 $\tilde{I}_i$ 的含义不同于 TDAC 模型中的参数。系数 λ_i^{in} 和 λ_i^{out} 是第 i 层相应纹理特征图像的权重，依赖于 $\left|m_i^{\text{in}}-m_i^{\text{out}}\right|$ 的大小。参数 μ 控制数据驱动能量项和加权全变分能量项的权重。实验结果表明该模型的分割结果对参数 μ 不是特别敏感，对于给定类型的纹理图像只需用参数 μ 控制数据驱动能量项和加权全变分能量项的权重。能量泛函 GMTD，即式（6.4）关于水平集函数 ϕ 是凸的。因此， GMTD 模型在轮廓演化过程中永远不会陷入局部极小值。换句话说，该模型不依赖于初始轮廓的位置。

另外一个需要讨论的问题是纹理特征的选择。特征选择可以通过最大差分方案（maximum difference scheme，MDS）来实现，采用和 Bresson 等在 2007 年提出的相类似的方法，在优化后的纹理特征图像 $\tilde{I}_i$ 上用下式计算 λ_i^{in} 和 λ_i^{out} 的值，即

$$\lambda_i^{\text{in}}=\lambda_i^{\text{out}}=\frac{\left|m_i^{\text{in}}-m_i^{\text{out}}\right|}{M}\quad(i=1,2,\cdots,n) \tag{6.7}$$

式中，$M=\max\limits_{1\leqslant i\leqslant n}\left|m_i^{\text{in}}-m_i^{\text{out}}\right|$。系数 λ_i^{in} 和 λ_i^{out} 的值直接影响每一层纹理特征驱动轮廓演化的能力。因此，将满足 $\dfrac{\left|m_i^{\text{in}}-m_i^{\text{out}}\right|}{M}<\tau(\tau=0.5)$ 的 λ_i^{in} 和 λ_i^{out} 设为 0，这样可以有效消除轮廓演化过程中区分能力相对较弱的纹理特征的影响。

根据 Chan 在 2006 年提出的定理，对于任意给定的固定值 m_i^{in} 和 m_i^{out}，通过最小化凸能量泛函都可以寻找到一个全局最小值。

6.4.3 能量模型最小化求解

本节给出用于最小化 GMTD 模型的基于加权全变分的对偶规则（Chan，2006；Chambolle，2004；Aujol and Chambolle，2005；Bresson and Chan，2008）算法。首先，将能量泛函式（6.4）改写成如下的非约束凸最小化问题，即

$$\min\left\{E_2^{\text{GMTD}}(\phi)=\text{TV}_{\text{g}}(\phi)+\int_{\Omega}\left[\mu R^{\text{GMTD}}(\tilde{I}_1,\tilde{I}_2,\cdots,\tilde{I}_n)\phi+\alpha\nu(\phi)\right]\text{d}x\text{d}y\right\} \tag{6.8}$$

式中，$I\colon\Omega\to R$ 是精确的罚函数，假设常数 α 是比 λ_i^{in} 和 λ_i^{out} 大很多的常量，比如

$$\alpha>\left\|R^{\text{GMTD}}\left(\tilde{I}_1,\tilde{I}_2,\cdots,\tilde{I}_n\right)\right\|_{L^{\infty}(\Omega)} \tag{6.9}$$

然后，引入辅助变量u，利用对偶规则技术重新定义最小化问题，该非约束凸最小化问题为

$$\min\left\{\begin{aligned}E_3^{\mathrm{GMTD}}(\phi,u)=\mathrm{TV_g}(\phi)+\frac{1}{2\theta}\|\phi-u\|_{L^2}^2\\+\int_\Omega\left[\mu R^{\mathrm{GMTD}}\left(\tilde{I}_1,\tilde{I}_2,\cdots,\tilde{I}_n\right)u+\alpha v(u)\right]\mathrm{d}x\mathrm{d}y\end{aligned}\right\}\tag{6.10}$$

式中，θ是一个很小的正数。由于能量泛函E_3^{GMTD}是凸的，其最小化过程可以通过迭代方式最小化ϕ和u来实现，迭代过程直到收敛为止。因此，可以考虑如下两个最优化问题，即

$$\min_u\int_\Omega\mathrm{TV_g}(\phi)+\frac{1}{2\theta}\|\phi-u\|_{L^2}^2\,\mathrm{d}x\mathrm{d}y\tag{6.11}$$

$$\min_v\int_\Omega\frac{1}{2\theta}\|\phi-u\|_{L^2}^2+\mu R^{\mathrm{GMTD}}\left(\tilde{I}_1,\tilde{I}_2,\cdots,\tilde{I}_n\right)u+\alpha v(u)\mathrm{d}x\mathrm{d}y\tag{6.12}$$

（1）固定u，关于ϕ最小化式（6.11）得

$$\phi=u-\theta\,\mathrm{div}\,p\tag{6.13}$$

式中，对偶变量$p=(p^1,p^2)$，即

$$g(x,y)\nabla(\theta\,\mathrm{div}\,p-u)-\left|\nabla(\theta\,\mathrm{div}\,p-u)\right|p=0\tag{6.14}$$

选择$0\leqslant\delta t\leqslant\frac{1}{8}$，式（6.14）可以通过固定点方法求解$p^0=0$，对于任意$n\geqslant0$，有

$$p^{n+1}=\frac{p^n+\delta t\nabla\left(\mathrm{div}\,p^n-\frac{u}{\theta}\right)}{1+\frac{\delta t}{g(x,y)}\left|\nabla\left(\mathrm{div}\,p^n-\frac{u}{\theta}\right)\right|}\tag{6.15}$$

（2）固定ϕ，关于u最小化式（6.12）得

$$u=\min\left\{\max\left\{\phi-\theta\mu R^{\mathrm{GMTD}}\left(\tilde{I}_1,\tilde{I}_2,\cdots,\tilde{I}_n\right),0\right\},1\right\}\tag{6.16}$$

在组合强区分能力纹理特征和PCA优化后前几个主成分的基础上，算法通过最小化GMTD能量泛函可以有效分割航空绝缘子图像。算法流程如图6.1所示。

首先，对原始航空绝缘子图像利用快速纹理算法GLCIA提取基于GLCM的40维纹理特征，根据纹理特征每层的区分能力对40维纹理特征进行聚类，结果分成两类；然后，根据每层纹理特征区分不同纹理目标的能力，用PCA技术对弱纹理特征进行优化；接着，利用水平集函数ϕ_0对轮廓进行初始化设置。从具有较强区分能力的组合纹理特征集合中利用MDS选择可以用于轮廓演化的纹理特征；最后，利用对偶规则技术快速更新凸能量泛函的水平集函数ϕ_n直到迭代误差

$\|\phi_{n+1}-\phi_n\|$ 小于给定的阈值 ε 。

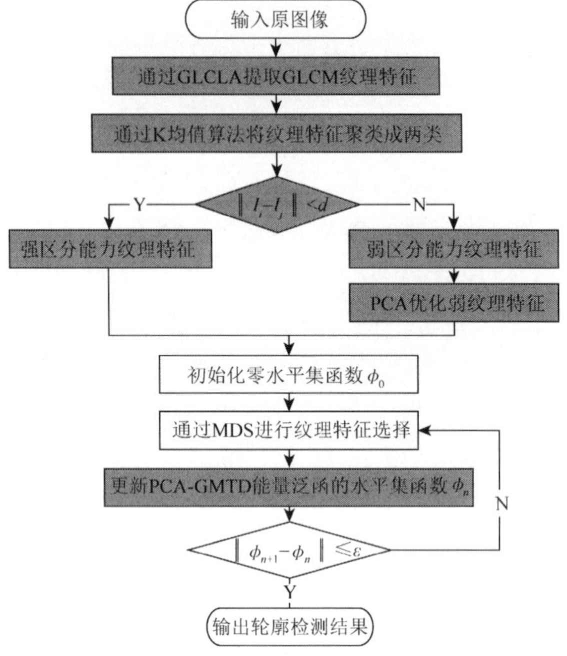

图 6.1　PCA-GMTD 算法流程图

假设给定图像 I 的大小是 $N_x \times N_y$ ，对任意 $1\leqslant i\leqslant N_x, 1\leqslant j\leqslant N_y$ ，离散散度算子 div p 定义为

$$\operatorname{div} p^n(x,y)=\begin{cases} p_n(i,j)-p_n(i-1,j) & (1<i<N_x) \\ p_n(i,j) & (i=1) \\ -p_n(i-1,j) & (1<i<N_x) \end{cases} + \begin{cases} p_n^2(i,j)-p_n^2(i,j-1) & (1<j<N_y) \\ p_n^2(i,j) & (j=1) \\ -p_n^2(i,j-1) & (1<j<N_y) \end{cases} \tag{6.17}$$

离散梯度算子定义为

$$\nabla u_k(i,j)=\left[\nabla u_k^1(i,j),\nabla u_k^2(i,j)\right] \tag{6.18}$$

式中，

$$\nabla u_k^1(i,j)=\begin{cases} u_k(i+1,j)-u_k(i,j) & (i<N_y) \\ 0 & (i=N_y) \end{cases} \tag{6.19}$$

$$\nabla u_{\mathrm{k}}^{2}(i,j)=\begin{cases}u_{\mathrm{k}}(i,j+1)-u_{\mathrm{k}}(i,j) & (i<N_{\mathrm{y}})\\ 0 & (i=N_{\mathrm{y}})\end{cases} \tag{6.20}$$

基于上述离散梯度算子和散度算子，PCA-GMTD 算法数值最小化的迭代过程如下：

```
Begin
    fm=GLCIA（d,δ,θ,q,s）                    //特征提取
    [fms,fmw]=k–means（fm）                  //特征提取
    fsm=PCA（fmw,ccr）                       //特征优化
    φ_0 = u_0 = I(x,y) / max[I(x,y)]         //初始化
    p_0^1 = p_0^2 = 0
Repeat                                       //迭代
    φ_{n+1} = u_n – div p
    u_{n+1} = φ_{n+1} – λμR^GMTD (fms ∪ fsm)  //包含特征选择
    until ‖φ_{n+1} – φ_n‖ ≤ ε
End
```

在上述算法中，各符号的含义如下：d 表示窗口大小；δ 表示像素间距离；θ 表示像素间方向；q 表示量化水平；s 表示基于 GLCM 的纹理特征量；fm 表示采用 GLCIA 提取的 40 层纹理特征图像；fms 表示强区分能力的特征图像；fmw 表示弱区分能力的纹理特征图像；fsm 表示组合后的特征子图像（维度是 n）；ccr 表示 PCA 中的累积贡献率。

6.4.4 MATLAB 仿真实验结果与分析

1. 实验数据集和模型参数分析

实验采用两组纹理图像评价分割算法的性能。第一组是由 Brodatz 纹理库（Brodatz，1968）组成的合成纹理图像。第二组包含浙江省电力公司提供的 2008 年、2009 年和 2012 年航空遥感绝缘子图像。

算法参数是靠经验设置的，除非特别说明，参数设置如下：在计算 GLCM 提取纹理特征时，根据绝缘子纹理的分辨率将窗口大小设置为 $d=11$；像素间的距离 $\delta=1$；像素间的方向 $\theta=\{0,\pi/4,\pi/2,3\pi/4\}$；灰度等级量化 $q=32$。实验结果表明，这种参数组合方式可以较好地提取绝缘子的纹理特征。在 PCA 特征优化步骤中，累积贡献率设置为 99.9%。在 MDS 特征选择步骤中，λ_i^{in} 和 λ_i^{out} 由阈值参数 τ 决定，本实验根据文献 Lianantonakis 和 Petillot（2007）讨论的结果，将 τ 设置

为 0.5。在曲线演化阶段，$\theta=1$，时间步长 $\delta t=1/8$，终止迭代的误差阈值设置为 0.01 以保证可以准确的定位边缘位置。

μ 作为一个最重要的参数，控制着数据驱动能量项和加权全变分能量项的相对权重。μ 越大，则第一项的权重越小，越容易检测小目标；μ 越小，则第一项的权重越大，越容易检测大目标。

对原始航空绝缘子图像在 $\mu=\{0.1,0.12,0.14,\cdots,4\}$ 时进行实验比较，图 6.2（a）给出了原始的航空绝缘子图像和位于图像左下方的圆形初始轮廓，图 6.2（b）～图 6.2（f）分别给出了 $\mu=4$、$\mu=2$、$\mu=1$、$\mu=0.6$ 和 $\mu=0.2$ 的分割结果。

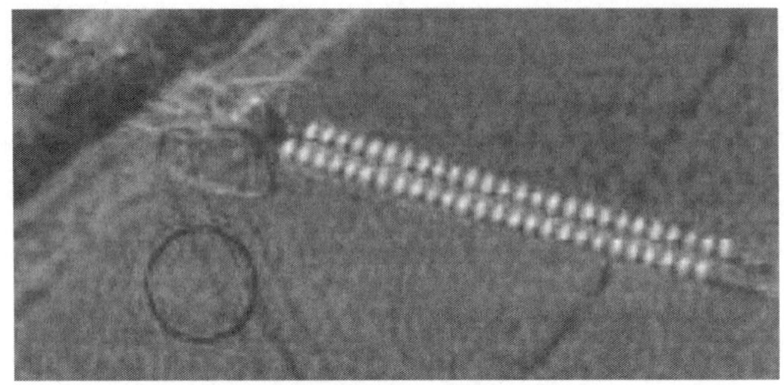

（a）原始航空绝缘子图像和初始轮廓

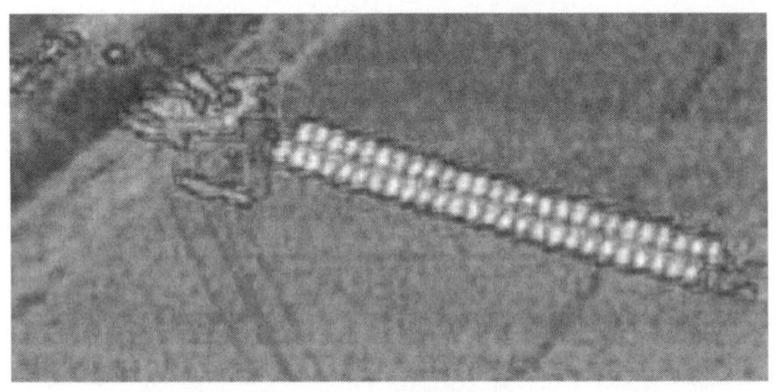

（b）μ=4 的分割结果

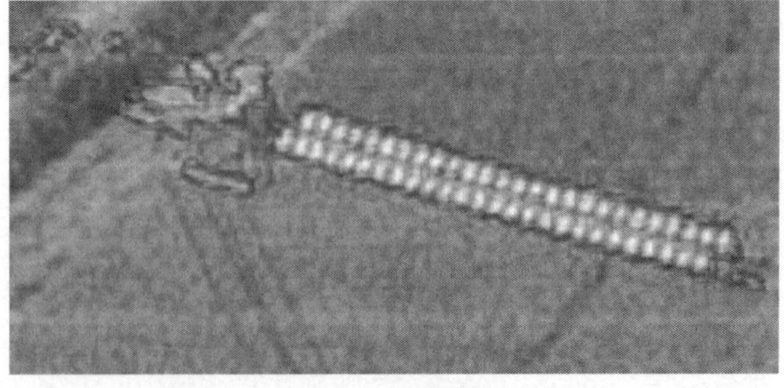

（c）μ=2 的分割结果

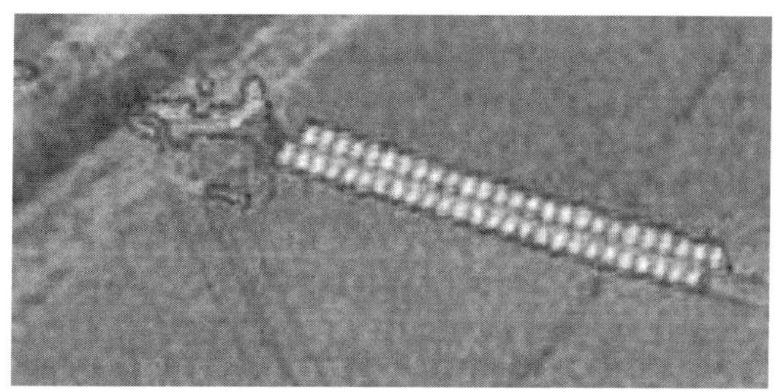

（d）μ=1 的分割结果

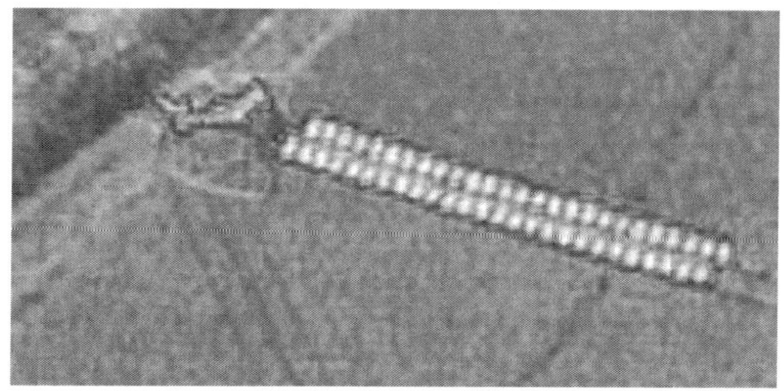

（e）μ=0.6 的分割结果

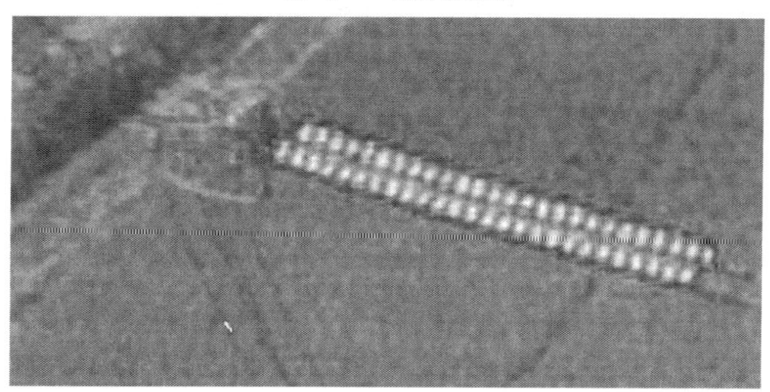

（f）μ=0.2 的分割结果

图 6.2 参数 μ 对 PCA-GMTD 模型性能的影响

对加入均值为 0、方差为 0.1 高斯噪声的航空绝缘子图像在 $\mu=\{0.1,0.12,0.14,\cdots,5\}$ 时进行实验比较，图 6.3（a）给出了原始航空绝缘子图像和位于图像中心的圆形初始轮廓，图 6.3（b）给出了原始航空绝缘子图像分割结果，图 6.3（c）给出了加入均值为 0，方差为 0.1 高斯噪声的航空绝缘子图像，图 6.3（d）～图 6.3（f）分别给出了 $\mu=5$ 、$\mu=0.5$ 和 $\mu=0.2$ 的分割结果。这些分割结果表明，如果只想检测较大的目标(如图 6.3 中将绝缘子串作为一个整体而不是想检测的其他物体)，不想检测小物体（如图 6.3 中的噪声），μ 应该取较小的值。对于大多数航空绝缘子图像，$\mu=0.2$ 是一个较好的选择。值得注意的是，在 $0.1\leqslant\mu\leqslant0.3$ 时，本章算法给出的分割结果和 $\mu=0.2$ 时类似。这表明针对特定类型的纹理图像，本章提出的算法对参数 μ 具有较强的健壮性。

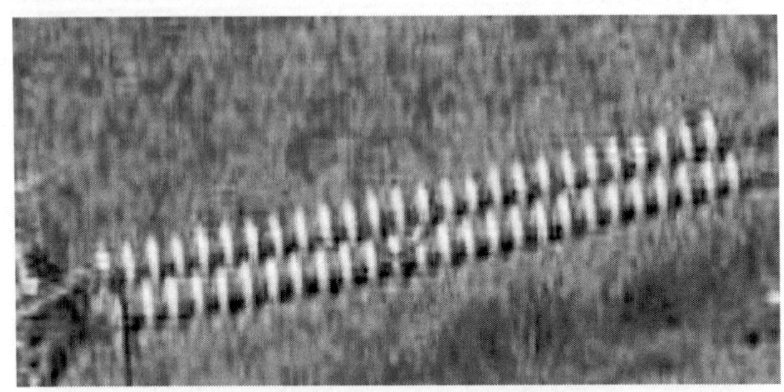

（a）原始航空绝缘子图像和初始轮廓

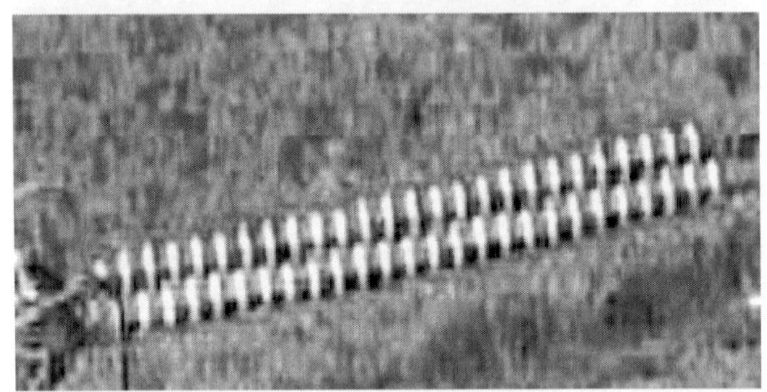

（b）航空绝缘子图像分割结果

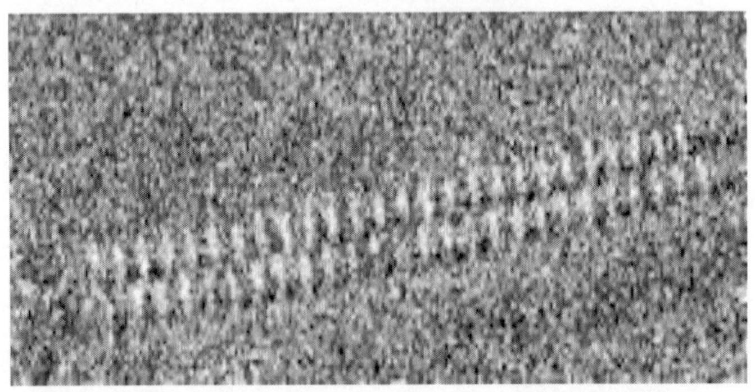

（c）加入均值为 0、方差为 0.1 高斯噪声的航空绝缘子图像

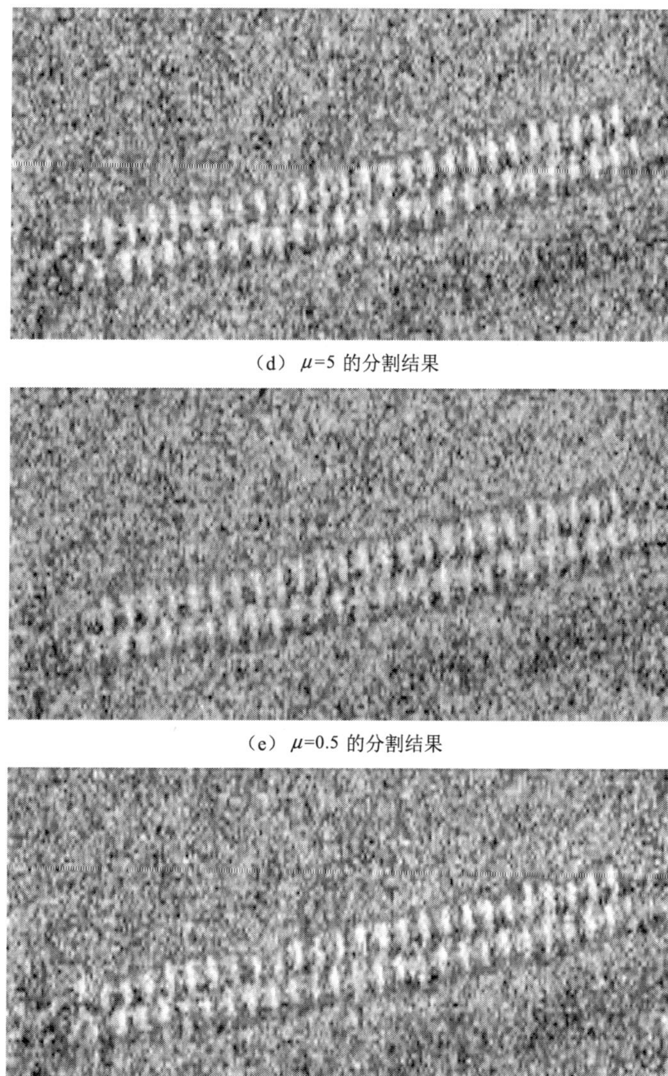

（d） μ=5 的分割结果

（e） μ=0.5 的分割结果

（f） μ=0.2 的分割结果

图 6.3 参数 μ 对 PCA-GMTD 模型性能的影响

2. 合成纹理图像实验

图 6.4 给出了实验图像第一组中两幅合成纹理图像的分割结果，参数 μ=0.2 。图 6.4（a）给出原始图像和初始轮廓。图 6.4（b）给出了 ACWE 模型的分割结果，

可以看出 ACWE 模型没有成功分割这两幅合成图像，这表明 ACWE 模型不能分割纹理图像。图 6.4（c）给出了 TDAC 模型的分割结果，尽管分割结果比 ACWE 模型要好一些，但是仍然不能准确区分图像中不同的纹理区域，这是由于 TDAC 模型的能量函数在轮廓演化过程中陷入了局部极小值。图 6.4（d）给出了本书提出的 GMTD 模型的分割结果，分割效果明显优于前面两种分割方法。

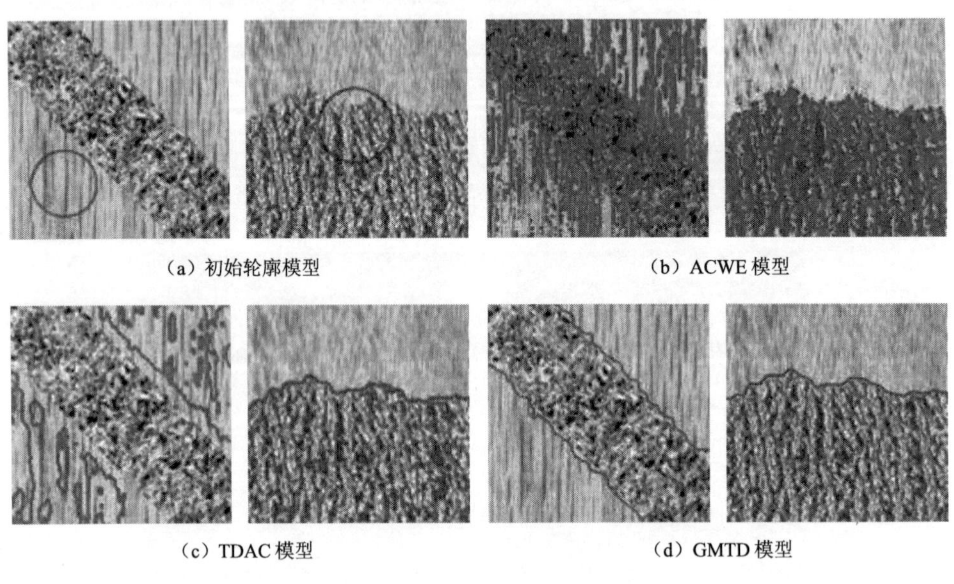

（a）初始轮廓模型　（b）ACWE 模型

（c）TDAC 模型　（d）GMTD 模型

图 6.4　合成纹理图像不同模型分割结果比较

3. 复杂背景航空绝缘子图像实验

图 6.4 利用合成纹理图像，验证了非凸能量泛函 TDAD 凸化的效果。从航空绝缘子图像中也能够得到同样的结论，图 6.5 给出了背景比较复杂的五组[图 6.5（a）～图 6.5（e）]航空绝缘子图像实验结果，比较了其他三种算法和本书提出的 GMTD 算法、PCA-GMTD 算法的分割性能。在每组实验中，第一行分别为初始轮廓、ACWE 模型（Chan and Vese，2001）和 FGMAC 模型（Bresson et al.，2007）的分割结果，第二行分别为 TDAC 模型（Lianantonakis and Petillot，2007）、GMTD 模型和 PCA-GMTD 模型的分割结果。在这些航空绝缘子图像中，背景是草地、林地等，绝缘子和背景之间存在明显纹理差异。对于图 6.5（a）和图 6.5（b）中第一幅图像，初始轮廓是设置在图像左下角的一个圆，即 $\phi_0=-\sqrt{\left[x-\left(N_x\times 3\right)/4\right]^2+\left(y-N_y/4\right)^2}+r$，其中 $N_x\times N_y$ 是图像大小， $r=\min\left(N_x/5,N_y/5\right)$ 是初始轮廓的半径。对于图 6.5（c）和图 6.5（d）中第一幅图像，初始轮廓是一个中心圆，即 $\phi_0=-\sqrt{\left(x-N_x/2\right)^2+\left(y-N_y/2\right)^2}+r$，

半径 $r=\min\left(N_{\mathrm{x}}/3,N_{\mathrm{y}}/3\right)$。图 6.5（e）中第一幅图的初始轮廓是均匀分布的小圆。对于这些航空绝缘子图像，μ 也设置成 0.2。很显然，ACWE 模型不能得到理想的分割结果；尽管 FGMAC 模型的能量函数是凸的，但也不能成功分割出绝缘子；TDAC 模型在能量最小化的过程中不能避免局部极小值的存在。然而，本书提出的 GMTD 模型和 PCA-GMTD 模型均获得理想的分割结果，明显优于前面三种方法。值得注意的是，尽管背景比较复杂，但绝缘子和背景之间存在明显的纹理差异，PCA 优化纹理特征这一步不是必须的。多数情况下，PCA-GMTD 模型的分割结果和 GMTD 模型的分割结果类似，只在少数情况下，PCA-GMTD 模型比 GMTD 模型具有更高的轮廓检测精度和更好的抗噪性能，如图 6.5（e）所示。然而，对于低对比度复杂背景的航空绝缘子图像，PCA 优化纹理特征则是必需的，其作用在下一组实验中进一步验证。

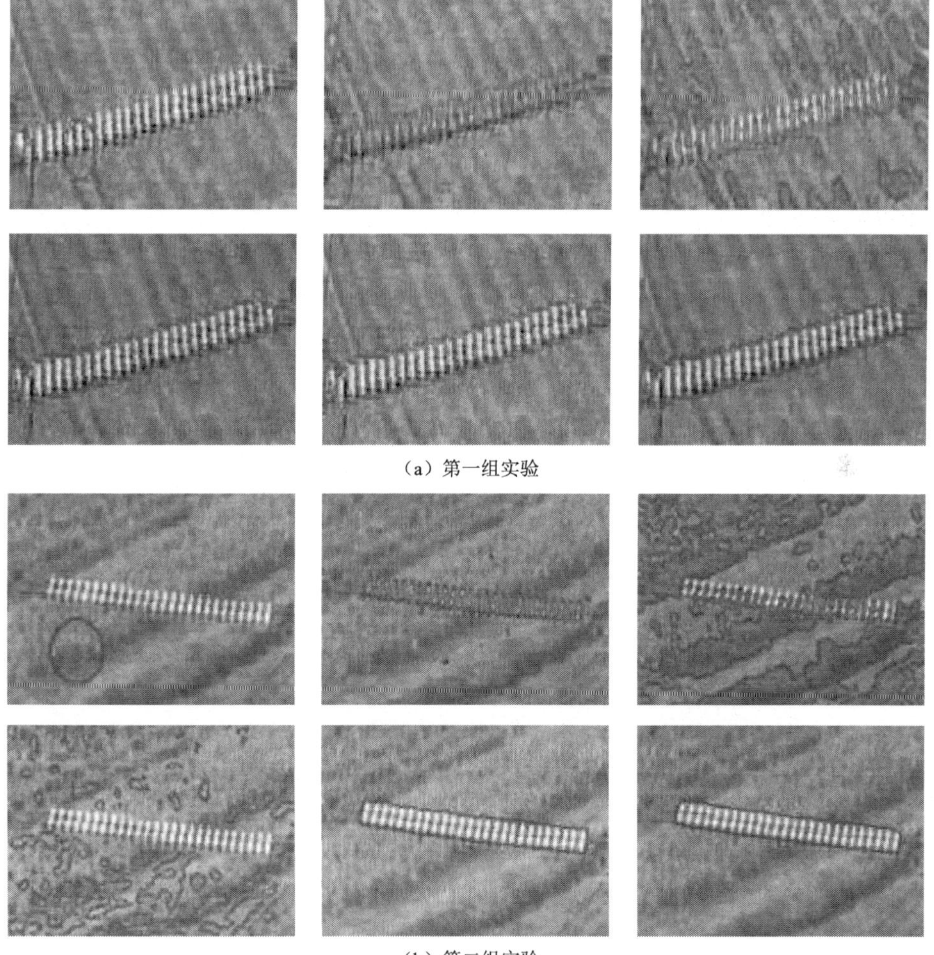

（a）第一组实验

（b）第二组实验

（c）第三组实验

（d）第四组实验

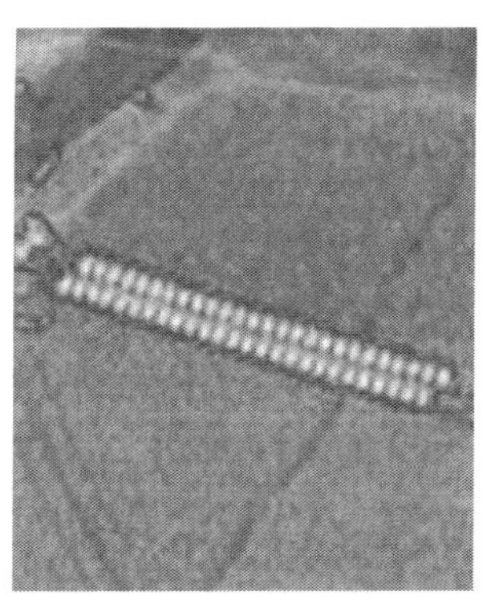
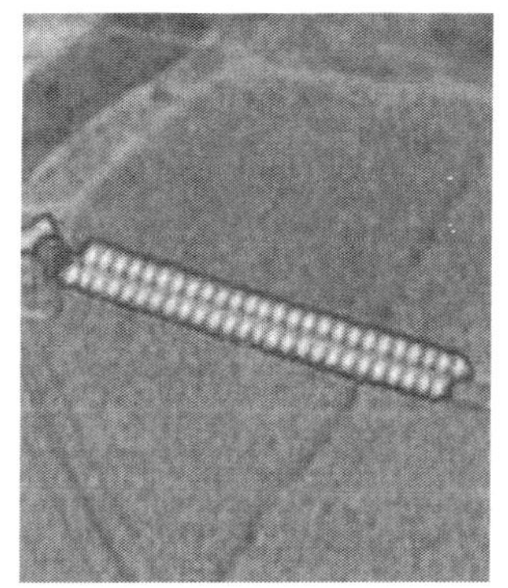
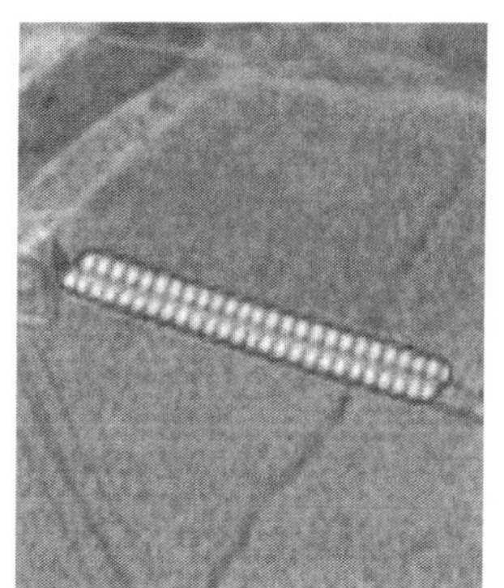

（e）第五组实验

图 6.5　绝缘子图像不同模型分割结果比较

4. 低对比度航空绝缘子图像实验

图 6.6 给出了另外六组[图 6.6（a）～图 6.6（f）]航空绝缘子图像实验结果，比较了其他算法和本书提出的 GMTD 模型、PCA-GMTD 模型的分割性能，这些图像中绝缘子和背景之间的对比度比较低、背景更加复杂，存在水和铁塔等伪目标。在每组实验中，第一行分别为原始图像和初始轮廓，第二行分别为 TDAC 模型（Lianantonakis and Petillot，2007）和 FGMAC 模型（Bresson et al.，2007）分割结果、第三行为本书提出的 GMTD 模型和 PCA-GMTD 模型分割结果。对于图 6.6（a）和图 6.6（b）中第二幅图像，初始轮廓是位于图像左下方的一个小圆。对于图 6.6（c）和图 6.6（e）中第二幅图像，初始轮廓是均匀分布的小圆。图 6.6（d）和图 6.6（f）中第二幅图像的初始轮廓是位于图像中心的一个小圆。这些航空绝缘子图像背景比较复杂，μ 设置为 0.15 以避免小目标的影响。TDAC 模型的分割结果不够理想，因为在演化过程中 TDAC 模型比较容易陷入局部极小值。尽管 FGMAC 模型的能量函数是凸的，但也不能成功分割绝缘子。由于低对比度的影响，GMTD 模型的分割结果也不够理想。和前面三种方法相比，PCA-GMTD 模型的分割结果比较理想，因为在图像分割之前 PCA 对纹理特征的优化发挥了重要的作用，大大提高了复杂背景下区分低对比度纹理目标的能力。

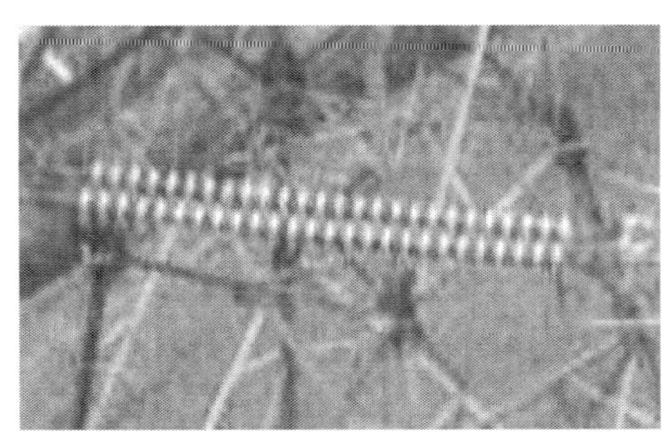
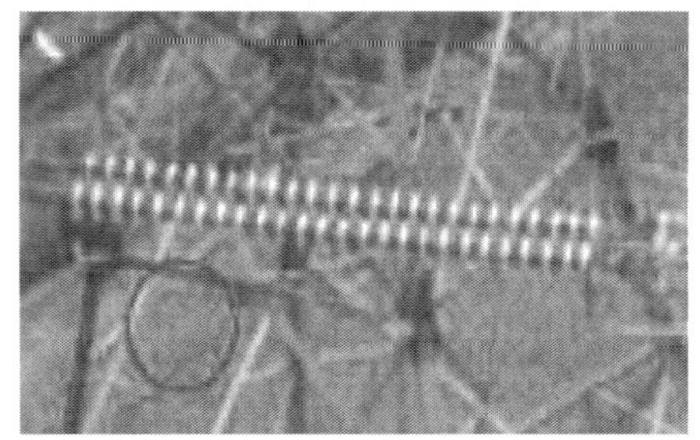

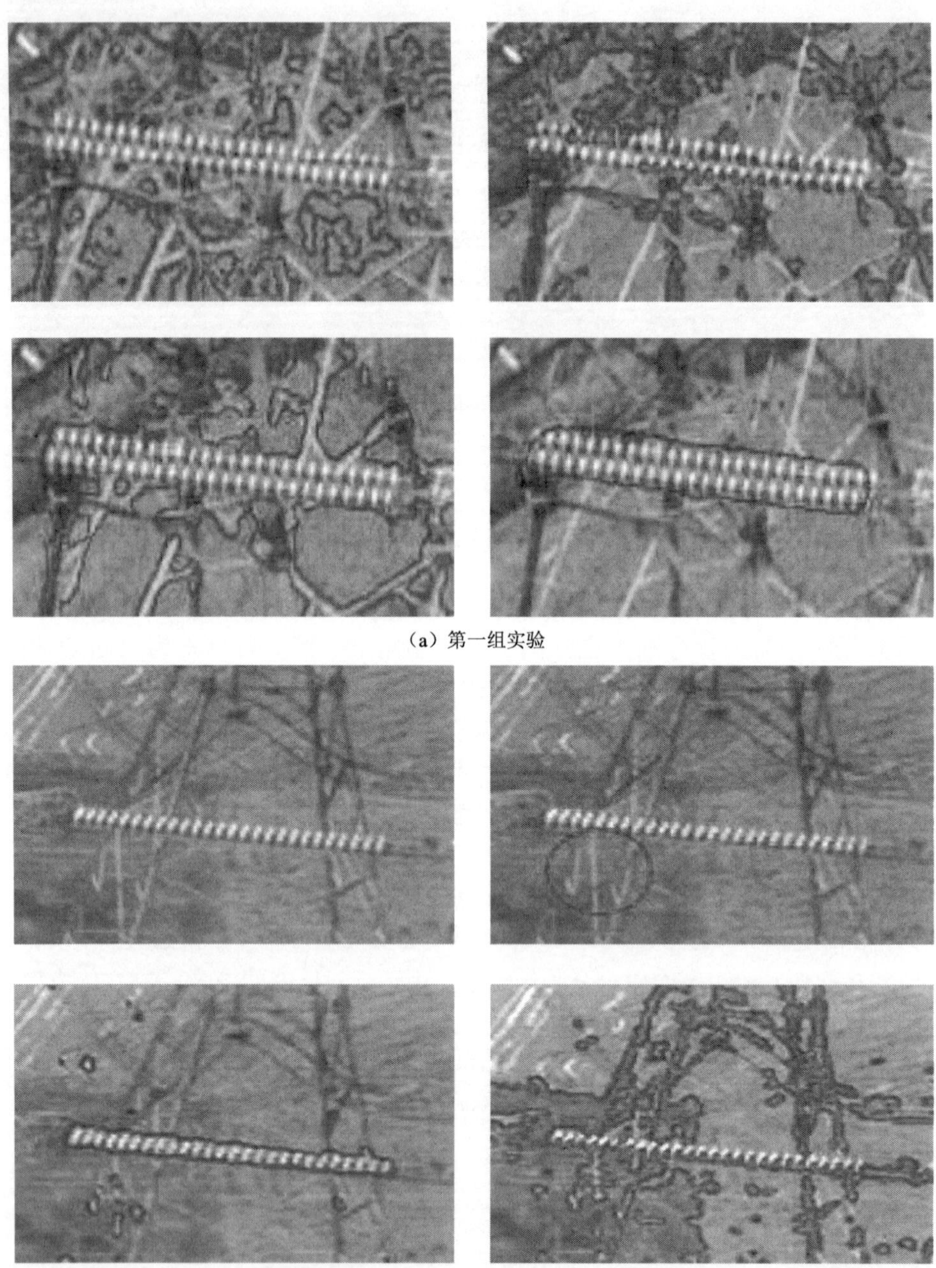

（a）第一组实验

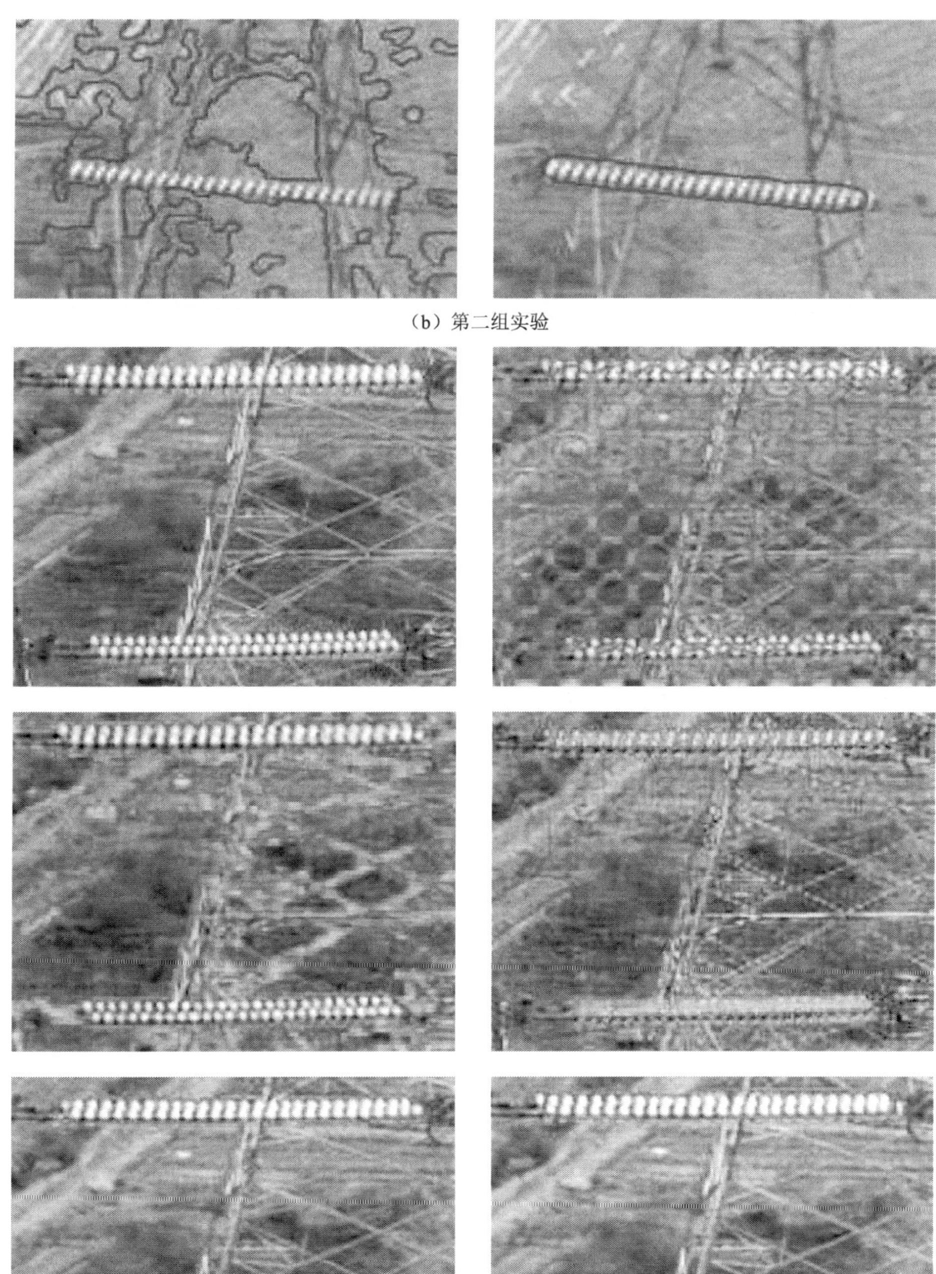

（b）第二组实验

（c）第三组实验

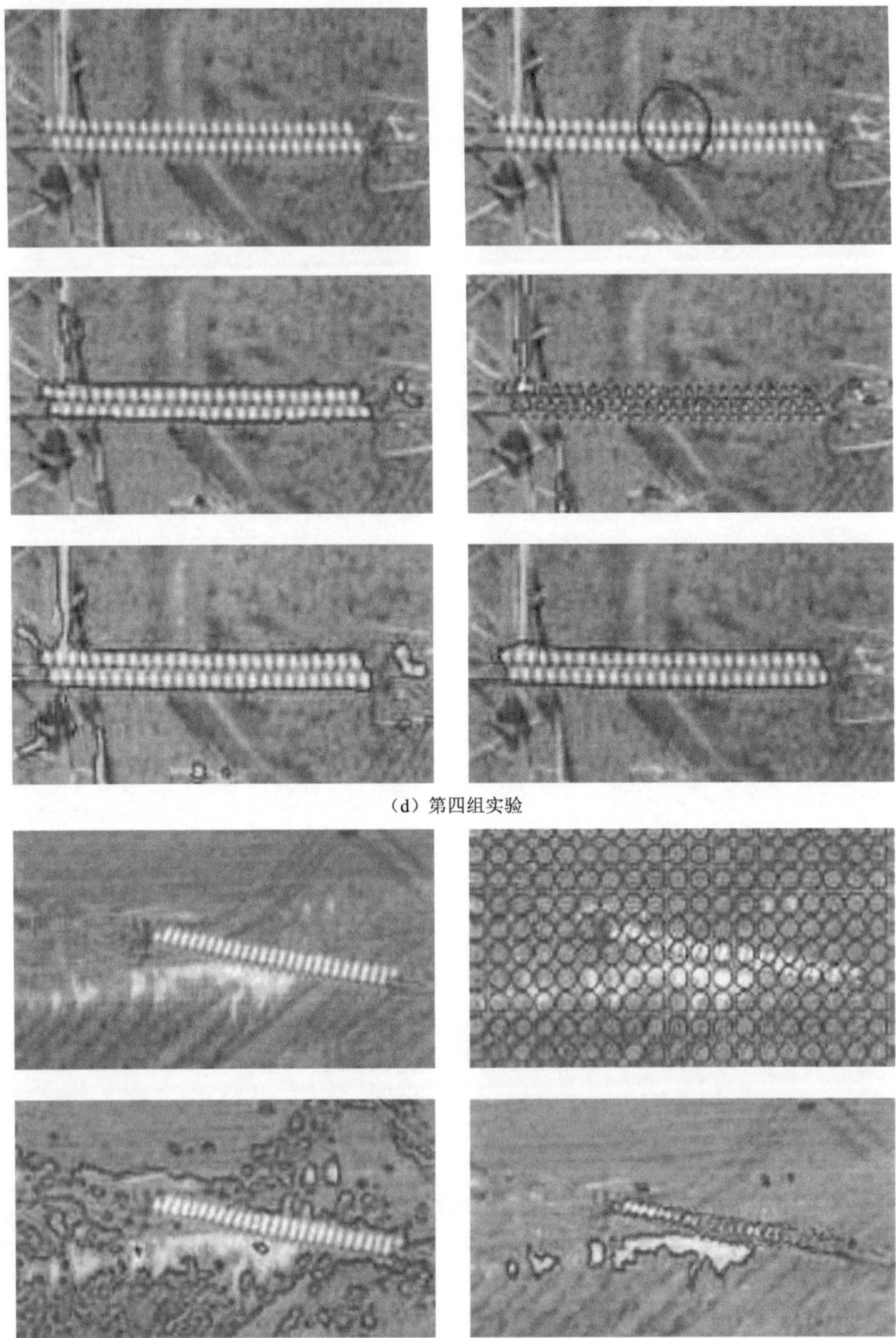

（d）第四组实验

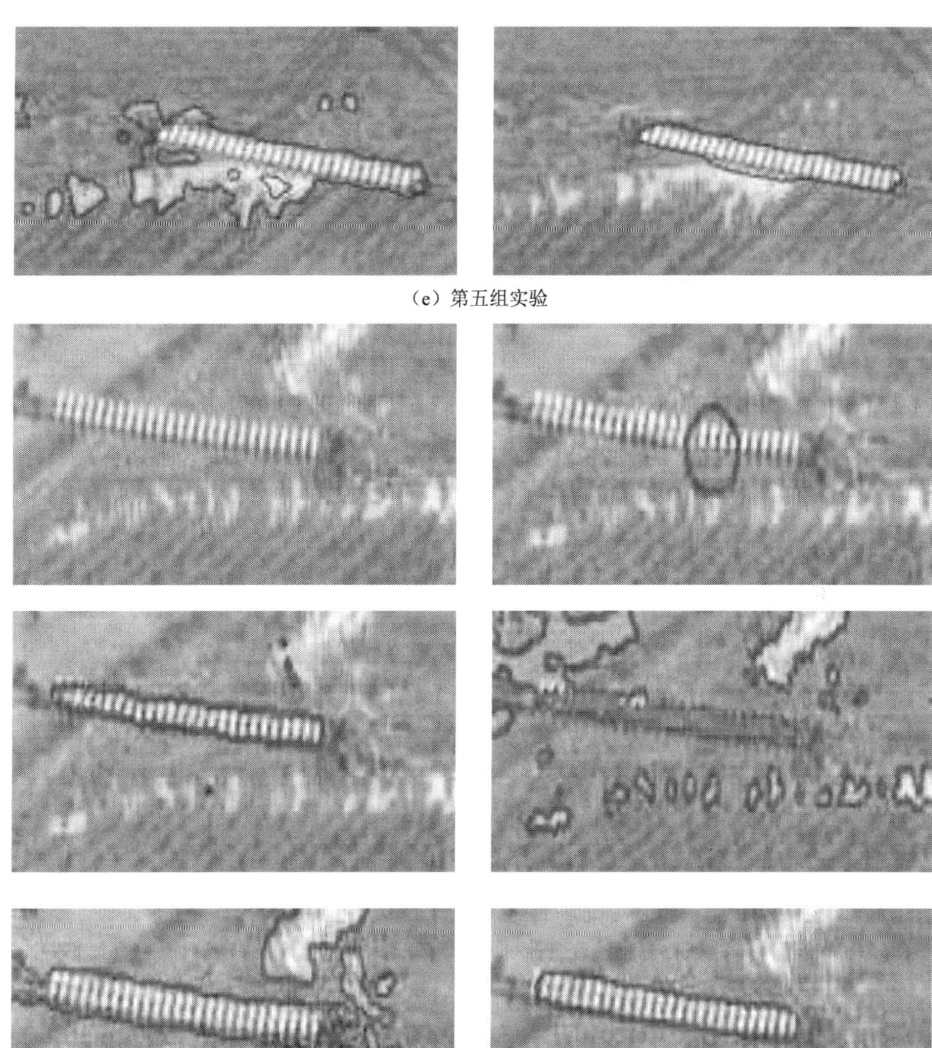

（e）第五组实验

（f）第六组实验

图6.6 绝缘子图像不同模型分割结果比较

为了进一步说明本书提出的 PCA-GMTD 算法的有效性，采用虚警率（false alarm rate）（景雨，2011）比较不同分割算法的性能。虚警率定义为

$$FA = \frac{FP}{FP + TP} \tag{6.21}$$

式中，TP 是正例样本个数；FP 是负例样本个数。在这里，虚警率反映边缘检测效果不好的图像个数占所有测试图像个数的比率，虚警率越低，边缘检测效果越理想。图 6.7 给出了在 100 幅航空绝缘子图像上不同算法的虚警率。可以看出，PCA-GMTD 模型的虚警率只有 5%，远远低于 TDAC 模型的虚警率。很明显，本书提出的 PCA-GMTD 模型比 TDAC 模型能获得更准确的分割结果。

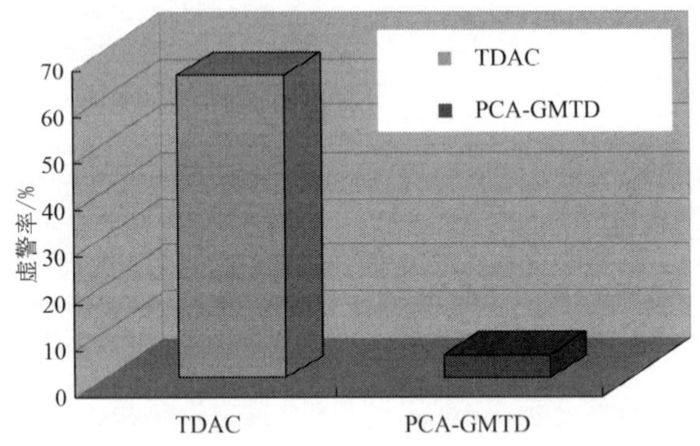

图 6.7　PCA-GMTD 模型和 TDAC 模型虚警率比较

5. PCA 优化纹理特征作用分析

为了定性说明 PCA 捕获低对比度纹理区域的主要信息而丢弃无用信息方面的能力，进行如下实验，将 GMTD 模型和 PCA-GMTD 模型只用于区分能力较弱的纹理特征上。图 6.8（a）所示的绝缘子图像中存在低对比度伪目标——水，本次实验以该图为例，图 6.8（b）给出了 12 个强识别能力的纹理特征，从第一行到第三行分别为 Dis、Var 和 Con 三个纹理特征，从第一列到第四列分别对应四个不同的角度：0、$\pi/4$、$\pi/2$ 和 $3\pi/4$。

（a）原始图片

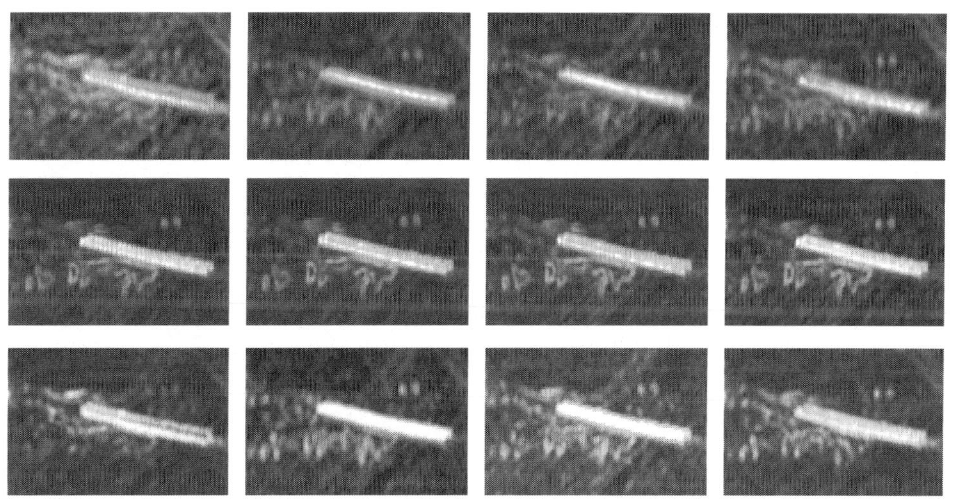

（b）第一类强识别能力纹理特征图

图 6.8 原图及第一类强识别能力纹理特征图

图 6.9 给出了 28 个弱识别能力的纹理特征，从第一行到第七行分别为 Cor、Ent、Inh、Inv、Max、Rec 和 Uni 七个纹理特征，从第一列到第四列分别对应四个不同的角度：0 、π/4、π/2 和3π/4。这些纹理特征存在明显的相关性，这给航空绝缘子图像的准确分割带来极大的困难。

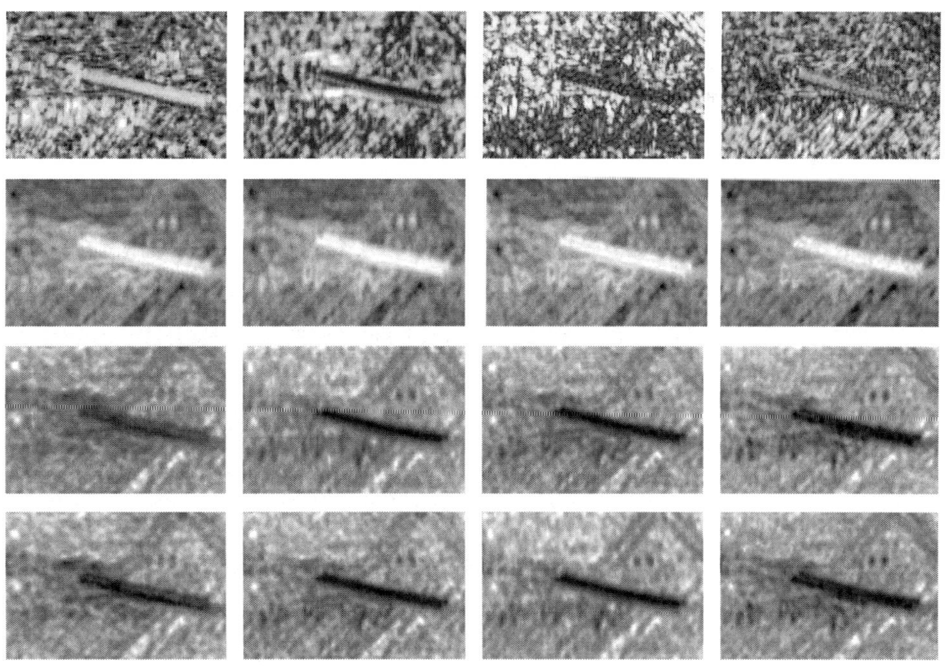

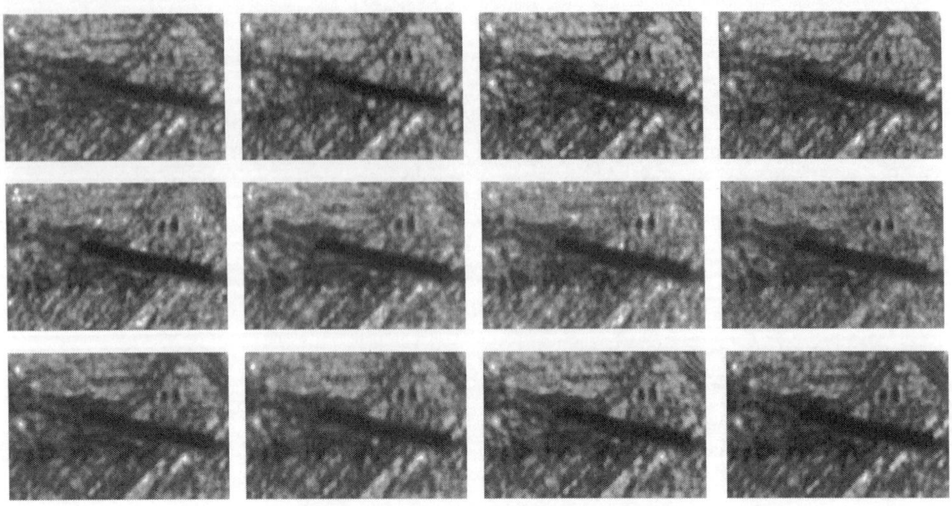

图 6.9　第二类弱识别能力纹理特征图

将 GMTD 模型和 PCA-GMTD 模型只用于图 6.9 所示的弱纹理特征上，实验结果如图 6.10（r）显示了 GMTD 模型的分割结果，绝缘子和水无法区分开。然而，水和绝缘子之间是存在本质差异的。PCA 具有去相关的作用，所以采用 PCA 来优化图 6.9 所示的弱纹理特征。图 6.10（a）～图 6.10（q）给出了 PCA 优化 28 维弱纹理特征后的前 17 个主成分，图 6.10（s）给出了 GMTD 模型在这 17 个主成分上的分割结果，发现分割结果非常理想。所以，在低对比度纹理特征提取方面 PCA 发挥了重要的作用。

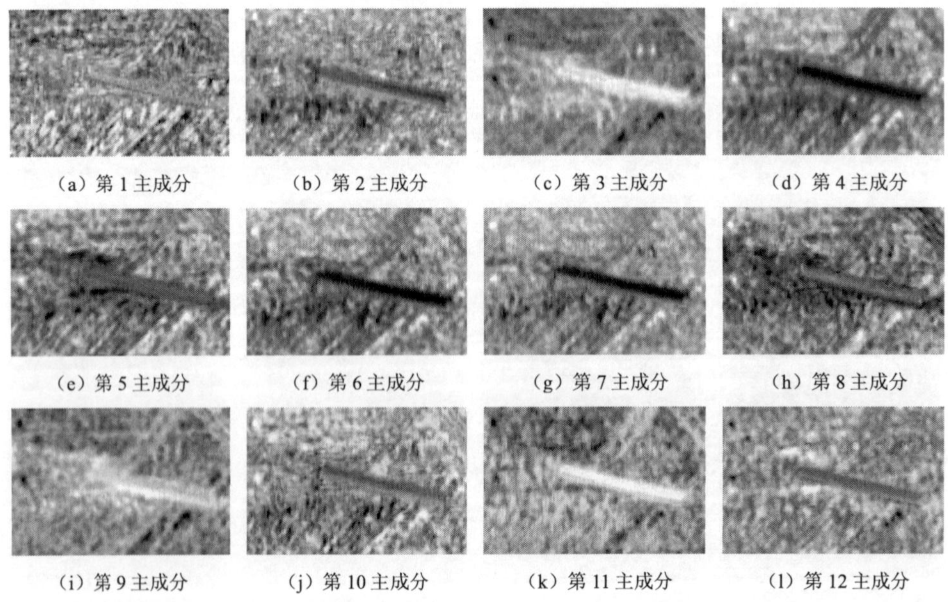

（a）第 1 主成分　（b）第 2 主成分　（c）第 3 主成分　（d）第 4 主成分

（e）第 5 主成分　（f）第 6 主成分　（g）第 7 主成分　（h）第 8 主成分

（i）第 9 主成分　（j）第 10 主成分　（k）第 11 主成分　（l）第 12 主成分

（m）第 13 主成分　（n）第 14 主成分　（o）第 15 主成分　（p）第 16 主成分

（q）第 17 主成分　（r）GMTD 模型的分割结果　（s）GMTD 模型的分割结果

图 6.10　PCA 在 GMTD 模型中所起作用的定性分析

为了定量地比较 GMTD 模型和 PCA-GMTD 模型区分低对比度目标的能力，进行另外一组实验。如图 6.11（a）所示矩形 *a* 为所取绝缘子样本，矩形 *b* 为所取水的样本。图 6.11（b）给出了水和绝缘子纹理特征差异归一化后的欧氏距离，其中，主横轴（下方的横坐标轴）对应于 10 个纹理特征量，每个纹理特征量对应 4 个方向，三角形表示提取的 12 个强纹理特征，菱形表示提取的 28 个弱纹理特征；次横轴（上方的横坐标轴）对应 PCA 优化弱纹理特征之后的前 17 个主成分（方块所示）；纵轴对应于绝缘子和水的纹理特征之间的欧氏距离。欧氏距离越大，说明相应的纹理特征量或主成分具有的区分能力越强。通过比较绝缘子和水的弱纹理特征经 PCA 优化后两者之间的距离和直接提取的绝缘子和水的强纹理特征之间距离，发现弱纹理特征在 PCA 优化之后可以获得和强纹理特征一样强的区分能力。

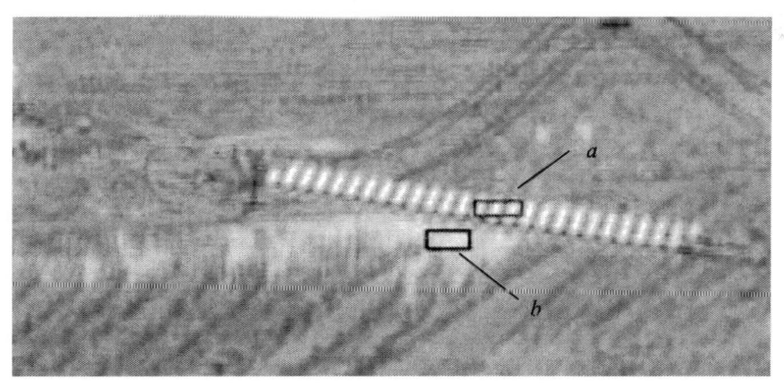

（a）原始绝缘子图像

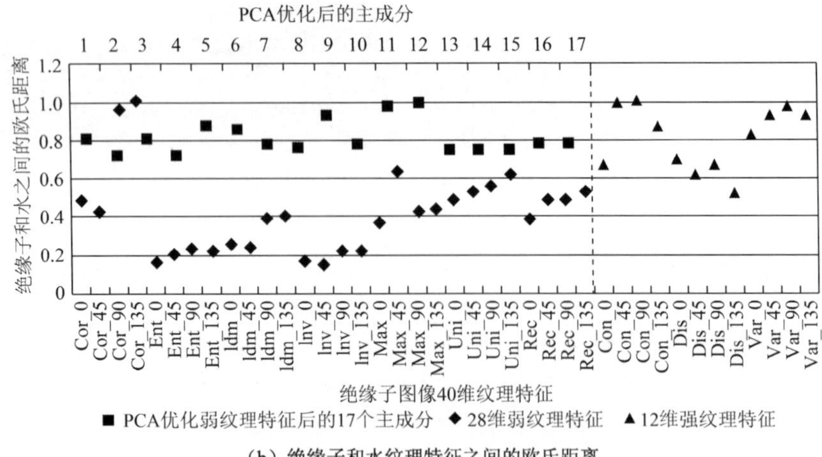

（b）绝缘子和水纹理特征之间的欧氏距离

图 6.11 PCA 在 GMTD 模型中所起作用定量分析

6. 算法时间比较

TDAC 模型和 PCA-GMTD 模型是在大连海事大学遥感信息技术研究所实验室工作站上实现的，工作站主频是 2.66GHz，内存 32G，编程环境是 MATLAB7.0。对于这两个算法，实验比较中忽略第一步纹理特征提取，因为这一步不是本模型关注的重点。针对图 6.5 和图 6.6 中的图像，表 6.1 按相同的顺序给出了图像大小、TDAC 模型和 PCA-GMTD 模型的 CPU 响应时间。TDAC 模型的计算时间只包含轮廓演化这一步，而 PCA-GMTD 模型的计算时间则包含 PCA 特征优化和轮廓演化两个步骤。与 TDAC 模型相比，尽管 PCA-GMTD 模型多了一个 PCA 特征优化的步骤，对于相同的图像而言，PCA-GMTD 模型仍然比 TDAC 更快。这是由于 PCA 优化纹理特征的同时起到了降维的作用，而且对偶规则快速算法也加快了轮廓的演化速度。

表 6.1 TDAC 模型和 PCA-GMTD 模型 CPU 响应时间比较

图像序号	图像大小/像素	TDAC 模型 CPU 响应时间/s	PCA-GMTD 模型 CPU 响应时间/s
1	213×91	140	7
2	195×316	1344	76
3	354×879	1559	78
4	151×198	83	9
5	353×327	134	27
6	398×217	2106	66
7	367×288	487	9
8	558×523	710	160
9	205×393	643	57
10	224×417	618	47
11	169×463	590	35

7 基于纹理特征分布的航空遥感图像封闭边缘检测技术

7.1 引言

在现实生活中，由于拍摄角度的变化或纹理目标自身的特性等原因，大多数纹理图像都呈现出不同程度的纹理不一致性（texture inhomogeneity）。如图 7.1（a）所示，猎豹身上的斑纹并不是处处相同，头部的纹理比较稠密，身体中部的纹理比较稀疏，尾巴处的纹理更稀疏，表现出明显的纹理不一致性。如图 7.1（b）所示，由于拍摄角度的原因，绝缘子片之间的间隔并不一致，从左到右，间隔越来越小，表现出一定的纹理不一致性。相比于一致性纹理目标，不一致纹理目标的不同纹理区域容易被误分割为不同的部分。

专门针对纹理不一致性目标边缘检测的研究还比较少。在基于主动轮廓模型的边缘检测算法中，纹理特征提取的好坏对边缘检测结果有较大影响，流行的纹理特征提取算法包括 Haralick 纹理特征（Haralick et al.，1973）、Gabor 滤波器（Materka and Strzelecki，1998）和局部二值模式（LBP）（Ojala et al.，2002）等。文献 Sandberg 等（2002）在 ACWE 主动轮廓模型中，通过 Gabor 滤波器将原图像分解成不同频率的特征图像，然后利用轮廓内外纹理特征的均值来度量目标和背景间的差异。然而，该模型忽略了不同像素点间 Gabor 纹理特征的空间分布（Xie，2010），使得纹理特征值易出现不对齐现象，所以直接比较轮廓内外纹理特征的均值是不准确的。

（a）猎豹图像

（b）绝缘子图像

图 7.1 纹理不一致性图像

随后，文献 Aujol 等（2003）利用小波子波段中的能量分布来刻画纹理特征。该方法的主要缺点是滤波器响应会出现维数过大的情况，容易导致“维数灾难”的问题，并且难以处理纹理不一致性问题。2010 年，Xie 在 Gabor 纹理特征空间中提出一种新的基于纹理特征分布的主动轮廓模型，首先采用 Gabor 滤波器提取目标的纹理特征，然后在 ACWE 主动轮廓模型的基础上，利用轮廓内外纹理特征分布的差异驱动轮廓的演化（Xie，2010）。该模型在处理较弱的纹理不一致性目标时，可以获得理想的结果，但对纹理不一致性比较严重的情况则无法处理。在基于梯度下降流的求解过程中，需要对水平集函数重新初始化，导致曲线演化收敛速度比较慢。同时，由于模型能量函数的非凸性，在曲线演化过程中容易陷入局部极小值，通常要求初始轮廓设置在目标附近。

为了避免纹理目标的不同纹理区域由于纹理的不一致性而被误分割为不同的部分，本书对 Xie 提出的主动轮廓模型进行了深入的研究，提出一种基于半局部纹理特征分布的全局最小主动轮廓（semi-local texture distribution based global minimizaion active contour，STD-GMAC）模型。假设感兴趣目标和背景的纹理特征分布是统计可分的，首先，应用 Beltrami 框架下半局部算子提取图像的纹理特征，由于半局部算子是纹理的固有性质，可以在一定程度上处理纹理不一致的问题，同时半局部算子只需提取图像的单层纹理特征，可以避免“维数灾难”的问题，提高模型运算速度。然后，统计轮廓内外的纹理特征分布，该分布不仅包含纹理特征值信息，而且还包含纹理特征值之间的空间分布信息。在纹理特征分布的基础上构造一个能量模型，把纹理图像分割问题转化为一个能量最小化问题。当该能量模型取得最小值时，可以得到两个纹理特征分布，其中一个用于近似目标区域，另外一个用于近似背景区域。和 Xie 模型的比较表明，用于处理具有自然纹理的猎豹图像和背景复杂的航空绝缘子图像时，本书提出的 STD-GMAC 模型具有更强的处理纹理不一致性的能力，取得了更准确的边缘检测结果，具有更高的运算效率。

7.2 半局部纹理特征及其分布

对于图像的表达方式，除了常用的灰度表示和基于滤波器的表示外，Sochen 等（1998）提出了另外一种新的图像表示方式，把图像看成嵌入到高维空间中的黎曼流形。如通过映射，即

$$X: (x,y) \rightarrow \left[X_1 = x, X_2 = y, X_3 = I(x,y)\right] \tag{7.1}$$

二维灰度图像 $I: R^2 \rightarrow R$ 可以看作嵌入到三维空间中坐标为 (x,y) 的一个曲面 Σ。这种基于流形的图像表示方式有两大优点：首先，可以利用微分几何来完成包括图像去噪（Sochen et al.，1998；Kimmel et al.，2000）和图像分割（Bresson et al.，2006；Sagiv et al.，2006）在内的各种图像处理任务；其次，可以处理具有任意维度的图像。比如通过映射，即

$$X: (x,y) \rightarrow \left[X_1 = x, X_2 = y, X_3 = R(x,y), X_4 = G(x,y), X_5 = B(x,y)\right] \tag{7.2}$$

彩色图像可以在五维空间中表示，其中 R、G 和 B 分别表示红、绿、蓝。在文献 Sochen 等（1998）的基础上，Sagiv 等（2006）用黎曼流形把 N 维纹理图像表示成 $N+2$ 维空间中的二维流形。$N+2$ 维纹理流形的第一基本形式（Kreyszig，1991）（也称度量张量）可以用来定义边缘算子（Sapiro，1997），描述不同纹理区域间的边缘。从微分几何观点来看，这种定义是良态的。实际上，度量张量描述了流形的变化率，可以用来检测不同纹理流形间的边界。

通过把边缘停止函数看成度量张量秩的倒数，Sagiv 等（2006）把普通边缘停止函数推广到了用来描述纹理图像边缘的边界算子。但该算子是在图像的二阶导数上计算的，对噪声敏感。然后 Sagiv 等结合该边缘算子和区域算子来共同演化主动轮廓，取得了较理想的分割结果。但是由于区域算子需要在几个通道上同时计算，比较耗时。为了提高 Sagiv 模型检测边缘的能力，减少计算时间，Houhou 等（2008）提出了基于 Beltrami 框架的半局部区域算子，该算子不需要在几个通道上同时计算，只需计算一次，所以算子运算速度比较快。

下面对基于 Beltrami 框架的半局部区域算子做简单介绍。由于纹理在本质上具有半局部性质，为了提高纹理算子的抗噪性，首先对式（7.1）改造成如下半局部区域表示方式，即

$$X: (x,y) \rightarrow \left[X_1 = x, X_2 = y, X_3 = U_{x,y}(I)\right] \tag{7.3}$$

式中，$U_{x,y}(I) = \{I(x+t_x, y+t_x)\}, t_x \in \left[-\frac{\tau}{2}, \frac{\tau}{2}\right], t_y \in \left[-\frac{\tau}{2}, \frac{\tau}{2}\right]$，是以像素 (x,y) 为中心、大小为 τ 的区域。式（7.3）中既包含纹理的局部信息（位置信息），也包含半局部

信息（区域信息）。对于给定纹理模式，假设图像通过式（7.3）嵌入到高一维的流形中，其几何特征是一致的，这个假设对很多自然图像都成立。也就是说，在相同的纹理区域内，度量张量相同。利用这个假设来定义一个纹理区域描述算子，该算子具有更强的抗噪性。式（7.3）相应的度量张量为

$$g_{xy}=\begin{pmatrix}1+\left(\partial_x U_{x,y}\right)^2 & \partial_x U_{x,y}\cdot\partial_y U_{x,y}\\ \partial_x U_{x,y}\cdot\partial_y U_{x,y} & 1+\left(\partial_y U_{x,y}\right)^2\end{pmatrix} \tag{7.4}$$

最终，半局部纹理算子定义为

$$F=\exp\left(-\frac{\det(g_{xy})}{\sigma^2}\right) \tag{7.5}$$

式中，$\sigma>0$，是尺度参数。高斯核实际上是一个低通滤波器，控制细节的程度。上述半局部纹理算子也可以直接扩展到彩色图像上。

假设$I:\Omega\to[0,L]$是一幅纹理特征图像，包含两个区域：目标和背景。Λ_+和Λ_-分别表示轮廓内部区域和轮廓外部区域。轮廓内外的纹理特征密度分布函数定义为

$$P_{+/-}(\Omega)=\frac{\left|\left\{z\in\Omega_{+/-}:I(z)=y\right\}\right|}{\left|\Omega_{+/-}\right|} \tag{7.6}$$

相应的累积分布函数定义为

$$F_{+/-}(\Omega)=\frac{\left|\left\{z\in\Omega_{+/-}:I(z)\leqslant y\right\}\right|}{\left|\Omega_{+/-}\right|} \tag{7.7}$$

纹理特征分布不仅包含纹理特征值信息，而且还包含纹理特征值之间的空间分布信息。和纹理特征均值相比，纹理特征分布函数具有更强的处理纹理不一致性的能力（Xie，2010）。

7.3 基于 STD-GMAC 模型的航空遥感图像边缘检测模型

7.3.1 STD-GMAC 边缘检测模型的来源

为提取具有纹理不一致性目标的边缘，Xie 提出最小化如下所示的能量函数，即

$$E^{\mathrm{Xie}}(\Lambda_+)=\alpha\mathcal{L}(\Lambda_+)+\int_{\Lambda_+}D(P_x,P_+)\mathrm{d}x+\int_{\Lambda_-}D(P_x,P_-)\mathrm{d}x \tag{7.8}$$

式中，α是权重系数；等号右侧第一项是轮廓长度项，用于控制轮廓的平滑性；等号右侧第二项和第三项是数据拟合能量项；D用来度量两个直方图分布之间的相似性；P_+和P_-是待定的轮廓内外纹理直方图分布。在该模型中，D被选为

Wasserstein 距离（Rubner et al.，1998）（也称为地球移动距离，earth mover's distance，EMD），因为其具有抗噪性好、对概率分布间的微小偏移不敏感等优良特性。采用梯度下降流求解方法，式（7.8）所对应的曲线演化方程为

$$\frac{\partial \phi}{\partial t}=\delta(\phi)\left[\alpha\nabla\cdot\left(\frac{\nabla\phi}{|\nabla\phi|}\right)-\int_T\left|F_{\mathrm{x}}(y)-F_+(y)\right|+\int_T\left|F_{\mathrm{x}}(y)-F_-(y)\right|\right] \tag{7.9}$$

由于在上述梯度下降流中，需要对水平集函数重新初始化，导致曲线演化收敛速度比较慢。同时，由于模型能量函数式（7.8）的非凸性，在曲线演化过程中容易陷入局部极小值，通常要求初始轮廓设置在目标附近。E^{Xie} 模型采用 Gabor 滤波器提取目标的纹理特征，在处理较弱的纹理不一致性目标时，可以获得理想的结果，但对纹理不一致性比较严重的情况则无法处理。

7.3.2 STD-GMAC 边缘检测模型的定义

为了提高 Xie 模型检测纹理不一致性目标边缘的能力，通过将 Xie 模型引入 GMAC 框架，构造基于半局部纹理特征分布的全局最小主动轮廓能量模型，其能量函数表达式为

$$\min_{0\leqslant u\leqslant 1}\left\{\begin{aligned}E^{\text{STD-GMAC}}(u,P_+,P_-)=\alpha\int_\Omega|\nabla u(x)|\mathrm{d}x+\int_\Omega u(x)D(P_{\mathrm{x}},P_+)\mathrm{d}x\\+\int_\Omega[1-u(x)]D(P_{\mathrm{x}},P_-)\mathrm{d}x\end{aligned}\right\} \tag{7.10}$$

式中，等号右侧第一项为轮廓长度项；等号右侧后两项为数据拟合项。该模型克服了 E^{Xie} 模型的非凸性，关于变量 u、P_+、P_- 是凸的，轮廓的演化过程与初始轮廓位置无关。由加权全变分的性质（Chan，2006；Chambolle，2004；Aujol and Chambolle，2005；Bresson and Chan，2008）可知，Xie 模型的全局极小值可以通过能量函数式（7.10）的全局极小值得到，STD-GMAC 模型采用半局部算子提取目标的纹理特征，可以提高原始模型处理纹理不一致性的能力，尤其是纹理不一致性比较严重的情况。Xie 模型最小化时，采用基于梯度下降流的迭代算法，导致轮廓演化比较慢，增加了算法的时间复杂度。为了提高算法的实时性，采用基于加权全变分的对偶规则算法快速求解，使得水平集函数可以较快地收敛到全局极小值，7.3.3 小节将详细讨论模型求解方法。

7.3.3 STD-GMAC 边缘检测模型的快速求解

为了解决传统梯度下降流方法的问题，提高能量函数式（7.10）最小化的速度，本小节仍然考虑基于对偶规则的快速最小化算法。通过引入一个新的变量 v 代替式（7.10）数据拟合项中的变量 u，增加一个凸化项以确保变量 u 和 v 的值比较接近，式（7.10）可以变成如下所示的约束凸最小化问题，即

$$\min_{0\leqslant u\leqslant 1,v}\left\{\begin{aligned}&\mu\int_{\Omega}|\nabla u(x)|\mathrm{d}x+\frac{1}{2\theta}\int_{\Omega}[u(x)-v(x)]^2\mathrm{d}x\\&+\lambda_2\int_{\Omega}r(x,F_1,F_2)v(x)\mathrm{d}x\end{aligned}\right\} \tag{7.11}$$

式中，$r(x,F_1,F_2)=\int_0^L\left[|F_1(y)-F_{\mathrm{x}}(y)|-|F_2(y)-F_{\mathrm{x}}(y)|\right]\mathrm{d}y$；$\theta$ 是一个很小的正数。

接下来，对凸变分模型式（7.11）的最小化可以转化为以迭代的方式来求解如下两个公式，即

$$\min_{0\leqslant u\leqslant 1}\int_{\Omega}\left\{|\nabla u(x)|+\frac{1}{2\theta}[u(x)-v(x)]^2\right\}\mathrm{d}x \tag{7.12}$$

$$\min_{v}=\int_{\Omega}\left\{\frac{1}{2\theta}[u(x)-v(x)]^2+\lambda_2 r(x,F_1,F_2)v(x)\right\}\mathrm{d}x \tag{7.13}$$

（1）固定 v，关于 u 最小化式（7.12），得

$$u(x)=v(x)-\theta\operatorname{div}p(x) \tag{7.14}$$

式中，对偶变量 $p=(p^1,p^2)$ 由下式给出，即

$$\nabla(\theta\operatorname{div}\boldsymbol{p}-u)-|\nabla(\theta\operatorname{div}\boldsymbol{p}-u)|p=0 \tag{7.15}$$

式（7.15）可以通过固定点方法求解 $p^0=0$，对于任意 $n\geqslant 0$，有

$$p^{n+1}=\frac{p^n+\delta t\nabla\left[\operatorname{div}p^n-\dfrac{u}{\theta}\right]}{1+\delta t\left|\nabla\left[\operatorname{div}p^n-\dfrac{u}{\theta}\right]\right|} \tag{7.16}$$

（2）固定 u，关于 v 最小化式（7.13），得

$$v(x)=\max\{\min\{u(x)-\theta\lambda r(x,F_1,F_2),1\},0\} \tag{7.17}$$

这样，对 $E^{\text{STD-GMAC}}$ 能量函数的最小化，可以利用对偶规则算法转化为对式（7.14）、式（7.16）和式（7.17）迭代求解，直至收敛。

通过最小化 STD-GMAC 能量泛函可以有效分割具有不一致性特征的纹理目标。算法流程图如图 7.2 所示。首先，对原始纹理图像提取基于 Semi-local 的纹理特征图像。然后，利用水平集函数 ϕ_0 对轮廓进行初始化。根据本书提出的 STD-GMAC 能量泛函对水平集函数进行迭代更新，从具有较强区分能力的组合纹理特征集合中利用 MDS 选择可以用于轮廓演化的纹理特征。最后，利用对偶规则技术快速更新凸能量泛函水平集函数 ϕ_n 直到迭代误差 $\|\phi_{n+1}-\phi_n\|$ 小于给定的阈值 ε 为止。

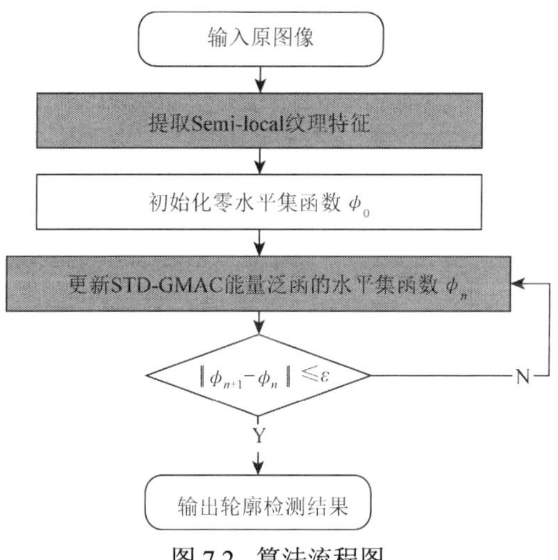

图 7.2 算法流程图

7.3.4 MATLAB 仿真实验结果与分析

1. 实验数据集

实验采用两组纹理图像评价本书算法的性能。第一组为纹理分析领域常用的猎豹图像，用来验证本书提出的模型处理纹理不一致问题的能力；第二组为 50 幅航空绝缘子图像，用来验证本书提出的模型能量函数跳出局部极小值，收敛到全局最小值的能力。

2. 动物纹理图像的实验

图 7.3 采用猎豹图像比较传统主动轮廓模型和基于纹理特征分布的全局最小主动轮廓模型的性能。从图 7.3（a）可以看出，猎豹身上的斑纹并不是处处相同，头部的纹理比较稠密，身体中部的纹理比较稀疏，尾巴处的纹理更稀疏，表现出明显的纹理不一致性。从图 7.3（b）可以看出，利用半局部算子提取的猎豹斑纹的纹理特征值整体上比较小，几乎处处相同，纹理提取过程在一定程度上消除了纹理不一致性的影响。但是还存在微小的差别，耳朵、臀部、前腿等处都有微小白斑，尾巴尖处的纹理特征值较高，这给传统的主动轮廓模型带来困难。传统主动轮廓模型要求初始轮廓离目标比较近，这样才能获得较好的分割结果，本次实验把初始轮廓放在猎豹身体上，如图 7.3（c）所示。图 7.3（d）给出初始轮廓内外的半局部纹理特征分布直方图。从图 7.3（e）可以看出，用传统纹理特征分布差异驱动主动轮廓模型演化检测猎豹边缘，取得了较理想的分割结果，猎豹的轮廓基本被提取出来。但是，猎豹头部、臀部、前腿处以及尾巴处的纹理特征和身

体的纹理特征差异非常大，导致这些部分被分割成背景一类，传统的基于纹理特征分布的主动轮廓模型没能成功分割出猎豹。从图 7.3（f）可以看出，STD-GMAC 模型利用轮廓内外半局部纹理特征的统计分布直方图驱动主动轮廓模型的演化，最终能量函数收敛到全局极小值，将猎豹作为一个整体从背景中完整的分割出来，取得理想的分割结果，克服了传统的基于纹理特征分布的主动轮廓模型不能成功分割纹理不一致目标的缺点。仔细观察传统模型和 STD-GMAC 模型最终分割结果中轮廓内外纹理特征分布情况，如图 7.3（g）和图 7.3（h）中矩形框所示，对于纹理特征值较高的部分，STD-GMAC 模型所占比例较高，这是因为该模型轮廓内部包含耳朵、臀部等纹理比较稠密的部位，这些部位纹理特征值较高。但 STD-GMAC 模型的抗噪性有所下降，在完整分割出猎豹的同时，背景中又出现了一些噪声的干扰，这可以通过在提取半局部纹理特征之前先对图像进行类似于高斯滤波的平滑去噪处理来解决。

（a）猎豹图像

（b）半局部纹理特征图像

（c）猎豹初始轮廓

轮廓内

概率

像素值

轮廓外

概率

像素值

（d）初始轮廓内外纹理特征分布

（e）Xie 模型处理结果

（f）STD-GMAC 模型处理结果

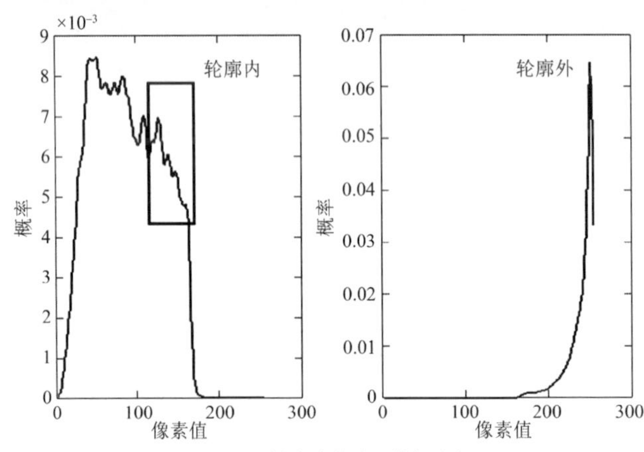

（g）Xie 轮廓内外纹理特征分布

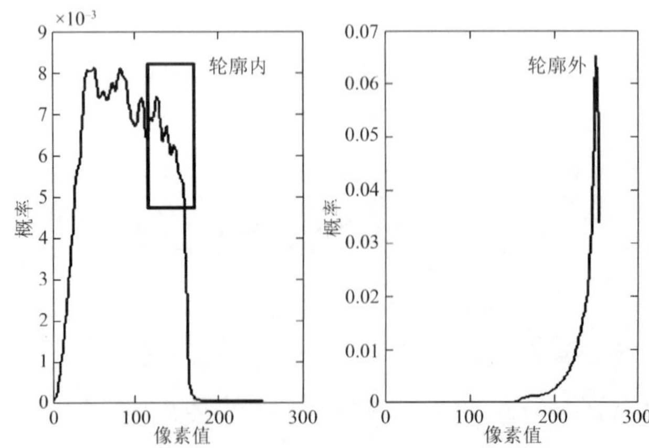

（h）STD-GMAC 轮廓内外纹理特征分布

图 7.3　Xie 模型和 STD-GMAC 模型在猎豹图像上的实验结果

3. 航空绝缘子图像的实验

在航空绝缘子图像中也存在纹理不一致现象，但由于拍摄距离较远，这种纹理不一致性较弱。本次实验采用和第 6 章类似的图像，不同之处在于对这些图像进行了拉伸变换，使其具有较明显的纹理不一致性。图 7.4 和图 7.5 分别给出 Xie 模型和 STD-GMAC 模型在航空绝缘子图像上的实验结果。从图 7.4（a）和图 7.5（a）可以看出，航空绝缘子图像背景比较复杂，绝缘子串具有一定的纹理不一致性，具体表现为绝缘子片之间的间隔不一致，从左到右，间隔越来越小。从图 7.4（b）和图 7.5（b）可以看出，尽管绝缘子串有一定的纹理不一致性，半局部算子仍然较好地提取了绝缘子串的纹理特征，这些纹理特征除了具有微小的差异外，几乎可以保持一致。图 7.4（c）和图 7.5（c）给出了初始轮廓位置，图 7.4（d）和图 7.5（d）给出了相应初始轮廓内外的半局部纹理特征分布直方图。虽然传统主动轮廓模型也能在一定程度上处理纹理不一致性，受这种微弱纹理不一致性的影响比较小，没有把绝缘子串分割成不同的部分，分割结果如图 7.4（e）和图 7.5（e）所示，但是复杂的背景给分割过程带来了很大的挑战，传统主动轮廓模型容易陷入局部极小值，导致轮廓不能演化到目标边界处。STD-GMAC 模型则较好地解决了该问题，分割结果比较理想，如图 7.4（f）和 7.5（f）所示。图 7.4（g）和图 7.5（g）分别给出 Xie 模型演化最终结果轮廓内外的半局部纹理特征分布情况，图 7.4（h）和图 7.5（h）给出 STD-GMAC 模型轮廓演化最终结果轮廓内外的半局部纹理特征分布情况，通过比较可以看出，传统主动轮廓模型的内部纹理特征分布中高纹理特征值所占比例较高，因为传统主动轮廓模型最终轮廓内部包含更多的背景中高亮纹理特征值，而 STD-GMAC 模型轮廓内部包含高亮背景更少，分割效果更理想。然而，该模型仅仅使用了半局部算子提取纹理绝缘子图像的特征，纹理特征比较单一，导致最终的轮廓演化没能完全消除背景中其他目标的影响。但可以通过提取更多的纹理特征（如 Gabor 特征和 LBP 特征），采用和第 6 章类似的特征优化过程，消除背景中不相关目标的影响，获得更理想的分割结果。

（a）绝缘子图像

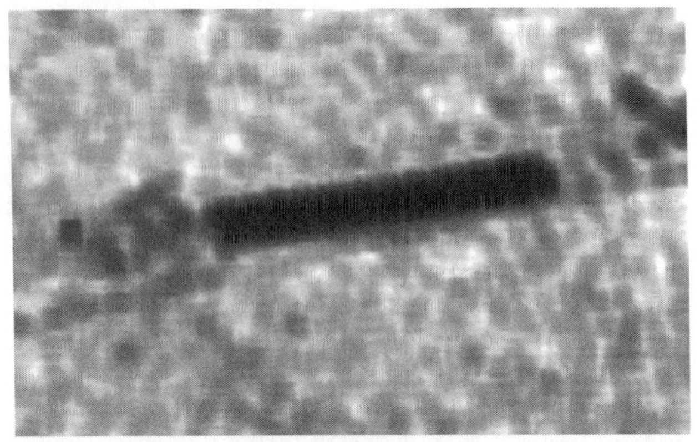

（b）半局部纹理特征图像

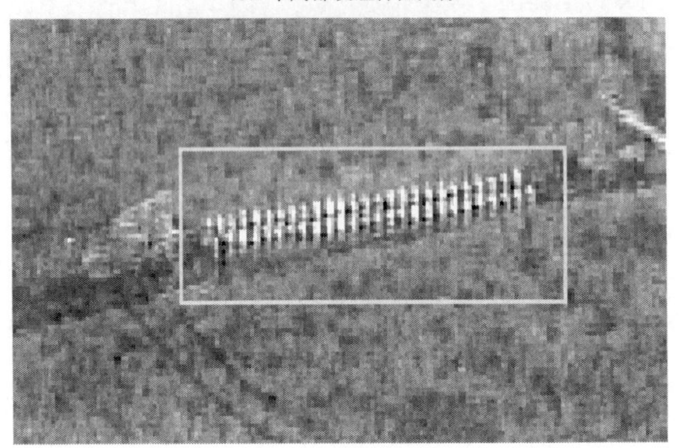

（c）绝缘子初始轮廓

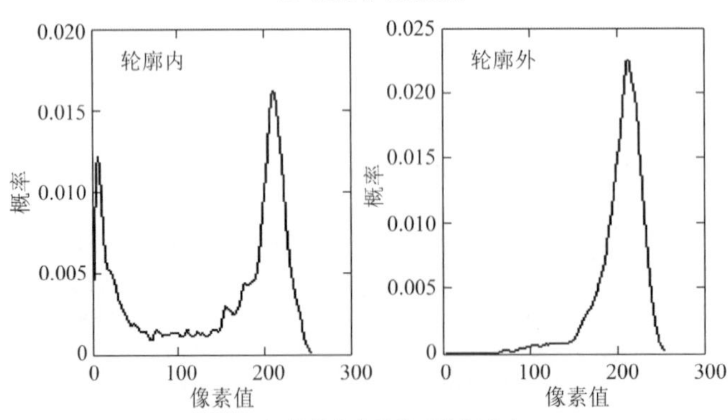

（d）初始轮廓内外纹理特征分布

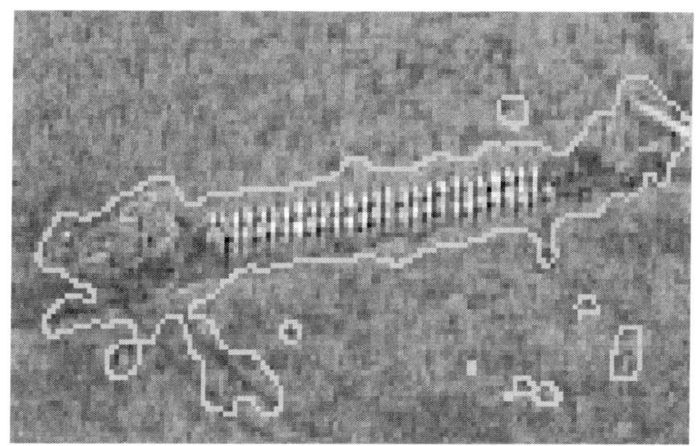

（e）Xie 模型处理结果

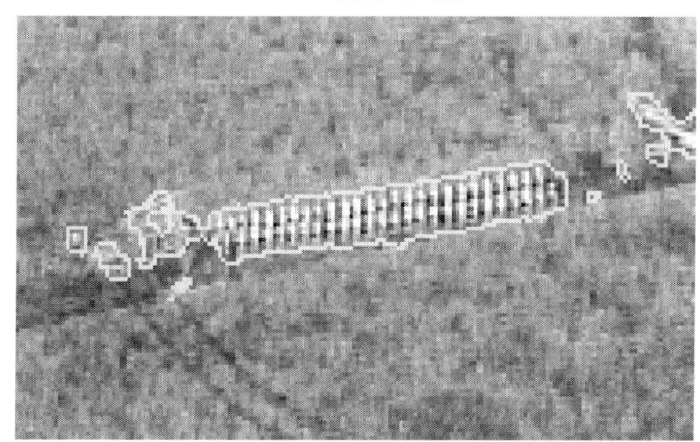

（f）STD-GMAC 模型处理结果

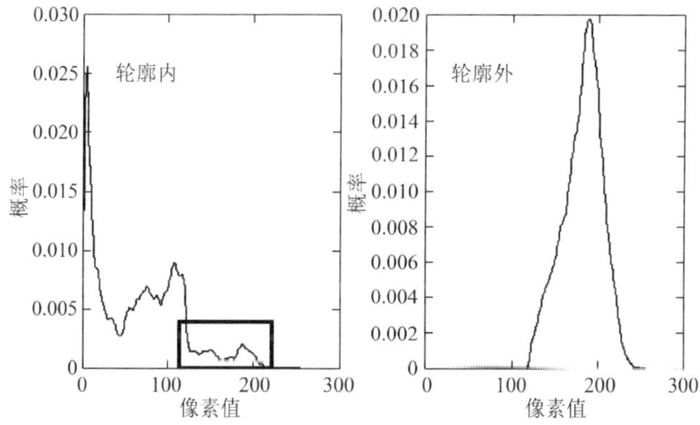

（g）Xie 轮廓内外纹理特征分布

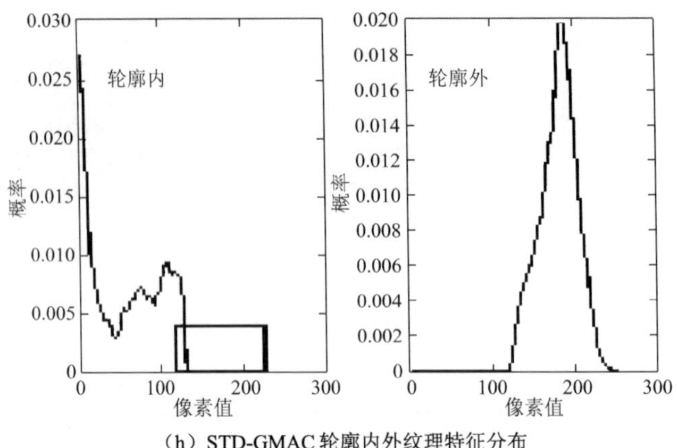

（h）STD-GMAC 轮廓内外纹理特征分布

图 7.4　Xie 模型和 STD-GMAC 模型在绝缘子图像上的实验结果

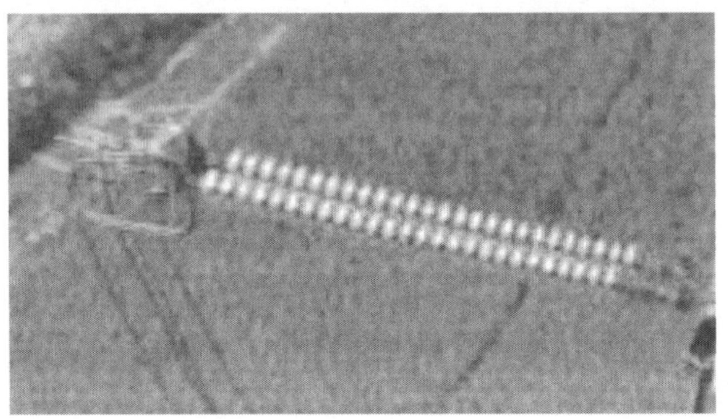

（a）绝缘子图像

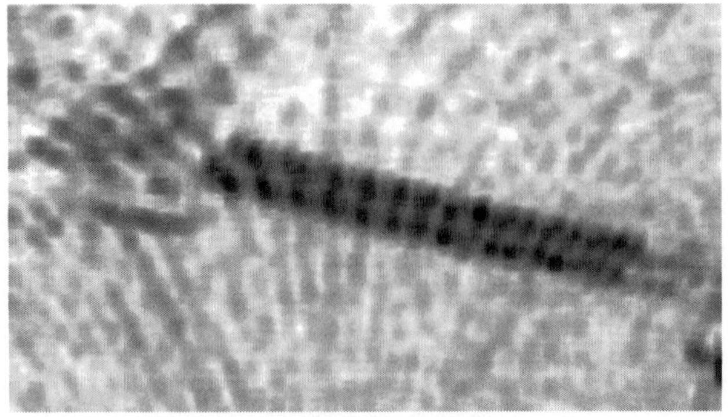

（b）半局部纹理特征图像

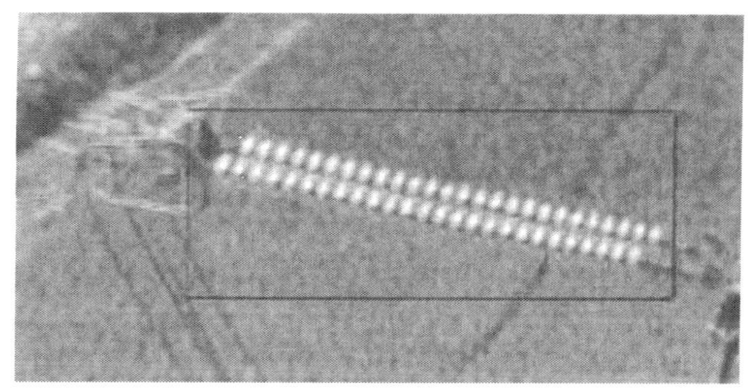

（c）绝缘子初始轮廓

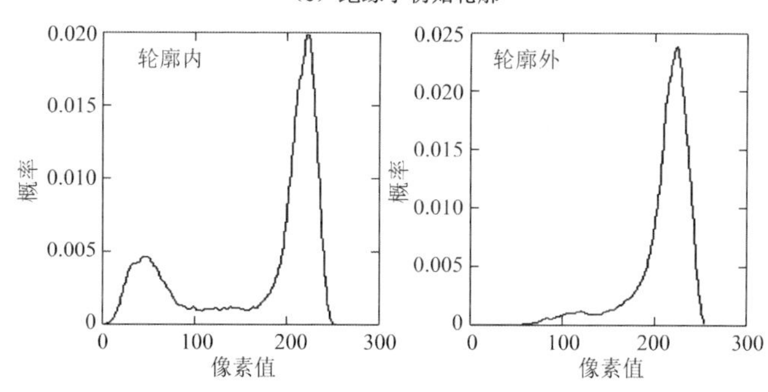

（d）初始轮廓内外纹理特征分布

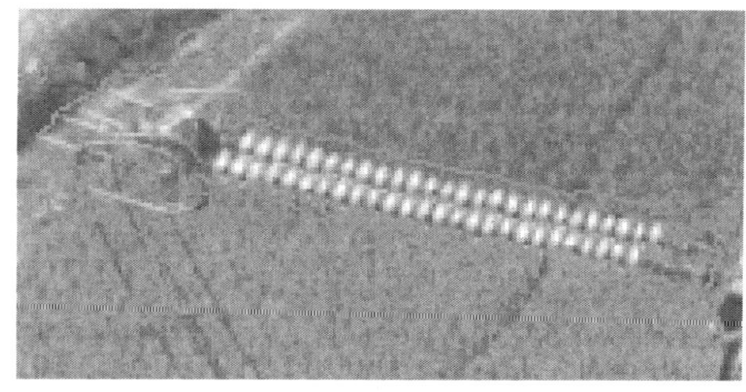

（e）Xie 模型处理结果

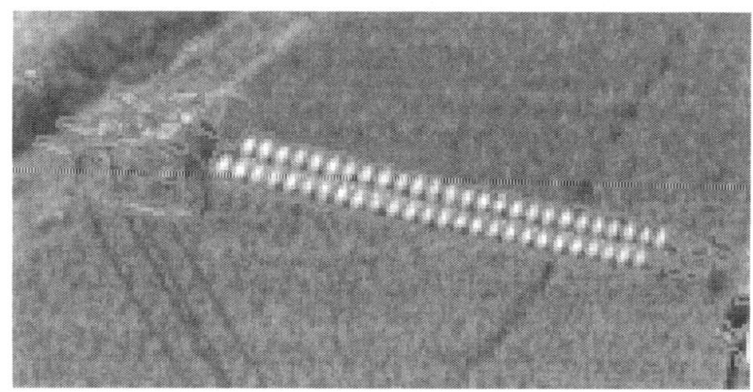

（f）STD-GMAC 模型处理结果

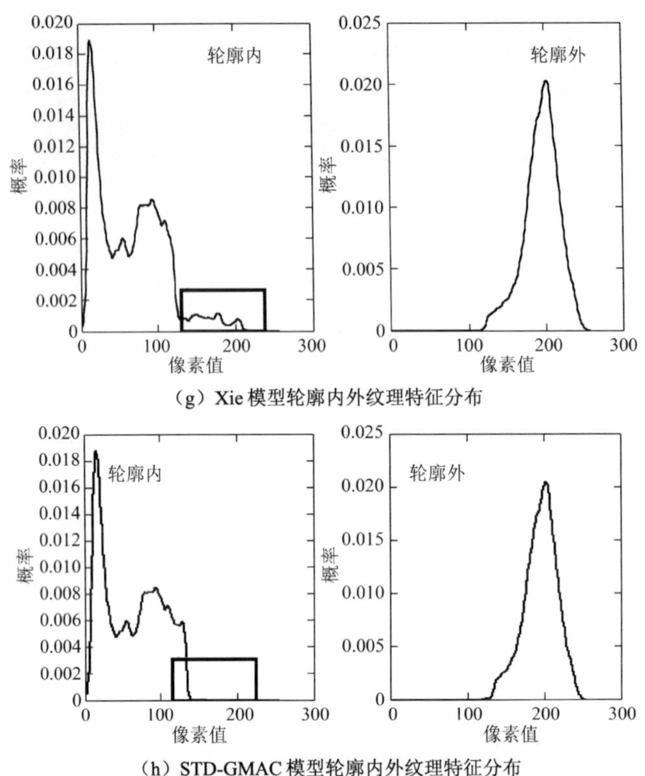

（g）Xie 模型轮廓内外纹理特征分布

（h）STD-GMAC 模型轮廓内外纹理特征分布

图 7.5　Xie 模型和 STD-GMAC 模型在绝缘子图像上的实验结果

4. 算法时间比较

Xie 模型和 STD-GMAC 模型都是在 MATLAB7.0 环境下实现的，针对图 7.3、图 7.4 和图 7.5 所示的图像，表 7.1 按相同的顺序给出了图像大小 Xie 模型和 STD-GMAC 模型的 CPU 响应时间。从表 7.1 中可以看出，半局部算子提取图像纹理特征所需时间非常小，几乎可以忽略不计。同时，对相同图像而言，STD-GMAC 模型明显比改进前的 Xie 模型快很多，可见，基于对偶规则的快速迭代算法可以大大加快轮廓演化速度，降低模型时间复杂度。

表 7.1　Xie 模型和 STD-GMAC 模型 CPU 响应时间比较

图像序号	图像大小/像素	Semi-local 纹理特征提取时间/s	Xie 模型 CPU 响应时间/s	STD-GMAC 模型 CPU 响应时间/s
1	321×481	0.000 047	44.260 6	8.414 6
2	169×286	0.000 018	95.873 1	61.376 3
3	224×414	0.000 025	156.874 7	99.238 4

参考文献

安居白. 2002. 航空遥感探测海上溢油的技术.交通环保，23（1）：24-26.

安居白，张永宁. 2002. 发达国家海上溢油遥感监测现状分析.交通环保，23（3）：27.

陈金男. 2007. 基于水平集方法的图像分割研究. 河北：燕山大学.

陈巍巍. 2003. 应用 BP 融合模型探测海上溢油遥感图像边缘的研究.大连：大连海事大学.

董红燕. 2008. 边缘检测的若干技术研究. 长沙：国防科技大学.

董梁. 2008. 基于哈夫变换的图像边缘连接. 现代电子技术，31（18）：149-150.

邓湘金，云日升，吴一戎，等. 2002. 一种新边缘检测算子——正弦算子. 电子与信息学报，24（11）：1462-1469.

方亮，陆佳佳，叶玉堂，等. 2007. 一种基于 Mumford-Shah 模型的红外图像边缘检测方法. 强激光与粒子束，19（4）：566-570.

葛玉敏，李宝树，梁爽. 2012. 数学形态学在绝缘子图像边缘检测中的应用. 高压电器，48（1）：101-105.

何斌，马天予，王运坚，等. 2001. Visual C++ 数字图像处理. 北京：人民邮电出版社.

河源，罗予频，胡东成. 2007. 基于测地线活动区域模型的非监督式纹理分割. 软件学报，18（3）：592-599.

焦阳. 2005. 海上溢油遥感图像智能边缘检测算法的研究.大连：大连海事大学.

景雨. 2011. 海上溢油遥感图像的边缘检测算法研究.大连：大连海事大学.

孔祥维，谢存，徐蔚然. 2000. 基于多特征和模糊推理的边缘检测.电子学报，28（6）：36-39.

李弼程，彭天强，彭波，等. 2004. 智能图像处理技术. 北京：电子工业出版社.

刘佳敏，周荫清. 2003.一种基于小波变换的雷达图像边缘提取方法.电子学报，31（12）：1780-783.

刘军伟. 2009. 基于水平集的图像分割方法研究及其在医学图像中的应用.安徽：中国科学技术大学.

刘军营. 2011. 直升机巡检输电线路图像边缘检测方法研究. 大连：大连海事大学.

刘丽，匡纲要. 2009. 图像纹理特征提取方法综述. 中国图象图形学报，14（4）：622-635.

李庆，梁艳. 2007. 基于三次 B 样条小波的图像边缘检测技术研究. 武汉理工大学学报，29（12）：1-3.

刘朝霞，安居白，邵峰，等.2014. 航空遥感图像配准技术. 北京：科学出版社：7，8.

罗小波，赵春晖，潘建平，等. 2011.遥感图像智能分类及应用. 北京：电子工业出版社：1，2.

彭莉，唐炬，张晓星. 2008. 一种基于复小波变换提取 PD 信号的分块自适应复阈值算法.电工技术学报，23（7）：36-39.

苏娟. 2014. 遥感图像获取与处理. 北京：清华大学出版社：1，2，39.

孙凤杰，楚征，范杰清. 2010.高压输电线图像边缘检测方法研究. 电力系统通信，31（4）：36-39.

孙晋. 2008. 基于边缘检测的绝缘子裂纹诊断研究. 河北：华北电力大学.

尚岩峰. 2009. 基于主动轮廓模型的医学图像中目标提取研究. 上海：上海交通大学.

汤国安，张友顺，刘咏梅，等. 2004. 遥感数字图像处理. 北京：科学出版社：3，4.

唐良瑞，董文婷，孙毅. 2009. 基于模糊数学的绝缘子憎水性图像边缘检测算法. 高压电器，45（5）：35-39.

陶硕. 2008. 变电站红外图像的分割和识别研究. 陕西：西安科技大学.

王俊. 2009. SAR 影像溢油目标边缘提取方法及实现. 大连：大连海事大学.

王倩，阮海波. 2001. 快速模糊边缘检测算法. 中国图象图形学报，6（1）：92-95.

王伟，刘国海. 2008. 绝缘子图像的边缘检测. 微计算机信息，24（27）：308-310.

王小朋，胡建林，孙才新，等. 2009. 应用图像边缘检测方法在线监测输电线路覆冰厚度研究. 高压电器，45（6）：69-73.

王小鹏，王紫婷. 2006. 基于视觉感知的双层次阈值边缘连接方法. 计算机应用，6（8）：1845-1847.

谢强军. 2009. 变分水平集理论及其在医学图像分割中的应用. 杭州：浙江大学.

谢振平，王士同. 2008. 融合模糊聚类的 Mumford-Shah 模型. 电子学报，36（1）：110-116.

荀文龙. 2008. PCNN 在溢油遥感图像边缘检测中的应用研究. 大连：大连海事大学.

赵于前，桂卫华，陈真诚，等. 2006. 基于自适应数学形态学的医学图像边缘连接. 计算机工程，32（22）：17-19.

Ahn C Y ，Jung Y M，Kwon O I，et al. 2012. Fast segmentation of ultrasound images using robust Rayleigh distribution decomposition. Pattern Recognition，45（9）：3490-3500.

Alper B，Enis G. 2009. Efficient edge detection in digital images using a cellular neural network optimized by differential evolution algorithm. Expert Systems with Applications，38（2）：2645-2650.

Al-Diri B，Hunter A，Steel D. 2009. An active contour model for segmenting and measuring retinal vessels. IEEE Transactions on Medical Imaging，28（9）：1488-1497.

An J B. 2006. Combining fuzzy theory and a genetic algorithm for satellite image edge detection. International Journal of Remote Sensing，27（12-14）：3013-3024.

Aujol J F，Aubert G，Blanc-Feraud L. 2003. Wavelet-based level set evolution for classification of textured images. IEEE Transactions on Image Processing. 12（12）：1634-1641.

Aujol J F，Chambolle A. 2005. Dual norms and image decomposition models. International Journal of Computer Vision，63（1）：85-104.

Aujol J F，Gilboa G，Chan T，et al. 2006. Structure-texture image decomposition-modeling，algorithms，and parameter selection. International Journal of Computer Vision，67（1）：111-136.

Ballard D H，Christopher M B. 1982. Computer Vision. Prentice Hall Professional Technical Reference.

Bao P，Zhang L. 2005. Canny edge detection enhancement by scale multiplication. IEEE Transactions on Pattern Analysis and Machine Intelligence，27（9）：1485-1490.

Baraldi A，Parmiggiani F. 1995. An investigation of the textural characteristics associated with gray level co-occurrence matrix statistical parameters. IEEE Transactions on Geoscience and Remote Sensing，33（2）：293-304.

Bergholm F. 1987. Edge focusing. IEEE Transactions on Pattern Analysis and Machine Intelligence，9（6）：726-741.

Besson S J，Barlaud M，Aubert G. 2000. Detection and tracking of moving objects using a new level set based method. Proceedings of the 15th International Conference on Pattern Recognition，3：1100-1105.

Bharati M H，Liu J J，Mac Gregor J F. 2004. Image texture analysis：methods and comparisions. Chemometrics and Intelligent Laboratory Systems，72（1）：57-71.

Bresson X，Chan T. 2008. Fast dual minimization of the vectorial total variation norm and applications to color image processing. Inverse Problems and Imaging，2（4）：455-484.

Bresson X，Esedoglu S，Vandergheynst P，et al. 2007. Fast global minimization of the active contour/snake model. Journal of Mathematical Imaging and Vision，28（2）：151-167.

Bresson X，Vandergheynst P，Thiran J P. 2006. Multiscale active contours. International Journal of Computer Vision，70（3）：197-211.

Brinkmann B H，Manduca A，Robb R A. 1998. Optimized homomorphic unsharp masking for MR inhomogeneity correction. IEEE Transactions Medical Imaging，17（2）：161-171.

Brodatz P. 1968. Texture：A Photographic Album for Artists and Designers. New York：Dover Publications.

Cai T T. 1999. Adaptive wavelet estimation：a block thresholding and oracle inequality approach.The Annals of Statistics，27（3）：898-924.

Canny J. 1986. A computational approach to edge detection. IEEE Transactions on Pattern Analysis and Machine Intelligence，8（6）：679-698.

Carr J R，Miranda F P D. 1998. The semivariogram in comparison to the co-occurrence matrix for classification of image texture. IEEE Transactions on Geoscience and Remote Sensing，36（6）：1945-1952.

Carter J. 2001. Dual methods for total variation-based image restoration. Berkeley：Univ. of California doctoral dissertation.

Caselles V，Catté F，Coll T，et al. 1993. A geometric model for active contours in image processing. Numerische Mathematic，66（1）：1-31.

Caselles V，Kimmel R，Sapiro G. 1997 Geodesic active contours. International Journal Computer Vision，22（1）：61-79.

Chambolle A. 2004. An algorithm for total variation minimization and applications. Journal of Mathematical Imaging and Vision，20（1）：89-97.

Chamundeeswari V V，Singh D，Singh K. 2009. An analysis of texture measures in PCA-based unsupervised classification of SAR images. IEEE Geoscience and Remote Sensing Letters，6（2）：214-218.

Chan T. 2006. Algorithms for finding global minimizers of image segmentation and denoising models. SIAM Journal on Applied Mathematics，66（5）：1632-1648.

Chan T，Golub G，Mulet P. 1999. A nonlinear primal-dual method for total variation-based image restoration. SIAM Journal of Scientific Computing，20（6）：1964-1977.

Chan T，Vese L. 2001. Active contours without edges. IEEE Transactions on Image Processing，10（2）：266-277.

Change L Y，Chen K S，Chen C F，et al. 1996. A Multi player-multi resolution approach to detection of oil slicks using ERS SAR image. Proceedings of the 17th Asian Conference of Remote Sensing. Sri Lanka.

Chen C F，Chen K S，Change L Y，et al. 1997. The use of satellite imagery for monitoring coastal environment in Taiwan. International Geoscience and Remote Sensing Symposium，3：1424-1426.

Clausi D A. 2000. Comparison and fusion of co-occurrence，Gabor and MRF texture features for classification of SAR sea-ice imagery. Atmosphere-Ocean，39（3）：183-194.

Clausi D A. 2002. An analysis of co-occurrence texture statistics as a function of grey level quantization. Canadian Journal of Remote Sensing，Atmospheric-Ocean，28（1）：45-62.

Clausi D A，Bing Y. 2004. Comparing co-occurrence probabilities and markov random fields for texture analysis of SAR sea ice imagery. IEEE Transactions on Geoscience and Remote Sensing，42（1）：215-228.

Clausi D A，Zhao Y. 2002. Rapid extraction of image texture by co-occurrence using a hybrid data structure. Computers & Geosciences，28（6）：763-774.

Clausi D A，Zhao Y. 2003. Grey level co-occurrence integrated algorithm（GLCIA）：a superior computational method to rapidly determine co-occurrence probability texture features. Computers & Geosciences，29（7）：837-850.

Cohen L D. 1991. On active contour models and balloons. Computer Vision in Graphics and Image Processing：Image Understanding，53（2）：211-218.

Cope R K，Rockett P I. 2000. Efficacy of Gaussian smoothing in Canny edge detector. Electronics Letters，36（19）：1615-1617.

Demigny D. 2002. On optimal linear filtering for edge detection. IEEE Transactions on Image Processing，11（7）：728-737.

Deriche R. 1987. Using Canny's criteria to derive a recursively implemented optimal edge detection. The International Journal of Computer Vision，1（2）：167-187.

Du Q，Fowler J E. 2007. Hyperspectral image compression using JPEG 2000 and principal component analysis. IEEE Geoscience and Remote Sensing Letters，4（2）：201- 205.

Ducotter C，Fournel T，Barat C. 2004. Scale-adaptive detection and local characterization of edges based on wavelet transform. Signal Processing，84：2115-2137.

Farrell M D，Mersereau R M. 2005. On the impact of PCA dimension reduction for hyperspectral detection of difficult targets. IEEE Geoscience and Remote Sensing Letters，2（2）：192-195.

Galland F，Refregier P，Germain O. 2004. Synthetic aperture radar oil spill segmentation by stochastic complexity minimization. IEEE Geoscience and Remote Sensing Letter，1（4）：295-299.

Gasull A，Fabregas X，Jimenez J，et al. 2002. Oil spills detection in SAR images using mathematical morphology. European Signal Processing Conference，（1）：25-28.

Ghita O，Whelan P. 2002. Computational approach for edge linking. Journal of Electronic Imaging，11（4）：479-485.

Gonzalez R C，Woods R E，Eddins S L. 2002. 数字图像处理（第二版）. 阮秋琦，阮宇智，等译. 北京：电子工业出版社.

Griffina L，Lillholmb M，Nielsen M. 2004. Natural image profiles are most likely to be step edges. Vision Research，44（4）：407-421.

Guan Y P. 2008. Automatic extraction of lips based on multi-scale wavelet edge detection.Computer Vision，2（1）：23-33.

Gui J S，Rao X Q，Ying Y B. 2007. Fruit shape detection by level set. Journal of Zhejiang University-Science A，8（8）：1232-1236.

Galland F，Philippe R，Olivier G. 2004. Synthetic Aperture Radar oil spill segmentation by stochastic complexity minimization. IEEE Geoscience Remote Sensing Letter，1（4）：295-299.

Hajjar A，Chen T. 1999. A VLSI architecture for real-time edge linking. Transactions on Pattern Analysis and Machine Intelligence，21（1）：89-94.

Halwa V S，Binford T O. 1986. On detecting edges. IEEE Transactions on Pattern Analysis & Machine Intelligence，8（6）：699-714.

Hansen F R，Elliot H. 1982. Image segmentation using simple markov field models. Computer Graphics and Image Processing，20（2）：101-132.

Haralick R M. 1984. Digital step edges from zero-crossing of second directional derivatives. IEEE Transactions on Pattern Analysis and Machine Intelligence，6（1）：58-68.

Haralick R M，Shanmugam K，Dinstein I. 1973. Textural features for image classification. IEEE Transactions on Systems，Man and Cybernetics，3（6）：610-621.

He C J，Wang Y，Chen Q. 2012. Active contours driven by weighted region-scalable fitting energy based on local entropy. Signal Processing，92（2）：587-600.

Hernandez J A，Mora M L，Schiavi E，et al. 2004. RF inhomogeneity correction algorithm in magnetic resonance imaging. Proceedings of the 5th International Symposium on Biological and Medical Data Analysis，3337：1-8.

Hough V，Paul C. 1962. Method and means for recognizing complex patterns：US，3069654.

Houhou N，Thiran J P，Bresson X. 2008. Fast texture segmentation model based on the shape operator and active contour. Computer Vision and Pattern Recognition.

Jiang W，Lam K M，Shen T Z. 2009. Efficient edge detection using simplified Gabor wavelets. IEEE Transactions on Systems，Manand Cybernetics，39（4）：1036-1047.

Jimenez R L O，Arzuaga-Cruz E，Velez-Reyes M. 2007. Unsupervised linear feature-extraction methods and their effects in the classification of high-dimensional data. IEEE Transactions on Geoscience and Remote Sensing，45（2）：469-483.

Julerz B. 1959. Method of coding TV signals based on edge detection. Bell System Technical Journal，4（38）：1001-1020.

Kanaa T F N，Tonye E，Mercier G，et al. 2003. Detection of oil slick signatures in SAR images by fusion of hysteresis thresholding responses. International Geoscience and Remote Sensing Symposium，（4）：2750-2752.

Kapur J N，Sahoo P K，Wong A K C. 1985. A new method for gray-level picture thresholding using the entropy of the histogram. Computer Vision，Graphics and Image Processing，29（3）：273-285.

Karantzalos K，Argialas D. 2008. Automatic detection and tracking of oil spills in SAR imagery with level set segmentation. International Journal of Remote Sense，29（21）：6281-6296.

Kass M，Witkin A，Terzopoulos D. 1987. Snakes：active contour models. International Journal of Computer Vision，1（4）：321-331.

Kimmel R，Malladi R，Sochen N. 2000. Images as embedded maps and minimal surfaces：movies，color，texture，and volumetric medical images. International Journal of Computer Vision，39（2）：111-129.

Kittler J，Illingworth J. 1986. Mininum error thresholding. Pattern Recognition，19（1）：257-261.

Kreyszig E. 1991. Differential Geometry. New York：Dover Publications.

Krinidis S，Chatzis V. 2009. Fuzzy energy based active contours. IEEE Transactions on Image Processing，18（12）：2747-2755.

Krishnamurthy S，Lyengar S S，Holyer R J，et al. 1994. Histogram-based morphological edge detector. IEEE Transactions on Geoscience and Remote Sensing，32（4）：759-767.

Learned-Miller E G，Ahammad P. 2004. Joint MRI bias removal using entropy minimization across images. Proceedings of Neural Information Processing Systems Conference，Vancouver，Canada.

Lewis G，Lillholmb M，Nielsen M. 2004. Natural image profiles are most likely to be step edges. Vision Research，44（4）：407-421.

Li B. 2007. Active contour external force using vector field convolution for image segmentation. IEEE Transactions on Image Processing，16（8）：2096-2106.

Li C M，Kao C，Gore J. 2008b. Minimization of region-scalable fitting energy for image segmentation. IEEE Transactions on Image Processing，17（10）：1940-1949.

Li C M，Huang R，Ding Z H，et al. 2008a. A variational level set approach to segmentation and bias correction of medical images with intensity inhomogeneity. Proceedings of 11th International Conference on Medical Image Computing and Computer-Assisted Intervention，5242：1083-1091.

Li D，Mersereau R M，Simske S. 2007. Atmospheric turbulence degraded image restoration using principal components analysis. IEEE Geoscience and Remote Sensing Letters， 4（3）：340-344.

Li H C，Hong W，Wu Y R，et al. 2010. An efficient and flexible statistical model based on generalized gamma distribution for amplitude SAR images. IEEE Transactions on Geoscience and Remote Sensing，48（6）：2711-2722.

Li Z R，Liu Y，Hayward R. 2008. Knowledge-based power line detection for UAV surveillance and inspection systems，Proceedings of International Conference on Image and Vision Computing：1-6.

Lianantonakis M，Petillot Y. 2007. Sidescan sonar segmentation using texture descriptors and active contours. IEEE Journal of Oceanic Engineering，32（3）：744-752.

Likar B，Viergever M A，Pernus F. 2001. Retrospective correction of MR intensity inhomogeneity by information minimization. IEEE Transactions on Medical Imaging，20（12）：1398-1410.

Liu A K，Peng C Y，Chang S Y. 1997. Wavelet analysis of satellite images for costal watch.IEEE Journal of Oceanic Engineering，22（1）：9-17.

Marr D. 1980. Theory of edge detection. Proceedings of the Royal Society of London，Series B，Biological Sciences，207（1167）：187-217.

Martin D R，Fowlkes C C，Malik J. 2004. Learning to detect natural image boundaries using local brightness, color, and texture cues. IEEE Transactions on Pattern Analysis and Machine Intelligence，26（5）：530-549.

Materka A，Strzelecki M. 1998. Texture analysis methods-A review. Technical University of Lodz，Institute of Electronics，COST B11 report，Brussels.

Miller F R，Maeda J，Kubo H. 1993. Template based method of edge linking using a weighted decision. Proceedings of IEEE/RSJ International Conference on Intelligent Robots and Systems，3：1808-1815.

Mishra A，Fieguth P，Clausi D A. 2011. Decoupled active contour（DAC） for boundary detection. IEEE Transactions on Pattern Analysis and Machine Intelligence，33（2）：310-324.

Mumford D，Shah J. 1989. Optimal approximations by piecewise smooth functions and associated variational problems. Communications on Pure amd Applied Mathematics，42（5）：577-685.

Ohanian P P，Dubes R C. 1992. Performance evaluation for four classes of textural features. Pattern Recognition，25（8）：819-833.

Ojala T，Pietikainen M，Maenpaa T. 2002. Multiresolution gray-scale and rotation invariant texture classification with local binary patterns. IEEE Transactions on Pattern Analysis and Machine Intelligence，24（7）：971-987.

Osher S，Sethian J A. 1988. Fronts propagating with curvature-dependentspeed：algorithms based on

Hamilton-Jacobi formulation. Journal of Computational Physics，79（1）：12-49.

Otsu N. 1979. A threshold selection method from gray-level histograms. IEEE Transactions on Systems，Man and Cybernetics，9（1）：62-66.

Pal S K，King R A. 1983. On edge detection of X-ray images using fuzzy sets. IEEE Transactions on Pattern Analysis and Machine Intelligence，5（1）：69-77.

Paragios N，Deriche R. 2000a. Coupled geodesic active regions for image segmentation：a level set approach. Proceedings of the European Conference in Computer Vision，2：224-240.

Paragios N，Deriche R. 2000b. Geodesic active contours and level sets for the detection and tracking of moving objects. IEEE Transactions on Pattern Analysis and Machine Intelligence，22（3）：66-280.

Pellegrino F A，Vanzella W，Torre V. 2004. Edge detection revisited. IEEE Transactions on Systems，Man and Cybernetics-part B：Cybernetics，34（3）：1500-1518.

Peng T，Jermyn I H，Prinet V. 2008. Incorporating generic and specific prior knowledge in a multiscale phase field model for road extraction from VHR images. IEEE Journal of Selected Topics in Applied Earth Observations and Remote Sensing，1（2）：139-146.

Prewitt J. 1970. Object enhancement and extraction. New York：In Picture Processing and Psychopictorics，Academic Press：30-45.

Pun T. 1980. A new method for gray-level picture thresholding using the entropy of the histogram. Signal Processing，2（3）：223-237.

Roberts L G. 1965. Machine Perception of Three-Dimensional Solids. Optimal and Electro-Optimal Information Processing，MA：MIT Press，99-197.

Rochery M，Jermyn I H，Zerubia J. 2006. Higher order active contours. International Journal of Computer Vision，69（1）：27-42.

Ronfard R. 1994. Region-based strategies for active contour models. International Journal of Computer Vision，13（2）：229-251.

Rosenfeld A，Thurston M. 1971. Edge and curve detection for visual scene analysis. IEEE Transactions on Computer，20：512-519.

Rubner Y，Tomasi C，Guibas L. 1998. A metric for distributions with applications to image databases. IEEE Conference on Computer Vision Pattern Recognition：59-66.

Russ J C. 1995. The Image Processing Handbook. 2nd edition. Boca Raton：CRC Press.

Saddiqi K，Lauzière Y B，Tannenbaum A. 1998. Area and length minimizing flows for shape segmentation.IEEE Transactions on Image Processing，7（3）：433-443.

Sagiv C，Sochen N A，Zeevi Y Y. 2006. Integrated active contours for texture segmentation. IEEE Transactions on Image Processing，15（6）：1633-1646.

Sandberg B，Chan T，Vese V. 2002. A level-set and gabor-based active contour algorithm for segmenting textured images. UCLA Department of Mathematics CAM Report.

Sanger，T D. 1989. Optimal unsupervised learning in a single layer feed forward neural network. Neural Networks，2（6）：459-473.

Sapiro G. 1997. Color snakes. Computer Vision and Image Understanding，68（2）：247-253.

Savelonas M A，Lakovidis D K，Legakis L，et al. 2009. Active contours guided by echogenicity and texture for delineation of thyroid nodules in ultrasound images. IEEE Transactions on Information Technology in Biomedicine，13（4）：519-527.

Sochen N，Kimmel R，Malladi R. 1998. A general framework for low level vision. IEEE Transactions on Image Processing，7（3）：310-318.

Solanas E，Thiran J P. 2001. Exploiting voxel correlation for automated MRI bias field correction by conditional entropy minimization. Proceedings of the 4th Medical Image Computing and Computer-Assisted Intervention，2208：1220-1221.

Solberg A H S，Storvik G，Solberg R，et al. 1999. Automatic detection of oil spills in ERS SAR images. IEEE Transactions on Geoscience and Remote Sensing，37（4）：1916-1924.

Solberg A H S，Brekke C. 2007. Oil spill detection in Radarsat and Envisat SAR images. IEEE Transactions on Geosciences and Remote Sensing，45（3）：746-755.

Solberg A H S，Dokken S T，Solberg R. 2003. Automatic detection of oil spills in Envisat，Radarsat and ERS SAR images. International Geoscience and Remote Sensing Symposium，4：2747-2749.

Starovoikov V，Jeong S，Park R. 1998. Texture periodicity detection：features，properties，and comparisons. IEEE Transactions on Systems，Man and Cybernetics-A，Systems and Humans，28（6）：839-849.

Studholme C，Cardenas V，Song E，et al. 2004. Accurate template-based correction of brain MRI intensity distortion with application to dementia and aging. IEEE Transactions on Medical Imaging，23（1）：99-110.

Tomazevic D，Likar B，Pernus F. 2002. Comparative evaluation of retrospective shading correction methods. Journal of Microscopy，208（3）：212-223.

Torreão J R A，Amaral M S. 2006. Efficient，recursively implemented differential operator，with application to edge detection. Pattern Recognition Letters，27（9）：987-995.

Torre V，Poggio T. 1986. On edge detection. IEEE Transactions on Pattern Analysis and Machine Intelligences，8（2）：147-162.

Tsai A，Yezzi A，Willsky A S. 2000. A curve evolution approach to smoothing and segmentation using the Mumford-Shah function. Proceedings of International Conference on Computer Vision and Pattern Recognition，1：119-124.

Tsai A，Yezzi A，Willsky A S. 2001. Curve evolution implementation of the Mumford-Shah functional for image segmentation，denoising，interpolation，and magnification. IEEE Transactions on Image

Processing，10（8）：1169-1186.

Van Leemput K，Maes F，Vandermeulen D，et al. 1999. Automated model-based bias field correction of MRimages of the brain. IEEE Transactions on Medical Imaging，18（10）：885-896.

Vemuri P，Kholmovski E G，Parker D L，et al. 2005. Coil sensitivity estimation for optimal SNR reconstruction and intensity inhomogeneity correction in phased array MR imaging. Proceedings of 19th International Conference on Information Processing in Medical Imaging，3565：603-614.

Vese L，Chan T. 2002. A multiphase level set framework for image segmentation using the Mumford and Shah model. International Journal of Computer Vision，50（3）：271-293.

Vokurka E A，Watson N A，Watson Y，et al. 2001. Improved high resolution MR imaging for surface coils using automated intensity non-uniformity correction：feasibility study in the orbit.Journal of Magnetic Resonance Imaging，14（5）：540-546.

Vovk U，Pernus F，Likar B. 2004. MRI intensity inhomogeneity correction by combining intensity and spatial information. Physics in Medicine and Biology，49（17）：4119-4133.

Vovk U，Pernus F，Likar B. 2007. A review of methods for correction of intensity inhomogeneity in MRI. IEEE Transactions on Medical Imaging，26（3）：405-421.

Walker R F，Jackway P T，Longstaff D. 2003. Genetic algorithm optimization of adaptive multi-scale GLCM features. International Journal of Pattern Recognition and Artificial Intelligence，17（1）：17-39.

Wang L，Li C，Sun Q，et al. 2009. Active contours driven by local and global intensity fitting energy with application to brain MR image segmentation. Computerized Medical Imaging and Graphics，33：520-531.

Wang Z H，Wu F C. 2009. Inertial product energy and edge detection. Chinese Journal of Computers，32（11）：2211-2220.

Wang Z J，Zhang H. 2008.Edge linking using geodesic distance and neighborhood information. Proceedings of the 2008 IEEE/ASME International conference on advanced intelligent mechatronics，Xi'an，China.

Wells W M，Grimson W L，Kikinis R，et al. 1996. Adaptive segmentation of MRI data. IEEE Transactions on Medical Imaging，15（4）：429-442.

Williams D J，Shah M. 1990. Edge contours using multiple scales. Computer Vision，Graphics and Image Processing，51：256-274.

Witkin A P. 1983. Scale-space filtering. Proceedings of the eighth International Joint Conference Artificial Intelligence，2：1019-1021.

Wu J，Li J，Liu J，et al. 2004. Infrared image segmentation via fast fuzzy c-means with spatial information. Proceedings of the IEEE International Conference on Robotics and Biomimetics，Shenyang，China：742-745.

Wu S Y，Liu A K. 2003. Towards an automated ocean feature detection，extraction and classify-cationscheme for SAR imagery. International Journal of Remote Sensing，24（5）：935-951.

Xie X. 2010. Textured image segmentation using active contours. Computer Vision Imaging and Computer Graphics，68：357-369.

Xie X H，Majid M. 2008. MAC：magnetostatic active contour model. IEEE Transactions on Pattern Analysis and Machine Intelligence，30（4）：632-646.

Xu C，Pham D L，Prince J L. 2000a. Image segmentation using deformable models. SPIE Handbooks on Medical Imaging Analysis，3：129-174.

Xu C，Yezzi A，Prince J L. 2000b. On the relationship between parametric and geometric active contours. Proceedings of 34th Asilomar Conference of Signals，Systems，and Computers：483-489.

Yan G J，Li C Y，Zhou G Q. 2007. Automatic extraction of power lines from aerial images. IEEE Geoscience and Remote Sensing Letter，4（3）：387-391.

Yang S Y. 2005. Pattern Recognition and Intelligent Computation. Beijing：Tsinghua University Press.

Yang H，Du Q，Chen G. 2011. Unsupervised hyperspectral band selection using graphics processing units. IEEE Journal of Selected Topics in Applied Earth Observations and Remote Sensing，4（3）：660-668.

Yuan Y，He C J. 2012. Adaptive active contours without edges. Mathematical and Computer Modelling，55（5）：1705-1721.

Zhang J，Yang R Q. 2006. Insulators recognition for 220kV/330kV high-voltage live-line cleaning robot. The 18th International Conference on Pattern Recognition，4：630-633.

Zhang K H，Song H H，Zhang L. 2010a. Active contours driven by local image fitting energy. Pattern Recognition，43（4）：1199-1206.

Zhang K H，Zhang L，Song H H，et al. 2010b. Active contours with selective local or global segmentation：a new formulation and level set method. Image and Vision Computing，28（4）：668-676.

Zhang K H，Zhang L，Zhang S. 2010c. A variational multiphase level set approach to simultaneous segmentation and bias correction. Proceedings of IEEE International Conference on Image Processing：4105-4108.

Zhu S C，Yuille A. 1996. Region competition：unifying snakes，region growing，and Bayes/MDL for multi-band image segmentation. IEEE Transactions on Pattern Analysis and Machine Intelligence，18（9）：884-890.

Zhuge Y，Udupa J K，Liu J，et al. 2002. Scale based method for correcting background intensity variation in acquired images. Proceedings of 2002 SPIE Medical Imaging，4686：1103-1111.

Zubko V，Kaufman Y J，Burg R I，et al. 2007. Principal component analysis of remote sensing of aerosols over oceans. IEEE Transactions Geoscience amd Remote Sensing，45（3）：730-745.

附录　Rec 和 Var 的 GLCIA 实现

对于 Rec 和 Var 这两个基于 GLCM 的 Haralick 纹理特征量，给出 GLCM 和快速 GLCIA 两种实现方式。

1. GLCM 实现

$$\left.\begin{aligned}
\text{Rec} &= \sum_{i=0}^{q-1}\sum_{j=i+1}^{q-1}\left[2\cdot g(i,j)\right]^2 + \sum_{i=0}^{q-1}\left[g(i,i)\right]^2 \\
\text{Var} &= \sum_{i=0}^{q-1}\sum_{j=0}^{q-1}(i-\mu)^2\cdot g(i,j) \\
\mu &= \sum_{i=0}^{q-1}\sum_{j=0}^{q-1} i\cdot g(i,j)
\end{aligned}\right\}$$

式中，$g(i,j)$ 是 GLCM 中的共生概率；q 是量化水平。

2. 快速 GLCIA 实现

$$\left.\begin{aligned}
\text{Rec} &= \sum\nolimits_{k=1}^{L_1} P_k^2 + \sum\nolimits_{k=1}^{L_2} P_k^2 \\
\text{Var} &= \frac{\sum\nolimits_{k=1}^{L_s} S_k\left(s_k-\mu\right)^2 + \sum\nolimits_{k=1}^{L_d} D_k d_k^2}{4} \\
\mu &= \sum\nolimits_{k=1}^{L_s} s_k S_k
\end{aligned}\right\}$$

式中，L_1 和 L_2 分别为 GLCHS 中具有不同下标和相同下标元素的数量；P_k 为 GLCIA 中的共生概率；L_s 和 L_d 分别为和直方图、差直方图链表长度；s_k、d_k 分别为共生概率对的和 (i_k+j_k)、差 $\left(\left|i_k-j_k\right|\right)$。这里省略了推导过程，读者可以参考文献（Clausi and Zhao，2003），了解更多的细节。